# 好设计 好商品

## 工业设计评价

刘新 著

g o o d
d e s i g n
g o o d
c o m m o d i t y
i n d u s t r i a l d e s i g n
e v a l u a t i o n

中国建筑工业出版社

**图书在版编目（CIP）数据**

好设计·好商品——工业设计评价/刘新著. —北京：中国建筑工业出版社，2011.9

ISBN 978-7-112-13384-0

Ⅰ.①好… Ⅱ.①刘… Ⅲ.①工业设计-评价 Ⅳ.①TB47-34

中国版本图书馆CIP数据核字（2011）第141429号

本书是对工业设计评价的观念、制度和实践的系统论述。主要围绕两个问题展开。其一，什么是“好设计”和“好商品”？这是对设计评价观念的探讨，是以一种综合、务实的态度，全面审视设计评价中的利益关系，并提出“共赢”的商品设计评价观；其二，企业如何评价并创造一个“好”的“商品设计”？即如何将评价观念付诸实施，并真正为不同的评价主体带来效用和利益。主要集中在评价制度体系的研究。借助“设计事理学”的思想方法，建立设计评价的“目标系统”，将复杂的评价因素纳入到体系化的理论框架之中，为企业选择和建构评价的标准、程序、组织和方法等制度要素提供参考。最终的案例分析是将上述理念、方法应用于某企业设计评价实践的尝试。

本书适用于设计院校学生，企业中的设计师和设计管理者，以及从事设计研究和设计教育的学者使用。

责任编辑：李晓陶
责任设计：陈　旭
责任校对：陈晶晶　关　健

**好设计·好商品——工业设计评价**
刘新　著
*
中国建筑工业出版社出版、发行（北京西郊百万庄）
各地新华书店、建筑书店经销
北京嘉泰利德公司制版
北京建筑工业印刷厂印刷
*
开本：787×1092毫米　1/16　印张：11　字数：260千字
2011年9月第一版　2011年9月第一次印刷
定价：**39.00**元
ISBN 978-7-112-13384-0
（21141）

# 序

工业设计是以满足用户需求为中心，综合运用人类发明成果，统筹考虑科技、文化、资源、环境、市场等各方面因素，协调优化产品的研发制造、物流营销、消费使用、回收环保等各个环节，对产品进行系统整合创新，不断提供满足人们物质和精神需求适用产品的创造性活动。工业设计具有跨学科、跨行业、跨领域、人才和知识密集等特征，是产业价值链中最具增值潜力的环节之一，是展现一个国家现代文明程度、创新能力和综合国力的重要标志。

工业设计在我国还仅作为一种新行业形态存在，还在中国的工业或经济的"体外"循环，尚未在经济领域建构起一条完整的"产业链"。"加工型"的工业体系还未将设计融入到经济运营从头至尾的系统结构内。虽然我国的工业设计近几年有较大发展，但与发达国家比较，整体水平仍然相对落后，尚处于起步阶段。尤其缺乏高素质的工业设计人才，那种既了解行业发展趋势、又具备灵活掌握相关学科知识，也能整合运用各方面资源的高素质从业人员短缺；具有国际影响力的行业领军人才更为稀缺。加大力度改革落后的设计人才培养理念、方法和模式，培养实践型、应用型、研究型、综合型的多层次、多元化设计人才，以增强我国"制造型企业"向"自主创新型"产业转变的能力，是当前中国工业设计界和设计教育界的当务之急。

工业设计绝不应仅仅停留在"设计师"层面，或依附在"销售"、"技术"领域下面，而应真正融入到企业战略、产品开发计划、企业运营流程控制，直至设计标准、工艺标准、检验标准的制定，以及营销策划等产业环节中去。认真地、花大力气、大投入把设计实践研究提到中国设计的日程上来，设置"社会学、经济学研究"和"第一线的设计"的衔接点——"工业设计评价体系研究"机构，将是我国政府决策层和工业设计界的重大举措。如何科学地统计和评价"工业设计"行业在整个经济或产业经济链中的价值和作用，也已经成为工业设计立足与整个社会国民经济体系相协同的重大议题。

信息时代、知识经济下的“设计”将重点探索“物品、过程、服务”中的创新，其研究具有“广泛性”、“纵深性”和“整体集成性”三个维度上的意义。

“设计”将更多以“整合性”、“集成性”的概念加以定义。它们也许会是：“信息的结构性”、“知识的重组性”、“产业的服务性”、“社会的公正性”等。

“设计”不再局限于一种特定的形态载体，而更侧重于整体系统运行过程中的结构创新；

“设计”不再是“大师”个人天才的纪念碑或被“艺术”空洞化所炒作，而更侧重于设计的上下游研究、设计过程和评价体系的把握；

“设计”不再仅受制于“商业利益”，而更侧重于大众的利益和人类生存环境的和谐。

为此，设计业态也会在产业结构、社会职能以及相互关系中做出相应调整和变化。作为国家经济发展“统计系统”内容的完善，必须致力于针对“设计价值反馈（design value）”的统计方法测算。如英国的Design Factfinder；新西兰的Global Design Competitiveness 2002；芬兰的Global Design Competitiveness 2005，2006，2008；韩国的Global Design Competitiveness等，都是我国工业设计机制完善的学习榜样。

技术、自然科学、哲学、社会学、艺术、宗教学、心理学等学科都表达不清的某种东西，在探索、创造和设计中却让人们领悟了人类的意义，这正是求知的价值所在。在物质的世界里，人的生命如流星瞬逝，匆忙而淡泊。个体生命的几十年，人人都在寻找心灵共振的磁场，都渴望在心灵的完善中追寻无穷无尽的精神向往，所以人类才会不断地学习、探索和创造、设计。人，如果只是一种生理机械的程序；只是利欲熏心的经营，那人类的生命毫无意义可言。如果真是那样，那将是一种怎样可怕的情境？所幸的是，我们人类并不如此。我们人类是充满了血肉情感的生灵，我们有着无穷无尽的渴望、理想与追求，需要去尝试、探索、试验、实现。所以，我们需要学习，要以探索未知过程中的情感和创造来引导自己的发展。人类的生命历程告诉我们，如果没有探索求知的意识，没有变革创新的设计，这个世界便没有任何价值。

作者刘新有长期在企业从事设计实践的经历，又就读了硕士和博士学位，掌握了较深厚的理论思考功力。而目前我国设计界的从业人员，无论是高等院校的教师还是专业设计师大都只具备其中一方面优势。在当今设计实践与设计研究已不可分开的综合时代，均衡具备这两方面素质的人才实在是太重要了。刘新接受了这个空白领域的挑战，试图超越一般企业经营、消费者满意度、文化以及绿色设计等观点的独立裁决，以一种综合的、可持续发展的态度，全面地审视设计评价中的利益关系，确立起兼顾"消费人"、"企业人"、"社会人"、和"生态人"等多重主体利益"共赢"的可持续设计观，从而将"好商品"与"好设计"紧密联系一起。

"好设计 · 好商品——产品设计评价"这本著作的出版也标志着我国设计界开始了迈向成熟的征途。我愿与广大读者共同分享这本书带给我国设计界的影响。

柳冠中

2011年7月8日

# 目　　录

# 绪　　论

设计评价是对设计“价值”的判定。简单说来，就是如何判定什么是“好的”设计。当然，评价工业设计的优劣不能完全依赖技术指标，不像裁判田径比赛的成绩那样明确、简单、无可争辩。设计评价会涉及产品的使用性、经济成本、社会效益、美学、文化、环境保护等诸多复杂因素。由于人的评价目的和角度不同，产品的功能各异以及评价所处的不确定的环境因素等原因，设计评价必定是一个极为复杂的研究课题，其结果也就具有相当的不确定性。然而，设计评价无时无刻不在发生着，它对于生产企业、设计从业者、管理者以及设计教学、研究人员来说是个无法回避的核心问题。如何确立兼顾各方利益的评价观，并构建合理、适度的评价机制，以促进“好设计”的诞生便是本课题的研究目标。

让我们从一个简短的案例来开始吧。

几年前，诺基亚公司推出了一款针对女性用户的手机（图0–1），它的出现对热衷于时尚消费的白领丽人们又多了一份诱惑。据媒体报道，该款手机虽价格昂贵，但一经面世就销售火爆。精致、小巧、近似口红的外形设计以及时尚赋予手机的大量新颖功能，加上成功的营销策略，使之很快成为高端手机的新宠，也自然为企业带来了丰厚的利润。笔者的一位朋友辗转买到这款手机，兴奋之余，却被最基本的操作方式所困扰。事实上，该款手机在“成功”光环的背后是众多消费者的抱怨之声。暂且不论超小型的显示屏幕给使用者带来的阅读困难，为了产品“瘦身”该款手机取消了数字键盘，而颇具“创意”的组合按键设计，对操作者来说绝对可以称得上难用，即便最简单的拨打电话，也需要进入专门菜单来完成，每转完一个数字都需要按下确认后，再进行下个数字的输入。在使用上可以称之为“折磨”。

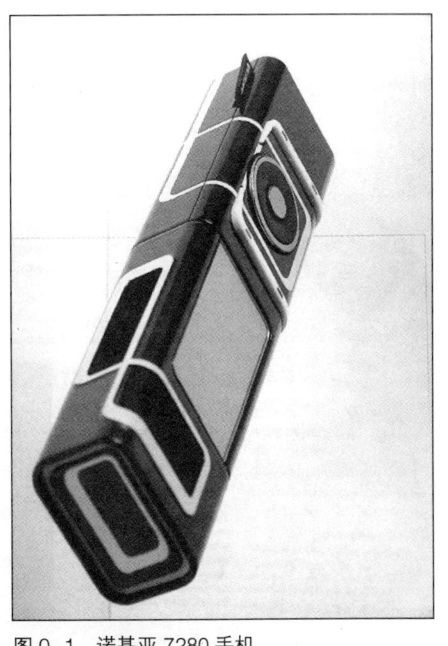

图0–1　诺基亚7280手机
（Photo by Makoto Fujii, *Axis*, vol.113, p.149）

不得不承认，对于产品设计来说，这是一种尴尬的现象。在当下“消费社会”的商品化运作中，所谓的“设计创新”经常是对消费者真正需要的背离，而纯粹指向一种短视的商业获利行为，设计的真正目标由此而迷失。当然，企业的某个产品项目可能只是整体市场策略的一部分，我们不好妄加评判，但与之类似的种种现象促使我们思考这样的问题：什么是“好设计”？什么又是“好商品”？企业如何评价并创造一个“好”的“商品设计”？这就是本课题研究的基本出发点。

## 0.1　研究的背景

设计评价研究有两个重点，一个是“观念”，另一个是“机制”。首先，工业设计所指向的“商品”设计是本书研究的对象，即我们所面对的不是设计师或艺术家自娱自乐的设计“作品”，而是企业批量化生产的用于市场交换的产品，由此确立的“商品设计观”，以回答“好设计”与“好商品”的问题；其次，“评价体系”是本研究的主要内容。设计评价所涉及的内容和范围是极为复杂和宽泛的，而制度化的设计评价机制是一切相关活动的基础。评价体系的研究，就是试图在一定程度上解答企业如何评价，并创造一个“好”的“商品设计”的问题。

由于作者在企业从事产品设计多年，倍感正确的设计评价观念和制度化的评价体系研究对于企业产品开发以及长期、可持续发展的重要性。几年的设计理论研究使将其庞杂的内容以及零散的经验进行系统的梳理、总结，并应用于产品设计评价实践成为可能。因此，本课题的研究是笔者企业经历和学术经历共同的结晶。

### 1. 日益“商品化”的社会现实

我们今天的“商品化”社会经历了数千年的发展，获得了前所未有的繁荣。近年来，仰仗市场经济制度的激励以及科学的发展、技术的昌盛，商品在我们的社会生活中占据了比以往任何时候都更显要的地位。商品范畴和种类的扩张早已超乎我们的想象，这个世界已经“商品化”了，我们伸手可及的一切都可以变为商品，从食物、服装、日用品、住宅到草坪、空气、水，甚至人的地位、名誉等。作为“物质的”与“非物质的”意义上的商品，在满足着人类不断膨胀的消费欲望的同时，渐渐从幕后走向了前台，并通过自身所承载的意义和价值观重新塑造着我们和这个世界。

在经历了30多年的迅猛发展后，我国大中城市渐渐步入了“消费社会”。这种高度“商品化”的社会形态，其最显著的特性就是商品供大于求。商场里的东西多得让你看花了眼，社会担心的不是供给，而是老百姓的有效需求不足。为了刺激已有的那部分需求并不断创造新的“需求”，企业在利益最大化的驱动下，凭借技术和资金的优势，利用一切“设计”和营销手段不断推出名目繁多的、有用或无用的消费品。我们看到的景象是蜂拥而来的各种商品喊着时髦与蛊惑的口号，披着时尚、夺目的外衣充斥着我们生活的每一寸空间。人们被这商业化的氛围所包围、诱惑，消费决策经常是被“催眠”下的行为。

这就是我们正在经历的时代，一个无法回避的现实：人的物质生存、精神满足、社会交往等需求都需要借助商业的手段来实现，商品特性日益成为今天物品的基本属性。以工业设计从业者的角度看，与其说我们是设计产品，不如说是在设计商品。这便是本书从“商品设计”的角度来进行工业设计评价研究的原因。

2. 设计评价理论的困惑和机遇

从某种意义上说，设计是连接商品与人类的桥梁（物与人），人的欲望、需求和想象正是借助设计的名义凝聚在有形或无形的商品之上。然而，在“商品经济”高速发展的今天，设计理论的研究者却很少系统地探讨充斥在身边的商品现象，似乎这只是经济学家和社会学家的事。他们不屑于谈论商品，而是精于理论的建构，希望以更宽的视野、更高的姿态来指点人们生活方式的变迁。这种精英主义的设计研究态度与企业功利主义的设计实践活动形成了巨大的反差，并在设计评价标准上各执一词。对于企业来说，设计是实现“资本增值”的重要手段，因此，商业上的成功成了检验设计成功与否的试金石。按照这个逻辑，“好设计”等同于“好商品”；对于设计理论家来说，设计是一种文化活动，它体现着人类对自身、社会和自然环境的哲学思考。如果一味以商业上的成功作为反映社会总体价值取向的评价准则，那么，设计理念的创新性以及设计师以自身的敏锐和思考所揭示的种种新生活方式可能性的创造潜能将受到压抑。在这里，设计评价的意义远远超越了商业目的这一狭隘的限定。

事实上，面对“过度商品化”的现实世界，远离现实的理论研究很难“洁身自好”，而常常处于尴尬的境地。一方面，怀揣着“乌托邦”式的学术理想，建构包罗万象、错综复杂的设计理论；另一方面，作为“形式的供应商”沦为企业、商家利用设计炒作商品、牟取暴利的同谋。

今天，知识经济的浪潮正席卷世界，并以不均衡的速度和方式影响我们的生活。尤其是“后危机”时代的到来，中国的经济发展模式受到巨大的挑战。相应的，以关注人的感受和资源、环境可持续性的经济形式也渐渐显露出巨大的影响力。面对可能出现的种种新的市场形态和商品形式，与之相应的设计评价思想和制度体系的研究将变得格外重要。

3. 国内企业普遍缺乏系统的设计评价意识、机制和方法

企业是经济庞然大物身上的细胞，是从事商品生产、经营等活动的经济组织。我国企业从 20 世纪 80 年代崛起，经历了近 30 年的高速发展，取得了前所未有的成就。加入“世贸”以后，中国经济更进一步地融入全球市场，企业因而具有了更广阔的发展空间。门户开放所带来的不仅是机会，还有来自跨国企业强劲的挑战。不过真正的挑战不仅来自外部，更主要的是来自企业自身。我们不得不看到，中国企业是以“制造业”为主，生产的主要是技术含量不高、缺乏品牌效应的劳动密集型产品。所谓的“设计”，经常是“拿来主义”思维方式下的产物，缺乏真正自主创新的意识。尽管我们可以号称“制造大国”，却离“制

造强国”以至“设计强国”或“创造强国”相差甚远。2008年的全球性金融危机对中国经济以及中国企业的这种“发展模式”造成了巨大冲击。

在日益激烈的国际竞争中，设计越来越成为企业长期稳定发展的一种核心竞争力。我国企业（包括政府）已经逐渐意识到设计所具有的巨大潜力，不断加强产品创新开发的力度，以应对国际、国内市场的竞争。但是，中国企业经历的是“速成”式发展，缺乏相应的企业经营管理的制度积累（企业文化），更缺乏产品开发的经验以及产品开发当中不可缺少的系统、完善和制度化的设计评价机制。急功近利的设计评价思想导致产品设计决策的失误频繁。这种评价制度缺失造成的决策失误，一方面给企业经营造成巨大的经济损失；另一方面又因为产品设计质量的低劣严重损害企业的品牌形象；此外是对稀缺自然资源的浪费，加重生态环境的负担，最终影响到企业的可持续发展。

笔者基于多年的企业设计工作经验，现将国内企业在设计评价中的主要问题总结如下：

（1）缺乏设计评价的程序意识：即设计评价实施阶段的滞后。大部分企业领导重视后期方案效果的遴选和技术可行性的评估，忽略前期市场需求研究、设计战略的预测性评价以及设计项目过程的管理。这无形中增加了最终设计评价、决策的风险性。

（2）设计评价方法的落后：国内企业，尤其是中小企业，大多还依赖于“领导拍板”的感性决策方式。无形之中将决策的风险强加在一人的身上，极大地增加了设计决策的不确定性。在企业发展初期，通过个人的经验与直觉判断进行设计评价与决策应该是更有效率和较为“经济”的方法。然而，随着企业的发展和参与市场竞争的深入，设计评价中的复杂性因素会不断增加，仅靠个人的直觉判断必然难以长期适应其发展的需求。部分企业在尝试了“专家意见至上”、“全体举手表决”、“消费者投票”等多种评价方法的“试错”后，陷入了无“方法”可寻的困惑中。

（3）评价组织的人员结构问题：企业设计评价组织的构成过于偏重市场营销和技术人员，设计师参与的程度不高或缺乏足够的话语权。一方面，这使得设计行为与企业整体的策略方针以及市场的需求脱节，设计蜕化为形式的拼凑和视觉化的游戏；另一方面，设计创新的概念和理念无法得以充分的展示和表达，从而影响了产品形象的独特性，在某种程度上削弱了企业的设计竞争力。

此外，国内部分较为成熟的企业，由于产品设计开发的迫切需求，或是借鉴国外企业的现行制度，或是出于以往经验教训的积累，摸索出一套适合于自身特点的设计评价机制。但总体来说，这些尝试还缺乏对相关因素的全面思考和系统的理论总结。

实际上，设计评价活动是被深深地融入设计创新与管理的完整过程之中，无论是站在哪个角度，设计评价的最终目的都是为了创造一个“好的”产品，为企业、消费者以及其他的评价主体带来利益。尽管在实际设计评价中，皆大欢喜的局面并不多见，但毕竟设计创新的步伐从未停止，设计评价理论、观念和相应制度体系的研究，对于设计从业人员来说势必会变得越来越重要。

## 0.2 研究的意义

1. 体系化的设计评价理论研究

在以往的设计理论著述中，我们可以看到大量有关“设计评价”的字眼或类似的说法，但鲜有对设计评价活动本身规律、特征、机制的体系化研究。理论家们所使用的术语与将其作为一个研究对象进行理论研究是截然不同的。

本研究将从“商品设计”的独特视角，来看待当下商品经济语境下的广泛存在的设计活动，并以“设计事理学”[①]的思想方法为前提，对工业设计评价活动进行系统的理论研究和思考，力求发现其中规律性的线索，构建体系化的设计评价理论。

2. 对企业设计战略实施的现实意义

“适者生存”无疑是大自然最经典，也是最基本的评价原则。在人类社会中，人们可以主动地、有意识地对自身行为进行评价，以总结经验教训，优选手段途径，降低“交易成本”，提高生存效率。对商品设计、制造企业来说，一个科学的设计评价体系具有两方面的意义：其一，可以规范企业产品设计的方向，使之有的放矢、目标明确，从而节约设计成本、增加组织效益、提升企业的综合竞争力；其二，在规范化和体系化的设计评价活动中，可以不断摸索和积累适合自身特点的操作方法、程序、标准和组织方式的经验，为企业产品设计的可持续发展作好“制度”准备。

3. 对我国设计人才培养方向的指导意义

近年来我国的设计教育呈蓬勃发展之势。但不可否认的是，“设计教育与设计产业处于严重失衡状态，造成我国设计业两端大，中间小的模式，即设计教育与设计需求的增大，专业化的设计队伍与合格的设计人才却相当缺乏。”[②]由此可见，我国培养的设计人才与社会的实际需求存在着相当大的距离。原因自然不少，如设计专业师资力量薄弱；“纸上谈兵”的设计理论；单纯技巧型的设计教学；“竞赛式教育”的影响等。然而，基于明确现实目标的设计评价理论的缺失也是影响设计教育最为重要的原因之一。

设计教育的现实目标是为国家、社会、企业不断输送合格的设计人才。设计人才的培养方向自然不能脱离企业“指向商品”的产品或服务的设计目的。因此，兼顾多方利益的、实事求“适”的“商品设计”评价理论对我国设计人才的培养具有重要的指导意义。

---

① “设计事理学”是清华大学的柳冠中教授结合赫伯特 · 西蒙的“人为事物”理论与中国的设计实践发展出来的一种先进的设计学理论，经过多年来的深入研究和多角度的论证，其理论体系已日渐丰满。本研究就是对“设计事理学”在设计评价方法论的研究和应用领域上作有益的尝试，并作为其理论体系的一个重要组成部分。

② 柳冠中：《走中国当代工业设计之路》，邵宏、严善錞主编：《岁月铭记——中国现代工业之路学术研讨会论文集》，长沙：湖南科学技术出版社，2004 年版，第 12 页。

## 0.3 研究的方法

近代以来，学科的分化使得我们习惯于从一个侧面看待事物，而设计理论研究恰恰是要求我们综合地把握事物的全貌。因此，设计研究必然要借鉴诸如经济学、社会学、心理学、哲学、人类学、市场学、管理学等学科的理论与方法。本研究将以“设计事理学”的思想方法为写作遵循的主要方法，并力求兼收并蓄相关学科成熟的理论知识和方法手段。

“设计事理学”根植于系统科学方法的沃土之中。从根本上说，系统方法是一种态度和观点，而并非一种明确清晰的理论。“关照整个问题，……先设计出一个系统的框架，然后，在作个别决策时须考虑到各个决策对系统整体而言有何影响。”[①]即强调普遍联系的和综观全体的认识方法，而非孤立和封闭的方式把握对象。

“设计事理学”正是以这种整体观、系统观为出发点，强调从关系而不是元素、过程而不是状态、理解而不是解释、主体间性而非主体性来看待设计问题。[②]“设计事理学”的核心思想是通过表层的“物”（现象）发现背后的“事”（关系），并进一步揭示其中的“理”（规律），从而指导现实的设计创新活动，即创造新的“事”、“物”。其具体方法就是建立有针对性的、具体的、动态的“目标系统”。“目标系统”理论是“设计事理学”方法的核心内容，它有利于使复杂的问题得以条理化与层次化。在“目标系统”中，“事”是塑造、限定、制约“物”的外部因素的总和，因此设计的过程应该首先研究不同的人（或同一人）在不同环境、条件、时间等因素下的需求，从人的使用状态、使用过程中确立设计的目的，这一过程叫作实“事”；然后选择造“物”的原理、材料、工艺、设备、形态、色彩等内部因素，这一过程叫作求“是”。设计的方法就是“实事—求是”的方法。[③]（对于“目标系统”的详细论述见本书第 4 章）

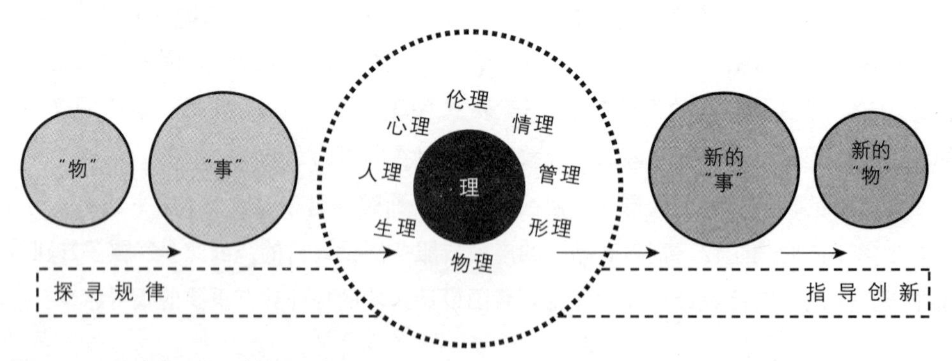


图 0–2 “设计事理学”的核心思想

---

① [美] 赫伯特 · 西蒙：《管理决策的科学》，中兴管理顾问公司译，1982 年版，转引自杨砾、徐立：《人类理性与设计科学——人类设计技能探索》，沈阳：辽宁人民出版社，1987 年版，第 31–32 页。

② 有关《设计事理学》的详细论述，参见唐林涛博士的《工业设计方法》一书。

③ 柳冠中：《走中国当代工业设计之路》，邵宏、严善錞主编：《岁月铭记——中国现代工业之路学术研讨会论文集》，长沙：湖南科学技术出版社，2004 年版，第 12 页。

在本书中,"目标系统"的方法将贯穿始终。我们可以将"设计评价之事"作为一个"目标系统",来具体分析企业设计评价的目标、限制性和可能性的要素关系。其研究的思路是,首先确定该系统的"外部因素",即确定评价的主体是谁?他们的愿望、需求和价值观是什么;评价客体是什么?不同商品有什么特征;以及在什么样的社会、经济、制度环境下对客体进行评价等。限定与分析"外部因素"的过程就是逐渐明确层次化系统目标的过程。而后,本着实事求"适"的原则,选择相应的制度手段,如"适度"的评价标准、"适用"的评价程序、"适合"的评价组织和"适当"的评价方法等内部因素,并利用该制度体系对设计活动的结果和过程效率进行全面的评价。

## 0.4 研究内容与结构

1. 研究内容

工业设计评价的研究内容可以分为三个层次(图 0–3)。第一是观念层:设计评价是评价主体对客体价值的认识、解释和判定,这种评价活动依赖于评价者先在的价值取向和认知图式,也就是说,评价者是以某种观念和思维方式来评判某项设计的过程及其结果;第二是制度层:设计从本质上说是一门实用性很强的知识,设计评价也不可能仅仅停留于纯粹的理论思辨,而必须结合具体的语境,构建与观念相适应的设计评价机制,换句话说,"制度"建设是设计评价的核心环节和基本保证;第三是操作层:评价主体依照先在的观念和相应的制度,对客体进行评价的具体活动和过程。显然,设计评价的最终结果主要依赖于评价主体所持的观点,以及在评价中所采取的标准、方法、程序和组织形式等制度要素内容。

本书论述的主要内容将集中在工业设计评价制度的构建上。在人类有目的的社会活动中,"制度"建设作为一种手段总是依赖于一定的观念,并服务于一定的目的。对于制度(Institution)可以有多种解释。[①]套用制度经济学的话语,微观层次的"制度"称为一种"制

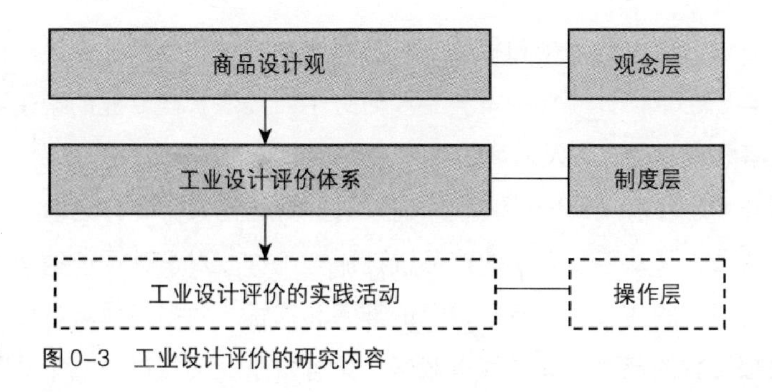

图 0–3　工业设计评价的研究内容

① 从汉语的角度看,制度是指"要求大家共同遵守的办事规程或行为准则"。诺思教授认为,广义的制度"是一系列被制定出来的规则、守法程序和行为的道德规范,它旨在约束追求主体福利或效用最大化利益的个人主体";另一种解释是"在一定历史条件下形成的政治、经济、文化等方面的体系"。参见宋刚,《交换经济论》,北京:中国审计出版社,2000 年版。

度安排”；宏观层次的“制度”称为“制度环境”。工业设计评价体系既是企业内部的一种“制度安排”，又涉及企业外部的“制度环境”。总体来说，制度体系规定了设计评价活动的一种结构，这种结构可有效保证评价活动向可预期的方向前进。

2. 本书写作的结构

本书从内容上可分为两大部分，主要围绕两个问题展开。其一，什么是“好设计”和“好商品”？其二，企业如何评价并创造一个“好”的“商品设计”？

前一个问题是观念层的探讨，涉及本书的前两个章节。第 1 章探讨了设计的含义和本质，以及工业设计评价的复杂性特征；第 2 章从商品（物）概念入手，探寻商品交换（事）的规律、目标及其复杂的利益关系，即发现“事理”，从而确立不同利益主体“共赢”的“商品设计观”，将“好商品”与“好设计”紧密联系在一起。

后一个问题是如何将理想化的“共赢观”付诸实施，并真正为不同的评价主体带来效用和利益。集中在制度层的研究，包括了本书第 3 章到第 8 章的内容。第 3 章明确了设计评价的范畴，并在设计管理的框架上详细讨论了设计评价的具体内容；第 4 章是基于企业的设计实践和设计理论的思考，提出实事求“适”作为工业设计评价的基本原则，并借助“设计事理学”的思想方法，建立设计评价的“目标系统”，将复杂的评价因素纳入体系化的理论框架之中。

本书第 5 章至第 8 章详细讨论设计评价制度体系的各个要素内容，即“适度”的评价标准、“适用”评价程序、“适合”评价组织和“适当”评价方法。每章节都有具体的企业案例辅助读者理解。

第 9 章是理论应用的部分，即尝试性地运用上述理论，为某家电生产企业构建一套产品造型设计评价体系。

## 0.5 目标读者和致谢

本书对工业设计评价的理论和相关实践都有比较系统和全面的论述，面对的主要读者是工业设计及其他艺术设计专业的本科生和研究生、经济管理专业的学生和研究者、企业中的设计管理者和设计师，以及从事设计研究和设计教育的学者等。

本书的写作源于作者 2003 ～ 2006 年间撰写的博士论文。写作之前，作者经历了 7 年的驻厂设计师生涯，又从事了多年的产品设计服务工作，对设计评价的理念和方法，尤其是企业设计评价机制的建立已经有了较深的理解和感悟。本书是作者将设计实践中的经验与设计学理论相结合的产物，其过程有艰辛，更有快乐。又经过了几年的积淀、思考和内容补充，作者更加确认书中的核心观点和方法对于企业的创新设计以及长期可持续发展的价值和重要性，以及对于设计教学的意义。在此衷心感谢我的导师柳冠中教授在我攻读博士学位期间以及本书写作过程中的悉心指导和言传身教。

感谢清华大学美术学院王明旨教授、鲁晓波教授、陈进海教授和张夫也教授在写作过程中给予的建议和指导；感谢严扬教授和蔡军教授所给予的研究建议和提供宝贵的研究资料；感谢各位企业界朋友和设计界同仁在采访过程中给予的积极配合和帮助。感谢清华美院系统设计工作室同窗们的无私帮助和热情支持。最后感谢我的家人，他们的关怀与支持使本书的写作得以顺利完成。

# 第1章　什么是“好设计”——设计评价中的多维视角

## 1.1　关于设计的含义

对于“什么是设计”这个问题，此前已经有多位学者作过极为深入、翔实的考察和定义，这些理解或宽泛或具体、或综合或狭义、或科学或艺术，总之，关于“设计”并没有一个像理工科概念一样的统一认识。这种概念探究就像剥洋葱皮，当我们一层一层剥开关于设计的各种现象、观点、认知，逐渐趋向核心后，发现里面并没有一个我们所预期的明确表述。设计是一个相当模糊的概念。设计中既包含了科学的知识、原理，工程技术的限定，又反映着人类的文化传承、积淀，以及人的情感、愿望等复杂因素。或许，一种开放性的描述是对设计最好的解读方式。

我们今天通常使用的“设计”一词源于英文“Design”，它既是名词又是动词。作为名词，Design 有风格、图案、造型、心中的计划和设想等含义，是人类创造活动的结果和状态的表述：好的设计、失败的设计、功能主义设计、儿童车的设计、菲利普·斯塔克（Philip Stack）的设计等；作为一个动词，Design 有立意、筹划、构想、创造、描绘等含义，表现为一系列思维活动或形式、图式的创造活动：设计图案、设计杯子、设计汽车、设计城市、设计一项活动或者一项制度等。

在传统的汉语中，“设计”是作为表达人的思维过程和行为过程的动词而出现的。英文的“Design”除了包括汉语“设计”的基本含义以外，“艺术”的含义占了相当的比重。因此，在国内也有将“Design”翻译成“艺术设计”，作为一种折中的办法以满足公众理解的需要。[①]但实际上，公众对“艺术”本身的固有看法同样妨碍了对“艺术设计”本质的理解。

按照西蒙[②]的观点，只要人们将知识、经验以及直觉投射于未来，目的是改变现状的

---

① 参见郑曙阳：《室内设计：思维与方法》，北京：中国建筑工业出版社，2003 年版。

② 赫伯特·西蒙（Herbert A.Simoa，1916-1001），又名司马贺，美国心理学家，认知心理学的奠基者。与纽厄尔等人共同创建了信息加工心理学，开辟了从信息加工观点研究人类思维的方向，推动了认知科学和人工智能的发展。曾荣获国家科学奖，1953 年当选为国家科学院院士，1969 年获美国心理学会颁发的杰出科学贡献奖，1978 年获诺贝尔经济学奖。

图 1–1、图 1–2　广义的设计活动可以追溯到旧石器时代的一把石刀。从设计的本质特征上来看，它与技术精良的瑞士军刀在造物思想上是一致的。
图片来源：http://images.google.cn

活动，都带有设计性质。设计因此被理解为人类带有目的性、指向未来的创造性行为。这种广义的创造性行为可以溯源到远古人类磨制的第一把石刀。“设计似乎是一个新名词，但早在人类造物的初期，设计就本质性地存在了。换言之，一切人造物都是设计的产物，都有一个设计的过程。”①

包豪斯的教师莫霍利·纳吉（Laszlo Moholy–Nagy）曾说：“设计不是一种职业，它是一种态度和观点，一种规划者（计划）的态度观点”②。按照这种看法，设计远不是仅将思想局限在家具、机器、日用品、建筑这些对象上，而是有计划、有目的地规划一种社会、文化、制度、价值、道德和行为准则。正是基于对设计的这种理解，英国《百科全书》把孔子和老子也称为伟大的设计师。邓小平被称为中国改革开放的总设计师，他的设计是一个国家在一个特殊时期的特殊政策和制度安排。在广义设计观看来，任何人为的“事”、“物”都是经由设计而产生的。

广义的解释似乎有使设计学科边界变得模糊的倾向。事实上，学科疆域的扩延乃至融合是当今学科发展不可避免的一种现象，就像经济学研究有目共睹的领域扩张一样。经济学家熊秉元的阐释同样适用于对设计学现状的解读：“从人类探索知识的途径角度上看，这个‘融合’是合乎情

图 1–3　中国古代伟大的“设计师”——孔子

① 李砚祖：《艺术设计概论》，武汉：湖北美术出版社，2002 年版，第 4 页。
② 李乐山：《工业设计思想基础》，北京：中国建筑工业出版社，2001 年版，第 1 页。

理的，因为学科之分本身就是人为的”。①

所谓狭义的设计解释则更接近设计的职业特征，指的是工业化以后的专业性的设计活动，要求具体的和物质化设计结果，如：建筑设计、环境设计、产品设计、服装设计、平面设计等。这种专业性的设计活动源于知识扩张带来的愈发细致的社会分工。一个典型的从狭义角度来看待设计的例子是马特 · 斯坦（Mart Stam）在 1948 年提出的“工业设计”概念，他认为，工业设计师是在产业各领域中从事打样、绘图和平面图等工作，尤其是新式材料的造型工作。②

1980 年国际工业设计学会联合会（ICSID）将工业设计定义为：就批量生产的工业产品而言，凭借训练、经验及视觉感受而赋予材料、结构、形态、色彩、表面加工以及装饰一新的品质和规格。

2006 年 ICSID 再次修改，将设计定义为：目的——设计是一种创造性的活动，其目的是为物品、过程、服务以及它们在整个生命周期中构成的系统建立起多方面的品质。因此，设计既是创新技术人性化的重要因素，也是经济文化交流的关键因素。任务——设计致力于发现和评估与下列项目在结构、组织、功能、表现和经济上的关系：增强全球可持续性发展和环境保护（全球道德规范）；给全人类社会、个人和集体带来利益和自由（以人为本）；最终用户、制造者和市场经营者（社会道德规范）；在世界全球化的背景下支持文化的多样性（文化道德规范）；赋予产品、服务和系统以表现性的形式（语义学）；并与它们的内涵相协调（美学）。

设计关注于由工业化，而不只是由几种工艺——所衍生的工具、组织和逻辑创造出来的产品、服务和系统。限定设计的形容词“工业的（industrial）”必然与工业（industry）一词有关，也与它在生产部门所具有的含义，或者其古老的含义“勤奋工作（industrious

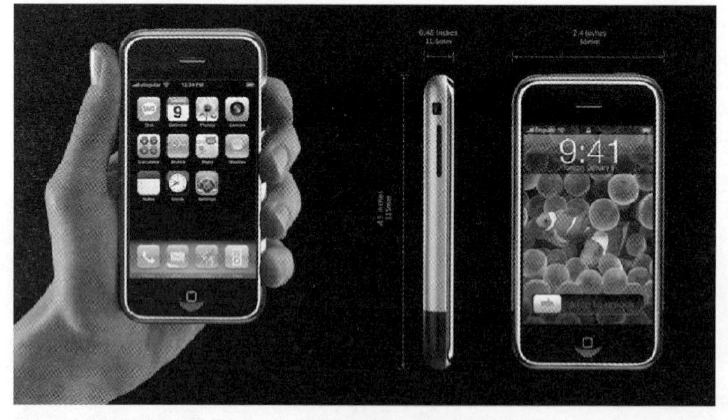

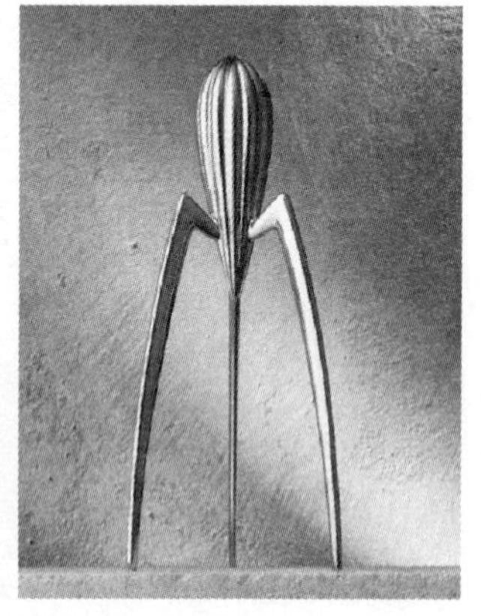

图 1–4　苹果公司设计生产的 IPhone 手机，外观时尚炫目，且功能拓展能力极强。（左）
图 1–5　法国著名设计师菲利普 · 斯塔克的 Juicy Salif 榨汁机，相对使用性来说，它的美学意味似乎更浓。（右）

① 熊秉元：《大家都站着》，北京：社会科学文献出版社，2002 年版，第 2 页。
② 王明旨：《产品设计》，杭州：中国美术学院出版社，2004 年版，第 15 页。马特 · 斯坦（Mart Stam）是著名的荷兰建筑师，同样也是一名优秀的家具设计师。他于 1926 年设计了历史上第一件悬挑椅，从此奠定了在设计史上的地位。

图 1-6　现代主义建筑大师密斯 · 凡 · 德 · 罗（Ludwig Mies Van der Rohe）设计的巴塞罗那椅它极具象征意味，甚至在一定程度上代表了现代主义，是理性思考的光芒与人类情感的完美统一。这把椅子不仅进入了人们的日常生活，也进入了 20 世纪的文化史。

activity）"相关。 也就是说，设计是一种包含了广泛专业的活动，产品、服务、平面、室内和建筑都在其中。这些活动都应该和其他相关专业协调配合，进一步提高生命的价值。[①]

从人们对设计理念不断认知的历程可以看到，设计在保持着鲜明职业特征的同时，它的外延也日渐触及到更广阔的领域和学科中，并被赋予了更多的社会责任感。

设计到底属于科学还是艺术的争论已不再新鲜。事实上，在当今的设计领域中，有人以科学试验精神探讨设计元素的多种可能性；也有人以商业主义态度发掘设计的各种商业化潜力；同样有人将设计作为一门艺术来尝试表达对社会、人生的哲学思考等。"设计是一门艺术"——这更多意味着是设计的结果和它带给人的感受。当面对一辆惊艳的保时捷（Porsche）赛车、经典的 Mini Copper、炫目的 IPhone 手机或菲利普 · 斯塔克的榨汁机时，我们无疑会沉浸于设计带来的艺术感受中。但与艺术创作有着明显的区别，设计

图 1-7　美国赫尔曼 · 米勒（Herman miller）公司设计生产的 Aeron Chairs 系列办公椅，完美的人机工学设计，兼顾舒适、健康、美感和环保的理念，被誉为世界家具界的顶级产品。
图片资料来源：Herman miller 官方网站 http://www.hermanmiller.cn/pdf/Aeron.pdf

① 出自：国际工业设计协会联合会（ICSID）官方网站，http://www.icsid.org/about/Definition_of_Design/

的主要目标是解决实际的问题，而不仅是个人化情感的抒发，因而大多设计创新的过程必定具备更多的理性思考和严格的程序步骤。尽管人们对设计中的情感化诉求与审美偏好投入了越来越多的关注，但这些关注一定是基于用户（目标人群）的需求。因此“设计也是一门科学”，这是从设计的行为过程上看，也是认识设计的另一个角度。“设计科学”侧重于设计的理性分析以及非主观化的特征。很明显，设计是融合了科学的方法与艺术的想象力，科学的严谨与艺术的自由于一身的综合学科。设计是人类文化和智慧的集中体现。

从西蒙开始，很多研究者将设计作为一门科学进行研究，并且认为设计科学正趋向于管理与决策科学。当我们认真检视“包豪斯”时代所留下的珍贵遗产时发现，除了设计基础课程作为专业化训练的科学方法承传下来以外，更为核心的是早在“德意志制造联盟”就提出的设计理念，即设计作为“协调人”的角色参与到产品设计、生产以至整个国家工业发展的规划和决策中。显然，设计行业从其发展初期就明显承担了诸多的社会责任和公共义务。这也暗示了我们将要从更全面的视角来评判设计的过程和结果。

清华大学的柳冠中教授认为，设计是除了科学与艺术以外的“人类第三种智慧和能力”。“设计（工业设计）从产生之初就是为了优化生产关系，协调社会各工种、各专业、各利

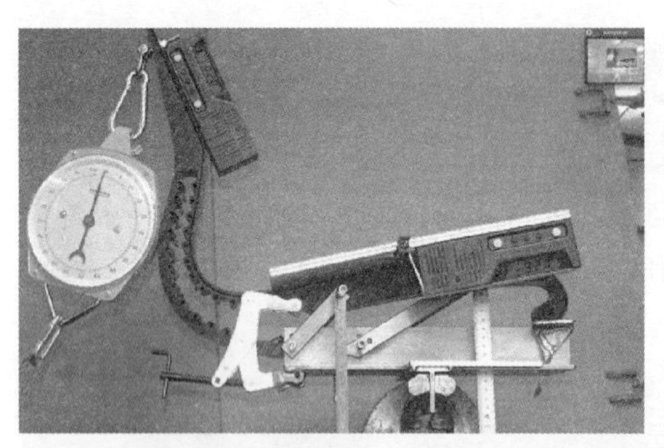

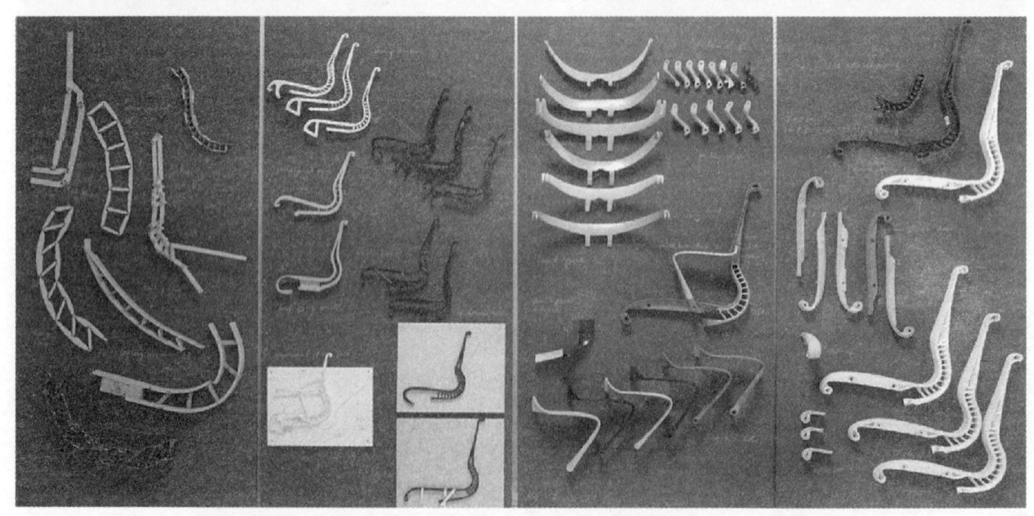

图 1-8~ 图 1-10　设计在某种程度上也是科学研究的过程。图中反映了赫尔曼 · 米勒办公椅在无数次实验、测量和尝试中的诞生过程。
图片来源：Delicious Design Process: The Herman Miller Setu Chair from Studio 7.5， by Josh. http://www.solidsmack.com

益集团间的矛盾，通过提高效率促进经济发展的学科，是一种横向思维、系统整合的方法”，这种思考超越了所谓科学与艺术之争，回到了设计活动的本质特征上。[①]

实际上，无论作为名词还是动词、广义理解还是狭义概念、科学的还是艺术的，设计正趋向一个开放性的结构，并随着时代的变化而不断发展。

## 1.2　什么是设计评价

### 1.2.1　评价无处不在

所谓评价可以简单理解为对人或事物的善恶美丑、是非高下进行评判；从学术角度看，评价就是对人或事物“价值的判定”。“价值”的早期含义就是指“交换价值”，19 世纪后，在若干思想家和理论学派的影响下，尤其是哲学领域“价值论”研究的兴起，[②]价值的意义逐渐超越了经济范畴被延伸到哲学以及更加广泛的社会领域，如社会价值、个人价值、伦理价值、文化价值、审美价值、生态价值、政治价值与科学价值等。因此，今天广泛使用的“评价”一词是对一切人或事物存在的意义给予解释和评判。换句话说，“评价”就是指评价主体对评价客体是否具有价值、有何价值以及价值大小的判断。[③]

评价是人类的一种认识活动。它与认识世界“是什么”的认知活动不同，它是一种以把握世界的意义或价值为目的的认识活动，即它所要指出的是世界对人意味着什么，世界对人有什么意义和价值。[④]实际上，人类的一切活动，都是为了发现价值、创造价值、实现价值和享用价值，而评价，就是人类发现价值、揭示价值的一条基本的途径。

评价作为一种意识活动贯穿于人类全部的生命实践活动中。从全球化的经济合作到个人的职业选择；从国家的大政方针到孩子们的游戏规则，只要是人参与的事件就会有评价的发生，只是我们不大注意自己的思维活动常常就是一种评价过程。

---

① 柳冠中：《设计是人类未来不被毁灭的第三种智慧》，《科学与艺术 · 交叉与融合》——2010 科学与艺术国际研讨会论文集，北京：清华大学出版社。

② 价值论成为继本体论、认识论之后哲学研究中又一个颇为重要的组成部分是 19 世纪末 20 世纪初的事。《简明不列颠百科全书》在价值学 (Axiology) 的条目中写道：价值学是对于最为广义的善或价值哲学研究，它的重要性在于：a. 扩充了价值一词的意义；b. 对于经济、道德、美学以至逻辑方面的各种各样的问题提供了统一的研究。这些问题以往常常是被孤立开来考虑的。这批早期研究价值理论的思想家有新康德主义者 R・H・洛采和 A・里奇尔；提出重新估价一切价值学说的尼采，A・迈农和埃伦费尔斯；还有无意识哲学家 E・O・哈特曼，他所写的《价值学纲要》(1911)，首次把价值学这个词用于书名中；W・M・乌尔班的《评价的性质和法则》(1909) 是第一篇阐释这个问题的英文论文；R・B・佩里（也译为培里）的《一般价值论》(1926) 被称为新立场的杰作。参见《简明不列颠百科全书 · 第 4 卷》，北京：中国大百科全书出版社，1985 年版，第 306 页。

③ 所谓价值，就其深层而言，是指客体与主体需要的关系，即客体满足人的需要的关系。当客体满足了主体的需要时，客体对主体而言是有价值的；当客体部分地满足了主体的需要时，客体对于主体而言具有部分价值；当客体不能满足主体需要时，客体对主体是无价值的；而当客体损害了主体的利益时，客体对于主体具有负价值；当客体尚未满足主体的需要，但却具有满足主体需要的可能时，客体对主体具有潜在的价值；当客体尚未损害主体的利益，但有可能损害主体时，它对主体具有潜在的危险，即潜在的负价值。参见冯平：《评价论》，北京：东方出版社，1995 年版，第 31 页。

④ 冯平：《评价论》，北京：东方出版社，1995 年版，第 30 页。

我们可以从两个方面来分析评价的作用。一方面，评价是“人把握客体对人的意义、价值的一种观念性活动”，[①]是人类主体在评价活动中的价值取向和所持的态度，这直接影响评价标准及其他制度要素的形成；另一方面，评价是“按照明确目标测定对象的属性，并把它变成主观效用（满足主体要求的程度）的行为”，[②]即在某种预设的观念下评判对象的价值，并提供决策依据的实践过程。我喜欢这部电影、她讨厌小李这个人、汽车尾气污染环境、劣质产品坑害百姓、这部手机太贵了、那件服装很漂亮等，这些表述都是人经由认识和实践活动对客体价值的评判。而后会形成进一步的认识并可能产生相应的决策行为：我因为喜欢这部电影可能会鼓励朋友买票去看；她讨厌小李可能导致两人之间的断交；汽车尾气污染环境，因此政府会采取更严格的尾气排放标准或减少汽车在城市中的保有量；劣质产品坑害百姓，有关部门会加强监管，惩治偷工减料的行为；那部手机太贵就不买了；服装漂亮还需要权衡一下口袋中的银子，再来决定是否购买等。由此可见，评价在人类生活的各个环节都起着至关重要的作用，尽管评价与决策之间的关系远非上述的这样简单明了，但任何理性决策的前提条件都是相应的评价活动，这也是“评价”与一般意义上的“批评”所区别的地方。

自然界中的动物、植物同样依赖于对自身及环境的“评价”活动，“适者生存”就是大自然最经典、最残酷，也是最基本的评价标准。在人类社会中，人类不仅保持了生物的生存和竞争本能，可以充分地利用自然，还能够改变自然，创造新的事物、新的生存环境以及新的社会制度。合目的性与合规律性的统一是人类一切创造活动的本质特征。因而，人类凭借智慧，可以主动的、有意识的对自身行为及其与环境的关系进行评价，对其活动的合目的、合规律特性给予判断，从而总结经验教训、优选手段途径、降低“交易成本”[③]，提高生存与发展的机会和效率。

简单来说，“评价”对人类的社会、经济、生活等方面的实践活动具有两方面的重要意义：一是在实践中通过对目标、手段关系的认识而不断调整和校正前进方向，并提供选择“满意”方案的依据（效果层面）；二是检验所采用的方法是否“适合”，并不断进行调整，以期提高行动的效率（方法层面）。沿着以上的思路我们接近了对设计评价的考察。

### 1.2.2 关于设计评价

设计评价自然是对设计“价值”的一种衡量和判定。按照西蒙的说法，设计本是“人

① 冯平：《评价论》，北京：东方出版社，1995 年版，第 1 页。

② 陈晓剑，梁梁：《系统评价方法及应用》，北京：中国科学技术大学出版社，1993 年版，第 1 页。

③ 交易成本（Transaction Costs）也叫交易费用，由经济学诺贝尔奖获得者科斯教授提出。它是指进行交易所需的全部综合费用，主要涉及时间成本和信息成本，如获得准确市场信息所需付出的费用、谈判和经常性契约的费用、度量界定和保证产权的费用、发现交易对象和交易价格的费用、讨价还价的费用、订立交易合约的费用、执行交易的费用、监督违约行为并对之制裁的费用、维护交易秩序的费用等。在以往正统的经济学——新古典经济学中，并没有交易费用的位置。在那里，交易发生在空间的一个点上，并且是在瞬间完成的；参加交易的人都是具有完善理性、全知全能的人；他们之间的交易一拍即合，并且从不反悔。交易费用为零的假设确实给经济学的发展带来了不少便利，它使新古典经济学在形式化和数量化方面取得了辉煌的进展，但同时也为之付出了代价——缺少对现实经济问题的解释力。参见盛洪：《经济学精神》，成都：四川文艺出版社，2003 年版。

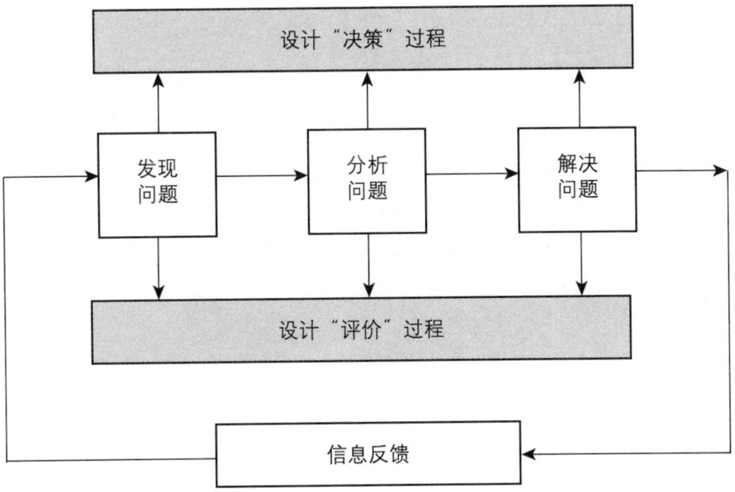

设计“决策”过程

发现问题

分析问题

解决问题

设计“评价”过程

信息反馈

图 1–11　设计决策与评价过程

类有目的的创造性行为”，表现为对一系列问题的求解活动，即发现问题、分析问题和解决问题的活动，是一个不间断的设计决策过程。设计的“价值”体现为其结果的“合目的性”以及过程的“合规律性”；设计评价既是对最终“效果”的评判，也是对过程“效率”的衡量。正确的设计决策依赖于持续的、有效的设计评价活动（图 1–11）。

与“设计”概念相对应，从广义上讲，设计评价是对人类一切“造物”活动的价值判定。如前文所述，设计的起源可以追溯到人类祖先有目的地敲击石块来制作石器，与此同时，朴素的“设计评价”也就诞生了。尽管这种评价意识隐藏在紧张、忙碌的日常劳作中，但它的作用是直接而强烈的。从石块种类和形状的选择、敲击的角度和力度、投掷的速度以及杀伤力的“评估”等。在生存的角逐中，所有这些信息都以最直接的方式回馈给设计者，促使其不断改进方法、增益效果。随着人类经验的不断积累而逐渐形成了体系化的知识，“设计评价”的思想、方法不断完善和发展，相关内容也出现在各种古代造物的文献典籍中。比如中国明代的科技名著《天工开物》一书就对前人的“造物”活动从技术、工艺、材料和应用方面进行了较为详尽的评述，[①]为后人的创造性活动提供了宝贵的借鉴。

西方早期较为系统化的设计评价思想是关于设计功能的探讨，可以追溯到荷加斯（William Hogarth）的《美的分析》。荷氏认为对设计的“美”应以满足实用需要为目的。该书的第一章以“关于适合性”开篇，他写道：“设计每个组成部分的合目的性使设计得

① 《天工开物》一书详细记述了明末前后中国的各种工农业生产措施和科学创见，是反映我国古代科技水平的重要文献。在农业生产方面，记载了培育优良稻种和杂交蚕蛾等许多农业生产的技术措施；在纺织方面详细记述了明代提花机的构造，并能够用“轴测图”类似的方法清楚地表达出提花机的结构、机件、形状和相互关系；在冶炼方面，记载了用锤锻方法制造铁器与铜器的工艺过程，其中不少技术至今仍在应用等。《天工开物》不仅全面反映了明末中国农业、手工业设计生产的技术水平，也体现了作者的设计评价思想，即重农、重工和注重实学的思想。如注重“实践”和“穷究试验”，注重时间、空间和比例的数量概念，这一切都与世界近代科学启蒙者所具有的那种实证精神不谋而合。宋应星，字长庚，奉新（今江西奉新县）人，生于明万历十五年（1587 年），卒于清顺治年间（约 1661 年前后），是明代我国科学技术领域中启蒙思潮的先驱者和代表人物。详细内容参见（明）宋应星著：《天工开物译注》，潘吉星译注，上海：上海古籍出版社，1993 年版。

以形成，同时也是达到整体美的重要因素……对于造船而言，每一部分是为适应航海这一目的设计的，当一条船便于行驶时，水手便将它称为美的，美与合目的性是紧密相连的。"[①]此后，设计理论家和思想家们从设计的美学标准、功能性、制造性、使用性、经济性和社会责任等方面进行了广泛的设计评价理论研究。在这样的评价理论指导下，从工业设备、日用品、艺术品、公共用品以及人工环境等都成为了设计评价的对象。直到今天，人们还在持续地对自身适应自然、改造世界的各种"造物"活动进行评价，以求不断提高生存效率，增加自身的福祉。

事实上，无论人类主体是否察觉，我们日常生活中始终充斥着对自我、他人、事物、环境的价值判断。任何一种在广义设计概念下的创造性行为，其前提都有设计评价活动的存在。

而从狭义上讲，"设计评价"则是设计行业中的一个专业概念，包含在"设计管理"的研究领域之中。因此，简单梳理一下设计管理的研究范畴将极为有助于对设计评价的理解。

设计需要"管理"，[②]这是目前设计理论界的共识。最早的"设计管理"思想起源于20世纪60年代的欧洲，[③]虽然经过了半个世纪的发展，至今还没有完善的理论体系。正如英国设计管理专家马克·奥克利（Mark Oakley）在《Design Management》一书中强调："设计管理与其说是一门科学，还不如说是一门艺术，因为在管理设计中始终充满着弹性与判断"。[④]

早在1966年，英国的迈克尔·法尔（Michael Farr）在《设计管理》一书中认为："设计管理是在界定设计的问题，寻找最合适的设计师，且尽可能地使该设计师能在同意预算的前提中准时解决问题"。[⑤]1976年伦敦商学院的彼得·戈尔（Peter Gorb）教授认为："我把设计管理定义为一种计划，从管理的角度而言，它使得产品的目的以及包括这个目的的信息能以整体合作的方式达到。因此我认为，设计管理是计划的过程，并由组织加以运作，它是这一运作过程中的中心和最主要的部分"。美国设计管理协会（Design Management Institute，DMI）于1998年夏季发表《设计管理的18种阐释》，文中罗列了各种对设计管理的理解。[⑥]从企业现实的设计实践活动上看，设计管理是在产品的开发过程中，应用社会学、

---

① 威廉·荷加斯（William Hogarth），*The Analysis of Beauty*,(London: Printed by J Reeves for the author, 1753) 转引自朱吉虹：《论圆形思维指导下的设计批评》，长沙：湖南大学硕士论文，2003年，第3页。

② "管理"是一个使用广泛的概念，有着多种解释。有的学者认为管理是科学，有的认为是艺术，还有说是文化、是决策等，各自都强调了某一个侧面。斯蒂芬·P·罗宾斯和大卫·A·德森佐在《管理学原理》一书中对管理有着精简、透彻的定义，他认为："所谓管理（Management），是指通过与其他人的共同努力，既有效率又有效果地把工作做好的过程。"参见[美]斯蒂芬·P·罗宾斯，大卫·A·德森佐：《管理学原理》，毛蕴诗译，大连：东北财经大学出版社，2004年版，第5页。

③ 也有一种说法是日本人在20世纪60年代创造了"设计管理"的概念。

④ 马克·奥克利（Oakley. M），*Design Management: A Handbook of Issues and Methods*, (Blackwell, Oxford, 1990)。转引自：张立群《设计管理的探索》，《设计》，2004年总第150期，第6页。

⑤ 邓成连：《设计管理：产品设计之组织、沟通与运作》，台北：亚太图书出版社，1999年版，第37页。

⑥ 设计管理协会（DMI）：《设计管理欧美经典案例》，黄蔚等编译，北京：北京理工大学出版社，2004年版，第6页。

人文学、生态环境学、人机工程、产品语义学和产品预测等有关的专业知识，对产品开发、设计、制造、经销的全过程进行全面的管理工作，旨在提高整个产品开发和设计的工作效率，减少时间和物资浪费，充分发挥设计师的创造能力，提高产品的设计品质，迅速、准确地完成预定的目标，设计、制造、生产出符合市场需求的产品。[①]

从上述设计管理定义的探讨中可以看出，设计管理的目标是追求设计活动的综合"品质"。然而，作为创造性活动的设计，其"品质"很难完全用量化的方法来判定，也不存在一个"好"或"坏"的统一标准。因此，设计管理的核心任务就是根据企业现状和市场环境制定现实性的产品创新策略和计划，并依据该创新计划以及相应的规范和纲要，对设计活动的进程和方向进行实时监控，并随时评价阶段性成果（图 1–12）。可见，"设计创新计划"与"设计评价"是设计管理中的两条核心线索。

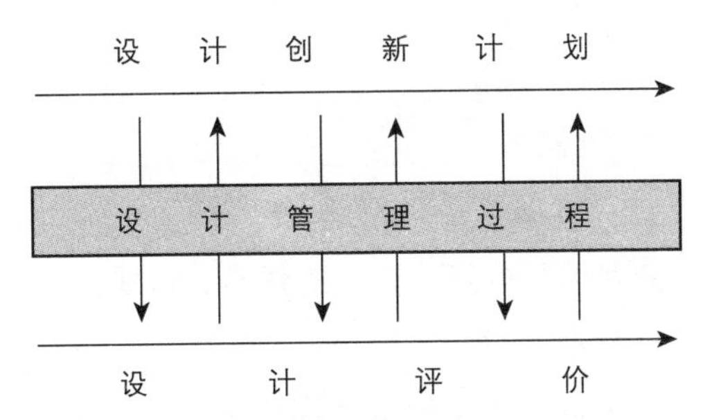


图 1–12　设计管理过程中的设计评价

J. 克里斯托夫 · 琼斯（J. Christopher. Jones）在"A Method of System Design"一文中认为："设计评价是设计过程管理的重要环节，具体说来是在最终方案确定前，从诸多备选方案中，对其在使用、生产和营销方面表现的正确性给予评估"。[②]在早期工业社会的大背景下，设计评价观念比较注重产品的质量和成本的监控；随着"后工业社会"或称"信息社会"的到来，市场竞争态势日趋复杂多变，设计评价日益转向产品开发的整个过程，包括前期的策略研究、产品概念创意、工程技术设计一直到商品销售以后的设计跟踪评价；同时，设计评价还渗透到包括项目管理、组织管理以及策略管理的各个层面之中。因此，基于设计管理框架下的设计评价概念应是以系统的方法，对企业设计管理的各项内容以及设计创新的全过程进行监控、评估，以确保最终设计目标的达成。由此可以将设计评价理解为是产品设计开发的优化过程。

从属性上讲，在设计管理领域中的设计评价可以分为"预测评价"、"结果评价"和"过程评价"几种。"预测评价"是在没有实质性结果的情况下，对市场趋势、竞争态势以及相应的设计策略、产品计划制定的预见性评估，通常发生在项目实施之前或之中；"结果评价"是对设计的最终成果进行全面的评价，通常发生在项目实施后期，如对制造性、商品化、营销效果、使用效果、耐久性等结论性的评价；"过程评价"融合了预测评价和结果评价的部分内容，是对项目实施过程中的目标指向性、效率等问题的评估，是

① 张乃人：《设计辞典》，北京：北京理工大学出版社，2002 年版，第 17–18 页。

② Nigel Cross, *Development in Design Methodology*, (John Wiley & Sons Ltd., 1984), p.11.

对设计阶段性成果的评估，通常发生在项目进程的“节点”上。“节点”是两个阶段性工作单元相互交接的中间环节。过程评价的任务就是评审前阶段设计成果，预测今后的设计走向，从而为作出有效的设计决策提供依据（表 1–1）。

**设计评价的不同属性特征** **表 1–1**

| | 预测评价 | 结果评价 | 过程评价 |
|---|---|---|---|
| 实施阶段 | 项目实施前或某项目阶段前 | 项目实施后期 | 项目进程中的“节点” |
| 属性特征 | 对市场趋势、竞争态势等因素进行预测，用于制定设计策略和产品计划等 | 对设计的最终成果进行全面评价 | 评审前阶段设计成果，预测今后的设计走向，为设计决策提供依据 |

## 1.3 什么是“好设计”

如前所述，设计评价的目的是分辨出设计的优劣，以便为决策提供依据。这既是一种价值判断，也是一个科学管理的过程。所谓“好设计”离不开标准。田径比赛的标准是明确的，0.1 秒的差距便决定了选手的成功和失败。而评估设计是没有一个绝对的、量化的标准，因为设计包含着复杂的美学因素、情感因素和人的偏好，这些因素是无法用绝对理性的标准来衡量、评判的。此外，设计评价也不同于过分强调个人价值观和感受认同的艺术评价，毕竟，人的设计活动很大程度上依赖于技术和工程的可能性，也就不可缺少相应的理性限定。那么，设计评价又是如何进行的呢？

显然，完善的制度体系是保证设计评价顺利进行的基础，但问题是，什么样的评价机制能够兼顾各方利益，又能有效协调诸多理性与感性的制约因素呢？

打个比方，设计评价更类似艺术体操的裁判，在动作准确程度及难度系数评定的前提下，裁判们会根据自己的理解、经验和感受对运动员的艺术表现力进行综合评价。这样的评价是理性和感性的结合，是动态的、相对的评判，是对多种因素的综合及权衡。实际上，任何设计作品一旦经生产投入市场而成为商品，便如同登上了赛场，裁判席后面的是所有与设计相关的人和组织，现状时髦的称谓是“利益相关人”（Stakeholders），包括消费者、设计者、生产企业、销售商、维修者、行业组织、政府管理者以及其他社会团体（比如环保组织）等，他们都在以各自的方式给设计打分。所以，理论上讲，设计评价反映的应是社会总体的价值取向，是多重利益权衡的结果，绝不仅是其中任何一方的声音。

事实上，设计评价很难做到真正的价值中立。随着市场经济的繁荣以及消费社会文化的日益昌盛，设计评价的主流声音更多地来自于代表资本利益的商业集团，而其他裁判者的声音在强势的经济话语之中几乎被湮没了。所以，我们目前的评价机制大多是商业利益导向的。企业是经济庞然大物的一个细胞，它提供给消费者需求的商品，实现自身利润的最大化。对企业来说，设计是实现“资本增值”目标的重要手段，商业上的成功是检验设计成功与否的试金石。按照这个评价逻辑，成功的商品才是“好设计”，换句话说，“好设计”是大众用自己的钱包来投票选择的。因此，在企业中，一切围绕产品的设计、生产以及评价、决策等活动都是指向可获利的商品的。

企业有多种的类型，并且同一企业也会经历不同的发展阶段，在不同的目标下，企业对设计的依赖程度也就不同。国内大多数 OEM 厂商根本不需要对产品进行设计；电子消费品企业由于竞争的激烈则需要大量立竿见影的、就事论事的改良设计；少数成熟的大企业则把眼光投射到中长期的产品线规划中，设计瞄准的可能是 5 年或 10 年后的市场。总之，对任何企业来说，无论短期或长期战略，能带来最大利润的设计才算是“好设计”。

除了企业这种理所当然的“实用主义”观点以外，各种代表着社会、文化、普通使用者以及生态环境等不同利益视角的新观念和思潮不断产生、强大，并越来越深刻地介入到设计评价中。如“绿色设计”（Green Design）、“生态设计”（Ecology Design）、“可持续设

图 1-13　Damian O ' Sullivan 设计的太阳能灯笼，由多组倾斜的太阳能电池板组成连续的形面，构成有机的照明结构，将绿色环保理念与形式美感巧妙地融合。顶部的把手便于移动，具有良好的可用性。
图片来源：http://www.dsgnwrld.com/solar-lampion-by-damian-osullivan-4454/

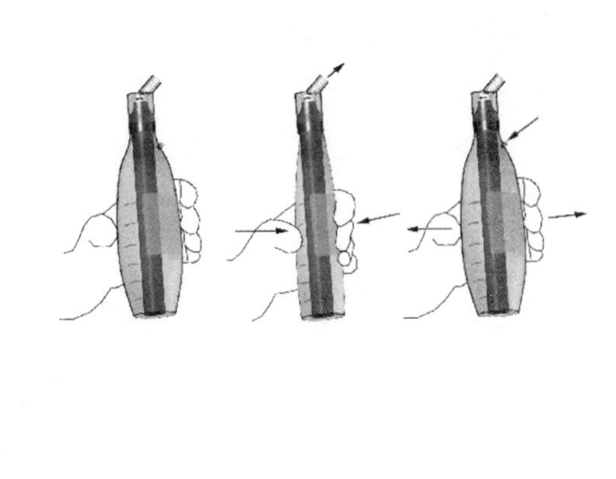

图 1-14　荷兰代尔夫特（Delft）大学工业设计工程系为非洲缺水地区设计的“便携式净水器”，安全、方便、廉价，充分满足了当地低收入人群的需求。（左）
图 1-15　适应幼儿使用方式的产品拓展设计。（右）
图片来源：LeNS 国际可持续设计合作课程，代尔夫特（Delft）大学提供。

计”(Design for Sustainability)、“交互设计”(Interaction Design)、“人性化设计”(Humanity Design)、“情感设计”(Emotion Design)和“通用设计”(Universal Design)、“包容性设计”(Inclusive Design)、“使用性研究”(Usability)等。

各种设计理论或潮流自然有不同的评价观念和标准。诺曼(Donald A. Norman)在他的《设计心理学》(Design for Everyday Things)中认为:“设计应以用户的需求和利益为基础,以产品的易用性和可理解性为重点”。其对“使用性设计”以及“情感化设计”的关注引发了新的一轮设计理论研究热潮;美国设计理论家维克多·巴巴纳克(Victor. Papanek)在《为真实的世界而设计》(Design for the Real World)一书中大力强调“绿色设计”和“可持续设计”的理念:设计应首要考虑有限的地球资源的使用问题,并应为保护人类居住地的有限资源服务;还有很多设计研究者不断强调回应社会问题与民生问题的迫切性和重要性,他们认为设计的重点应该从大批量生产的产品(如汽车、电器)转向弱势群体和边缘群体适用的产品(如为残疾人和为农民的设计)。

从根本上说,设计是一种文化活动,它体现着人类对自身、社会和自然环境的哲学思考。如果一味以商业上的成功作为反映社会总体价值取向的评价标准,那么,设计理念的创新性以及设计师以自身的敏锐和思考所揭示的种种新生活方式可能性的创造潜能将受到压抑。在这里,“好设计”的标准远远超越了单纯的商业成功,而蕴藏着更深刻的人文内涵。

由此看来,对于什么是“好设计”得不到一个共识性的答案,它取决于我们看待设计所采取的视角。尽管商业化的主导地位不可能被任何理想主义的观念所真正撼动,但所有这些理论、观点间的相互影响和融合是有目共睹的。正如近年来备受关注的“可持续设计”理念,其在参与评价的不同角色间努力寻找一个利益“共赢”的平衡点,将环境与社会、经济等评价指标等量齐观,并不断探索更具操作化的评估体系和认证系统,以此来引导企业的产品设计向更可持续的方向发展。

可见,构建评价机制的前提是确立评价观念。“商品设计”的评价观绝非仅站在企业或商家的立场上来看待设计,而是寻求一种兼顾各方利益的评价理念。只有真正符合“共赢”的目标,这样的设计才称得上是“好设计”。下一章将对“商品设计”的概念、特征和设计评价的“共赢观”进行更深入的探讨。

# 第2章 “商品设计”与“共赢观”

当我们的祖先用石斧换取食物的时候，最初意义上的商品就出现了。此后，随着人类分工的细化和不断深入，商品交换活动日益频繁、广泛，终于使人类社会步入了“商品经济”时代。从此，在相当程度上，人们的生活需要依赖别人的劳作成果。人们彼此间的关系既是竞争的又是合作的。近代以后，基于自由竞争理论的“市场经济”作为一种制度出现并不断完善，使得商品经济得到了空前的发展。

尽管“过度商品化”给当今社会带来了种种弊端，但不可否认的是，商品交换为人类的进步和文明作出了无法替代的贡献。在这个专业化分工的世界里，我们每个人都不可能“自给自足”，要获得生存、发展的必需品，就只能通过商品交换（包括购买）活动实现。两千年前，中国的哲人墨子就阐述了平等交换可以使得双方获利的深刻道理。墨子提出“兼相爱，交相利”的思想，[①]如果了解了商品交换的起源、发展及其施予人类的巨大恩惠，就不会认为这只是一句道德说教了。实际上，“义利之辩”——关于“商业”道德合法性的争论，在不同的历史阶段从未间断过。要么“取利”，要么“取义”，二者似乎如“鱼和熊掌”一般不可兼得。由于国人在孔儒的各种“礼数”传统教化之下所呈现出的内敛性格以及“官商”垄断的政治、经济需求，人们大多不愿或不敢公开“言利”。争论的结果最终倾向于狭义的“儒商主义”。“无商不奸”被中国传统社会广泛地认同，也最终确立了对“商人”以及“商业行为”负面的道德形象。

商业化的进程还在继续，它给人类社会带来的深刻影响着实令人深思。商品经济的繁荣背后是否必然伴随着人的“恶德”和社会道德的沦丧以及生态环境的危机呢？企业、社会、环境与消费者的利益必然无法调和吗？这或许是“曼德维尔悖论”[②]在今天依然给我们留下的思考。

那么，一向充当“手段”的设计会有什么样的角色转换，而又如何发挥应有的作用？

---

① 墨子将道德规范与物质生活直接联系，把“义”与“利”统一在交换的功利基础上。认为人应当在一切社会实践活动中互利互爱。“夫爱人者，人必从而爱之；利人者，人必从而利之”。《墨子 · 兼爱》（中）“若我先从事乎爱利人之亲，然后人报我爱利吾亲乎……投我以桃，报之以李，即此言爱人者必见爱也”。《墨子 · 兼爱》（下）。总之，“兼相爱，交相利”就是墨子所代表的小生产者交换关系的法规及其处事原则。参见（战国）墨翟：《墨子》，长春：时代文艺出版社，2000 年版。

② 见本章 2.5.2“义利”之辩。

利用设计活动寻求一种各方利益的“共赢”是可能的吗？本章将简单回顾一下有关商品的一般知识，目的是通过“物”的线索，了解其背后“事”的关系，从而认清“事理”，把握商品设计的核心价值。

## 2.1 商品的知识

首先，商品是一个对人有用的物品，具有一定的使用价值；其次，商品是用于交换或买卖的物品，存在于流通领域，也就是存在于市场上。我们知道，商品在进入市场前，停留在生产企业中还只是产品，销售之后，到了使用者手中便是用品。所以，将产品与用品连接起来的就是“人为事物”的商品状态。

严格点说，商品是满足于人们某种需要的、用于交换的劳动产品。这涉及两个基本特点：第一，凡是商品必须是劳动产品。自然状态下的阳光、空气、水不是商品。但是，当自然资源经过加工、包装、运输后就成了商品；第二，凡是商品必须是用于交换的物品，自己使用和消费的就不是商品。农民为自己和家人生存所生产的粮食，叫粮食产品（Product），多余的部分卖到集市上，才叫商品（Commercial Product）；画家自娱自乐的创作不是商品，只能称为作品，一经出售就成为了商品。当然还有更为纯粹的、专为交换而生产、创作的商品。

商品的概念、范畴随着社会生产力的不断发展，也在不断扩延。在初民社会末期，主要商品形式就是牲口和粮食；随着生产领域和生活领域的扩大、人们生活水平的提高、阶级的分化，出现了“食利”阶层，商品也就从生活必需品向诸如装饰物、祭祀用品、器皿、玩物等非生活必需品领域扩展；到了资本主义社会，商品的范畴可谓是覆盖了我们伸手所及的一切领域，甚至连人也成为了“商品”。

对“劳动”认识的不断加深，促使商品的范畴进一步扩展。今天我们理解的“劳动”包括体力和智力两个方面。除了工人搬砖，科学家搞研究以及设计师出创意都是劳动。因此，在“知识经济”的大背景下，人们凭智慧创造的“非物质”劳动产品——知识、服务和信息在一定条件下也成了可以交换的商品。

由此看来，商品只是事物存在的一种形式，一般的劳动产品与商品之间界限是模糊的，交换行为的介入是一物品具有商品属性的基本前提。

## 2.2 商品的历史考察

布罗代尔把人类的历史看成是人们为改善生存状态所做的不断突破物质和精神的历史局限性的努力。商品的发展无疑是体现和见证了人类的这一努力。

按照专家们的推断，最早具有商品属性的物品出现在初民社会的晚期。祖先们刀耕火种、辛勤劳作，劳动果实除了维持自身的生存以外刚刚有了些许剩余，这使得交换行为的发生成为可能。这种交换大多发生在不同部落之间，大家剩下的东西不一样，这才有交换的意义（图 2–1）。起初的交换是非常偶然的现象，但这种偶然现象促使人们的“共有知识”[①]得到了增长。也就是说，大家渐渐对物品的价值量有了一定认识：一把斧子大概能换一只羊还只是一条羊腿？这样，交换行为的发生渐渐形成了一种经常性的互惠制度，这种活动的不断重复使交换成为有规则的社会过程，经济意义上的交换也就逐渐从社会科学广义的交换概念中分离出来。

图 2–1 最初的商品交换形式

职业手艺人的出现被认为是人类第二次社会大分工的标志。为了生存，手艺人会专门为满足别人的需求“设计”些物品，以换取必要的生活资料和生产资料，这种现象大大促进了以交换为目的的商品设计和生产的发展。

商人们独立登上历史舞台（商业的出现）被称为第三次社会大分工。由此，商品作为生产与消费的中间环节得到了真正的发展。从商业出现一直到资本主义社会前夜，虽然商品交换取得了相当程度的发展，但是从整体来看仍是一个缓慢的过程，人类社会经济也呈现较为稳定的状态。但这种稳定只是一种表象，是正在为即将到来的“质变”进行“量”的积累。

随着商品交换观念、交易行为规则及公共知识的逐渐形成，技术创造的积淀和传播，不但为商品交换的发展提供了更丰富的物质内容，而且降低了贸易过程的障碍，大大节约了“交易成本”。商品交换渐入正轨并占据了越来越重要的地位。随后，以地理大发现为契机，人类步入了一个崭新的商品时代。

从工业革命到 20 世纪中期，在科技力量的护佑下，新技术、新能源、新机器不断涌现，人类社会的生产力终于发生了质的飞跃。大工业生产的能量创造了现代化的交通系统和世界市场，从而商品的交换和流通得到了从未有过的迅猛发展。市场经济制度的不断完善和成熟也刺激了商品的生产、交换、消费的整个系统的成长，商品的数量与质量都得到了全面的提高，甚至在局部出现了“过剩”的现象。宋刚在《交换经济论》一书中将这段时期划分为三个阶段：[②]

第一个阶段，可以称之为“使用价值交换的阶段”。在这一阶段中，交换在地域

① 共有知识也叫“公共知识”，最初由逻辑学家刘易斯提出，之后由经济学家阿曼等用于博弈分析。公共知识是一个群体人们之间的对某个事实“知道”的关系。假定一个人群由 A、B 两个人构成，A、B 均知道一件事实 f，f 是 A、B 的知识，但此时 f 还不是他们的公共知识。当 A、B 双方均知道对方知道 f，并且他们各自都知道对方知道自己知道 f……此时我们说，f 成了 A、B 间的公共知识。在日常生活中，许多事实是公共知识，如：“所有人均会死”、“所有鸟均能飞（鸵鸟除外）”，对于它们，所有人均知道（智力有障碍者及婴儿除外），并且所有人知道其他人知道，当然其他人也知道别人知道他知道……参见潘天群：《博弈生存——社会现象的博弈论解读》，北京：中央编译出版社，2004 年版，第 44 页。

② 参见宋刚：《交换经济论》，北京：中国审计出版社，2000 年版，第 52–55 页。

上的限制被打破。交换范围的增大速度远远超过了商品种类和数量的增长速度，人们更多地是停留在对商品使用价值的需要上。在现实中就表现为以掠夺资源为主的殖民主义盛行以及对贵金属的情有独钟。

第二个阶段，可以称为“劳动价值交换的阶段”。由于交换的迅猛发展，自然赋予的使用价值在相对减少。于是，人们将精力投入到创造新的使用价值的方式——生产上。生产的发展使得商品交换的内容和质量迅速提升。如何更好地扩大生产以获取更多交换价值，成为这一时期支配人们行为的主要观念。

第三阶段，可以称为“社会价值交换的阶段”。人们在追求自身交换能力扩张的过程中，不但促使技术得到了大幅度的进步，而且也使得物质生产能力得到了空前的提高。“资产阶级在它不到一百年的阶级统治中所创造的生产力，比过去一切世代创造的全部生产力还要多，还要大”。[①] 商品生产的迅猛发展很快就陷入窘境，在追求交换能力扩张的过程中，人们所面临的主要矛盾已经不是“如何生产”更多的使用价值的问题，而是“如何将生产的使用价值交换出去”的问题。商品的极大丰富使得市场中的信息量急剧地膨胀，进而使得如何促进信息的沟通以及加强观念的认同成为了商品生产者主要思考的问题。

可以看到，随着生产力的不断发展，制约商品交换的主要矛盾不断转换，限定商品发展的“外部因素”不断变化。从简单使用价值的交换，到劳动价值的交换，再到社会价值的交换，商品自身也呈现出越来越复杂的面貌和特征。

商品经济的发展现状并不乐观。如本书绪论中所述，为保证经济的持续增长，企业、商家与政府凭借技术、资金和话语优势，共同营造了“消费社会”的现实，通过优惠政策、营销广告等一切手段，刺激大众的需求以及商品消费的热情。与此同时，人类对自然资源的掠夺和消耗也在不断加剧。围绕商品的生产、交换、消费的经济制度像一部巨大的机器，一旦运行起来便有着自我驱动的能力和逻辑。从某种意义上讲，人类虽然创造了这部机器，但也无奈地置身其中，无力掌控它奔驰的方向，由此引发的各种社会、经济、环境问题都促使人们对现行的经济发展模式以及人类自身的生活方式进行深刻的反思。

从 20 世纪 70 年代起，在经济可持续思想的影响下，发达国家开始逐渐重视“过度商品化”的影响以及相应对策的研究，不断尝试推出节能、环保和可回收利用的“绿色商品”。这些努力意味着“后工业化”时代商品经济意识的觉醒。同时，伴随着电子技术、信息技术的发展以及知识型、服务型经济形式的出现，促进了商品的“非物质化”转型。

如果说前三次社会大分工使人类从采集渔猎跨入农业社会、工业社会，又进入到商业社会，那么我们正在经历的第四次社会大分工则使人类进入信息社会。在这个以“知识经

---

① ［德］马克思，恩格斯：《马克思恩格斯选集》（第 1 卷），中共中央马克思恩格斯列宁斯大林著作编译局编译，北京：人民出版社，1972 年版，第 256 页。

济"[1]为特征的社会中，知识工人（Knowledge Worker）的比率大大提高，知识型商品（以先进的知识和信息在消费型产品及服务中体现的比例衡量）大量涌现。

一提到知识型商品我们立即会想到软件，想到微软（Microsoft）。拥有2000亿美元资产的微软公司并不给市场提供直接消费的食品、手机、汽车或其他什么实实在在的东西，而是软件以及软件中所包含的知识和信息。20世纪90年代初，美国的信息探索研究所（The Institute for Information Studies）就明确提出：

"信息和知识正在取代资本和能源而成为能创造财富的主要资产，正如资本和能源在200年前取代土地和劳动力一样。而且，20世纪技术的发展，使劳动由体力变为智力。产生这种现象的原因，是由于世界经济已变成信息密集型的经济，信息和信息技术具有独特的经济属性。"

美国管理权威彼得·德鲁克指出，现代经济的主要职能是"知识和信息的生产和分配"，而不再是"物质的生产和分配"。实际上，电子技术、大众媒介、远程通信服务及其他信息产品的日渐普及，标志着社会已经开始从传统的、耗费资源的、依赖庞大资本、机械和人力的"物质化"商品向知识型、服务型等"非物质化"商品转型。

梳理商品发展的历史使我们看到，商品的内容、形式和意义会随着社会生产力发展而不断变化。商品从来不是一个孤立的现象，它像一面镜子映射着社会、政治、经济、文化面貌，并同时影响着我们的生活。因此，商品设计评价研究不能就商品论商品，而是探讨隐含于商品背后的诸多复杂关系因素和人的需求。这种探讨必然涉及对商品价值的思考。

## 2.3 价值的思考

学习过政治经济学的人都知道，商品价值具有两重性，即使用价值和交换价值。法国社会学家布西雅融合了马克思理论与符号学观点，提出了商品具有三个方面的属性，即商品不仅有使用价值、交换价值，同时兼有转译物品社会关系的"符号价值"。从设计评价的角度看，除了要考察商品的价值属性以外，还要探讨商品价值对谁而言有意义。

---

① "经济合作与发展组织"(OECD)在1996年首次正式使用了"知识经济"(Knowledge-based Economy)这个新概念。"知识经济"是指建立在知识和信息的生产、分配和使用之上的经济。知识经济是和农业经济、工业经济相对应的一个概念，用以指当今世界一种新类型的且富有生命力的经济。这里所说的知识包括人类迄今为止创造的所有知识，其中科学技术、管理和行为科学的知识是最重要的部分。按照OECD的定义，知识可分为四大类：即知道是什么(Know-what)，知道为什么(Know-why)，知道怎样做(Know-how)和知道谁有知识(Know-who)。Know-what是关于事实方面的知识；Know-why是指自然原理和规律方面的科学知识，这方面的知识是由专门的机构来完成的；Know-how是做一些事物的技能和能力；Know-who是有关知识在谁那里的信息。在信息社会的今天，这种知识正变得越来越重要，它有助于信息使用者降低知识获取的成本。引自美国信息研究所编：《知识经济——21世纪的信息本质》，王亦楠译，南昌：江西教育出版社，1999年版，第5页。

### 2.3.1 商品价值的经济学解释

提起商品价值我们首先想到的是有用的东西。衣服、食物、房子、汽车、手机，可以满足我们衣、食、住、行、用这些物质生活的需要；再进一步想到了艺术品、书籍、影碟、音乐等，这些可以慰藉我们的精神需要。这些都是商品的自然属性，是物的“有用性”，称为商品的“使用价值”。此外还有“交换价值”，也就是两种商品交换时量的比例或关系。

容易引起争议的是商品价值的来源和价值量问题。有两种相左的观点，其一是客观价值论：比如，马克思价值理论的核心是劳动创造价值，也可以说人类的抽象劳动是商品价值的唯一源泉。此外，“生产要素价值论”认为，价值就是物质财富，土地则是所有财富产生的源泉和质料，人的劳动是生产它的形式。法国早期政治经济学家萨依也将财富看成是价值，从而认为价值是劳动、工具（资本）和土地共同创造的。[①]在今天的语境下，生产要素论强调的是，商品价值不仅来自劳动，而是来自于包括资本、土地、管理以及科学技术等的一切生产要素。

其二是主观价值论：比如效用价值论认为，劳动价值论是不全面甚至是错误的：当我们提到劳动的价值时，我们必须指明是谁的劳动，对谁而言具有价值，以及价值判断的主体有什么样的选择。主观价值论的思想可以追溯到19世纪末，经济学家亨利·乔治认为：一个事物，只要它可以减少人在获取同等幸福时所必须付出的努力，它就有了价值。也就是说，这个人能够节省的努力程度就是这件事的价值。以马歇尔、瓦尔拉、帕累托为代表的效用价值论认为，价值是商品给人们带来的效用，人的体验、感受和主观判断是价值形成的基础。

奥地利经济学家庞巴维克指出：一种物品要具有价值，必须既具有有用性，也具有稀缺性；物品的数量和物品的价值成反比。

对于商品价值理论的争议还在继续。随着时代的发展，狭义的劳动价值论已经很难解释今天的商品现象了。尤其是知识型商品，几乎没有办法用劳动价值理论来分析。智慧创造的知识加上有效的组织在这里直接转化为最大的价值，而过时的知识或失败的组织在这里可能一文不值。同样的知识付出、同样的“劳动”强度，但可能所创造的价值相差悬殊。这里价值形成的基础是以其知识含金量的高低和满足需求的程度来衡量的。因此，价值可以理解为“在人的实践—认识活动中建立起来的，以主体尺度为尺度的一种客观的主客体关系，是客体的存在及其性质是否与主体本性、目的和需要等相一致、相适合、相接近的关系”。[②]简单说来，商品的价值是以交换双方的需求和目的为判断标准的。

### 2.3.2 商品价值的社会学解释

尚·布西雅（Jean Baudrillard）是法国20世纪70年代之后的一位社会学家和思想家，他在著作中从全新的视角分析了消费社会的结构本质，提出了商品的“符号价值”概念。

① 参见美国信息研究所编：《知识经济——21世纪的信息本质》，王亦楠译，南昌：江西教育出版社，1999年版，前言第XI页。

② 孙伟平：《价值定义略论》，《湖南师范大学社会科学学报》，1997年第4期，第13页。

他认为物或商品作为一个符号其本身承载着一定的意义和内涵。商品除了具有马克思所说的使用价值和交换价值外，还有符号价值。使用价值代表了商品的效用，交换价值代表了商品的等价交换关系，符号价值则代表了商品之间的差异。

同是交通工具的奥迪和奥拓汽车，在使用价值上的差异是有限的，但所承载的意义、体现的符号价值有着巨大的不同。谁能断言大街上疾驶的豪华靓车在人们眼中仅仅是交通工具呢？当你走进北京的某家炸酱面馆，从古色古香的装修陈设，到店小二的高声吆喝都在提醒你，这里不仅是吃面充饥，而且更是在体验文化、品味意义。这样的例子在生活中比比皆是，星巴克、周杰伦、豪华包装的中秋月饼、浸泡金箔的美酒、镶嵌宝石的手机、“高尚社区”的豪宅……

人是精神的动物，每个人都在追求自己生活中的意义，并在任何具体形式中赋予某种价值意义。即便是在物质非常匮乏的奴隶社会，商品的意义和符号属性就已存在：“伯夷、叔齐不食周粟……宁肯饿死”。其中的“周粟”就不仅仅具有充饥果腹的物质功能，还充当了道德、节操等意义的象征。贝克曼教授认为：“人为自己的品味而活”，[1]在必要的时候，人愿意为自己的理想、愿景甚至简单的好恶“多付出”很多很多。这样的社会学或人类学思考显然会启发经济学研究，以致暗示更多的市场营销机会。

实际上，对“意义消费”的研究并非始于今天，早在19世纪末，美国经济学家凡勃仑在《有闲阶级论》一书中就提出了“炫耀性消费”的概念，即一些上层的富足人士通过铺张浪费的奢侈消费来炫耀自己的财富、地位和身份。当然，这样的消费其目的本身不在于物质，而是追求其中的“意义”。今天的“意义消费”虽然与以前的“炫耀性消费”本质雷同，但它的范围和形式已经有了很大变化。首先，“意义消费”不再专属于上流社会的贵族消费，而是属于几乎整个消费群体的大众消费；其次，消费的商品也不再局限于少量奢侈品，而拓展到普通的日常用品。正是这种转变，形成了一个极具规模的“意义消费”的大众市场，使得商品“符号价值”的研究为更多人，尤其是企业家所重视。

布西雅认为，符号价值在于差异性的价值，并且体现在“能动的关系结构中”，“如今我们已没有不作选择而只是以用途考虑来购买一件物品这样的可能——今天已没有一件物品这样地提供给‘零程度’的购买”。[2]世界著名的意大利厨具公司“阿莱西”（Alasi）就是典型的操作符号意义的大师。它在数年间不断努力营造的是一种基于品牌崇拜的符号价值，甚至商品的使用价值在一定程度上几乎被忽视了。这一点从阿莱西老板对菲利普 · 斯塔克榨汁机的评述中可以清楚地感到：“我们并不‘使用’我们的 Juicy Salif。它的作用不在于被‘使用’。它可远观而不可把玩，是被当作艺术品来欣赏的”。[3]

包林教授在《时尚的生产与消费》一文中认为：“符号的差异性功能在消费社会的时尚生产中是最为重要的，符号的规律如同语言的规律，并非仅仅回应其使用功能，它回应的首先是社会交流的逻辑，它服务于一个流动的、潜意识的意义领地，因而符号为这个或

① 熊秉元：《大家都站着》，北京：社会科学文献出版社，第148页。
② ［法］尚 · 布西雅：《物体系》，林志明译，上海：上海人民出版社，2001年版，第163页。
③ ［英］米歇尔 · 克林斯：《阿莱西》，李德庚译，北京：中国轻工业出版社，2002年版，第10页。

图 2-2　诞生于 20 世纪 60 年代的 Mini Cooper 汽车形象，成为几代英国人难以磨灭的符号记忆，其商业价值不断被企业重新发掘和强化。

那个社会阶层的行为者所拥有，其使用功能仅仅是符号的物化表现。”[①]

另外，包含在商品符号中的美学价值一直是理论家讨论的热点。“美”是主观的还是客观的、经验的还是先验的？始终没有定论。共识是，“美”对人来说决不仅是一个单纯的、规定性的形式，而是承载了大量的文化、传统、知识背景、偏好、地位、情感、观念等信息的有意义的形式。因此，对“美”的消费是一种“意义”的消费，商品的美学价值，在一定程度上体现在商品的符号化操控中。

商品符号价值的揭示意味着对商品价值理论的完善和补充，尤为适于解读和认识消费社会的种种市场流行现象。从另一角度上看，符号价值理论对我国企业的商品设计、生产有着重要的指导意义。以往的企业通过生产使用价值来获取交换价值，而对于今天的消费市场来说，单纯使用价值的生产早已无法适应大众新型的“意义消费”需求，企业必须更多地关注商品消费者的文化、情感、偏好、价值观和愿望等内在诉求，通过挖掘其中隐含的符号价值以期全面提升商品的价值。

### 2.3.3　对谁而言的商品价值

价值理论都具有一个共同的特点：商品的价值是对人而言产生意义的，换句话说，商品的价值主体就是从事商品生产、交换、消费的人。从哲学的价值论角度上看，商品价值也是人类主体与被评价对象——商品之间的关系。因此，对价值主体的人进行分析成为进一步理解商品价值的关键。

前文谈过，由于目的、需求、生理、心理、经济、社会等多种因素的影响，商品对于不同人的意义和价值也是不同的。一件商品对某些人有价值，可能对另一些人毫无价值，甚至可能损害其他一些人的利益。人是通过消费、使用商品达到自己的目的，满足自己的需要，　并同时形成对商品的某种看法和态度，这就把人的价值尺度加于商品身上，使后

---

① 包林：“时尚的生产与消费”，《装饰》，2002 年第 11 期，第 10-11 页。

者赋有某种价值（或无价值）。张华夏教授认为，“由于不同的价值主体有不同的价值目标，不同的主体需要和对价值客体不同的主体态度与不同的价值观念，这种价值的差异在一定条件下就变成价值的冲突。即使人们的主体目标、主体需要和价值观念或主体态度都大体相同，由于社会上的资源以及人们之间的利他主义的同情心是有限的，而人们的欲望、需要则是无止境的，并且他的基本的需要又必须加以满足，这就必然发生价值的冲突和利益的冲突”。[①]可见，这种利益冲突和价值观的差异是普遍存在的，而且不仅存在于个体消费者，也存在于企业、社会群体、国家之间。因此，我们首先需要对价值主体进行划分，才能深入理解这些冲突和差异，并且进一步寻求利益的共同点和“共赢”的可能性。

分类的角度和方法有很多，本书强调的是通过多个层次，代表多重利益，体现多维价值观的主体概念分类。基于价值理论的研究成果，本书将价值主体分为四个层次：这个“人”首先是个体，然后是群体、社会和整个人类。[②]

为了更好地理解围绕商品的价值冲突，笔者将人类主体的层次对应为一些具体的主体概念，即代表个体利益的“消费人”；代表群体利益的“企业人”；代表社会利益的“社会人”和代表人类共同利益的“生态人”。需要说明的是，这种对应关系不能包含价值主体的所有内容，也不是固定或唯一的。下面我们比较一下各价值主体之间的关系（表2–1）。

**价值主体以及对应概念间的关系分析** **表2–1**

| 价值主体 | 对应概念 | 价值目标 | 价值取向 | 价值实现手段 |
| --- | --- | --- | --- | --- |
| 个体 | 消费人 | 效用最大化 | 追求福利 | 知识、信息、选择权利 |
| 群体 | 企业人 | 利润最大化 | 追求效率 | 合作、团队、纪律原则 |
| 社会 | 社会人 | 社会效用最大化（大多数人的利益） | 追求发展（效率和公平） | 道德、制度的完善 |
| 人类 | 生态人 | 完整、稳定并可持续地利用 | 追求和谐 | 生态设计、绿色设计、可持续设计 |

从表2–1中看到，商品的各价值主体都有自身的价值目标和价值取向以及相应的实现手段。由此可见，既然人类主体的价值目标不同，价值观各异，价值冲突就是不可避免的。对于追求自我福利，价值目标为“效用最大化”的“消费人”来说，总希望以最低的价格得到最满意的商品，为了实现该目标，“消费人”必然要增加关于商品的知识、信息，并充分使用自主选择的权利；作为以组织形式存在的“企业人”，在“利润最大化”目标的驱使下，为追求资本增值的效率，必定努力提高自身的竞争能力。其采取的手段是加强横向合作、提升团队的素质和凝聚力、强调组织的纪律原则等；“社会人”代表由众多组织、阶层、民族等要素组成的广泛社会利益，它的目标是该社会中大多数人的利益。为寻求效率与公平发展的机会，“社会人”需要一定制度环境和相应的道德规范；超越个人、组织和社会利益的是人类主体的利益，它体现在对我们共同的家园——生态环境的

① 张华夏：“论价值主体与价值冲突”，《中山大学学报——社会科学版》，1998年第三期，第2-8页。

② 冯平在《评价论》一书中指出：“以人类社会有机体的层次为标准，可将人类社会划分为个人、群体、国家和人类四个层次”。冯平：《评价论》，北京：东方出版社，1995年版，第5页。

关注上，因而称为“生态人”的视角。为了人类总体长远的发展，保证生态环境的完整、稳定，并使之提供可持续利用的自然资源是人类主体的价值目标。以追求人与自然和谐为价值取向，“生态人”需要借助生态设计、绿色设计以及可持续发展的战略和思想。

尽管主体存在着不可避免的价值冲突，但事实上，人们经常能在很多领域达成一定的共识，并对某些事件形成一种价值认同。这说明，价值冲突并不是人类主体价值关系的全部内容。在一个健全的社会里，各层次价值主体之间的总体目标应该是一致的，并相互依存，这便是价值协调与认同的基础。如在一定社会范围和阶段内对某类商品符号的认同感，对某种道德规则的默认和接受，对美、丑、好、坏等评价标准的认知趋同等。魏晋时代的人以瘦为美；唐代的人以胖为美；今天的国人又在想尽办法减肥；据说印度人始终羡慕体态丰腴的女子等。从经济学角度看，人是理性、趋利的动物，他会在日常行为决策之中不断权衡成本和收益的关系，逐渐形成更为“经济性”的生活态度。相对于差异化来说，妥协与合作是更为经济、明智的态度。因此，人们会适当约束自身与他人或群体间相冲突的价值观念，寻求可以有效降低交易成本、增加个人福利的行为方式。

总之，人类主体间的价值关系相互影响、制约，矛盾与冲突是必然的，认同与协调是相对的。不同主体之间价值观念的对立统一，是促使商品价值变化，推动商品设计发展的内在动力。

### 2.3.4 小结

商品经历了漫长的发展历程，终于成为了人类主体间交往的最为重要的媒介。商品的价值在某种程度上是人类主体在商品交换中不断赋予的。随着时代的发展和人类生存环境的改变，以及主体间的价值冲突与妥协，商品价值的内涵不断被从精神的、文化的、环境的以及更广泛的意义上予以拓展。在商品核心价值概念（图2–3）的疆域内外，诸如：伦理价值、文化价值、政治价值、审美价值、生态价值、个人价值与社会价值等各种价值概念的涌现，反映了人们对商品设计发展与人类共同的长远利益之间关系的思考和关切。

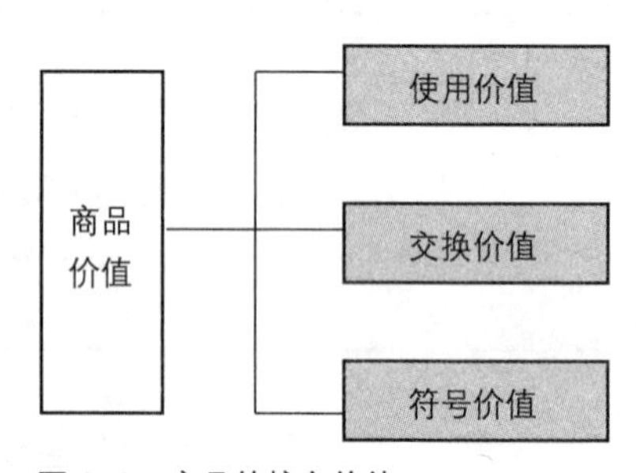

图 2–3 商品的核心价值

人类主体之间的价值关系，无论是差异、冲突还是认同、协调，很大程度反映在商品的生产、分配、交换和消费活动中，尤其集中体现在商品交换的活动之中。表面上人们是在交换商品，实际上是在交换效用和价值，并于其中寻找自身在社会这张“意义之网”中的位置。因此，对人类主体之间利益关系的进一步认识需要超越商品之“物”，而进入交换之“事”中。

## 2.4 商品交换的“事理”分析

当商品概念接近清晰时，更深层的逻辑便自然呈现出来。即无论“物质的”或“非物质的”

商品都确切地被置于交换的关系场中。在特定的交换环境、条件限制下，不同交换主体的目的、动机、需求决定着商品的可能性以及商品设计的方向。

### 2.4.1 认识交换

在自然界，交换以三种形式存在着，即物质交换、能量交换和信息交换。[①]在人类社会的系统中同样存在这些交换现象，并且表现形式更为复杂、多样：一只羊可以换两把石斧；50 元可以买一件衣服；几十万元享用一顿满汉全席；小王为答谢小李的帮助送给她一件礼物；以色列"用土地换和平"……"按照广义交换观，人类间的所有相互作用都算交换"，[②] 如：物品的交换、礼品的交换、感情交换、意见的交换、权利的交换等。

人类学家列维－斯特劳斯，把"交换的原理"或称"互惠原理"看作是人构成社会的基本原理。他认为，社会是基于互惠性原理来进行相互沟通（Communication）的体系。交换是一种财富分配方式，这种方式作为一项日渐完善的制度经历了漫长的发展时间。定期的市场贸易活动是交换走向成熟的重要标志之一。交换的发展在世界各地存在着巨大的差异。我国西南地区的少数民族苦聪人在 20 世纪初还在进行一种"沉默的交易"。交换双方都在一个空地旁边隐蔽起来，将自己拿来交换的东西放在空地上，直到对方在空地上放上自己满意数量的物品，才出来拿走换来的物品，否则就不出来，以示交易还未公平。用这样的方法，伊图里森林中的姆布蒂人用肉换取图班族农民的香蕉，斯里兰卡的维达人用蜂蜜换取僧迦罗人的铁器。[③]

从本质上说，交换是一种人类之间的合作形式，合作既利己也利他。经济学家林德布洛姆曾给交换下了个宽泛的定义：

> 交换"是两个人（有时也许是更多人）之间的关系，每人提供一个好处，以诱导一个反应……一个好处可以是任何东西，只要获得者感到它是合乎愿望的"。[④]

这里的"合乎愿望"的"好处"囊括了我们可以想象得到的一切交换形式和内容，包括"物质的"与"非物质的"商品。所谓"合乎愿望"与否是以人的某种需要为前提的，尽管需要有不同的层次和深度，但满足需要为一切商品交换设定了目标。

边沁（Bentham）主义者从主观价值论角度出发认为：凡人都有欲望，欲望得不到满足就产生焦虑和痛苦，幸福就是从焦虑和痛苦中获得一定程度的解脱。那些能够缓解人们焦虑和痛苦的东西就是"手段"。商品就是手段，钱也是手段。由于焦虑和痛苦的原因及程度不同，人们对"手段"会感到不同的需求。换句话说，"手段"的差异性导致人们交换行为的发生。举例来说，一个刚刚走出沙漠的干渴的旅人，需要水犹如那个饥肠辘辘的担

① 引自吴承明：《试论交换经济史》，《中国经济史研究》，1987 年第 1 期，第 1–11 页。

② ［美］林德布洛姆：《政治与市场：世界的政治——经济制度》，王逸舟译，上海：上海人民出版社，上海三联出版社，1995 年版，第 44 页。

③ 盛洪：《经济学精神》，成都：四川文艺出版社，2003 年版，第 21 页。

④ ［美］林德布洛姆：《政治与市场：世界的政治——经济制度》，上海：上海人民出版社，上海三联出版社，1995 年版，第 44 页。

水老人需要他手中的干面包。这时，水和面包的交换解脱了双方的痛苦。因而，亚当 · 斯密说“交换是人类的天性”。“手段”没有改变，总量也没有增加，仅仅由于交换的发生满足了大多数人的需求。这是一种改善，一种有利于一些人而不损害任何人的事件，经济学家称之为“帕累托改善”。[①]商品交换就是实现这种改善的合乎人类天性的方式，尽管实际的交换方式远比水和面包要复杂得多。

### 2.4.2 商品交换的“事理”分析

我们一再提到商品与交换的内在联系以及交换主体之间的“互惠关系”。从“设计事理学”角度看，商品被置于交换的关系场之中，如果我们把商品看作是“物”的系统，那么交换就是其所处的“事”的背景，一个更大、更复杂的系统。为了进一步理解商品交换的关系及其内在规律，我们将交换之“事”解剖为几个重要的组成部分：交换主体、交换客体与交换条件（图 2–4）。

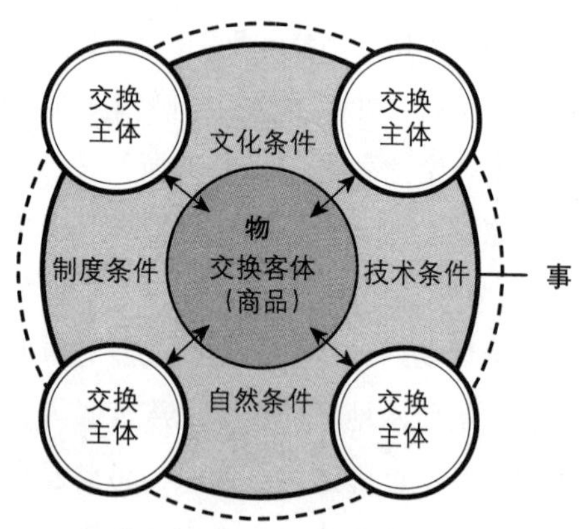

图 2–4　商品交换之“事”的结构

（1）交换条件是指在交换发生时，由自然、经济、文化、制度、技术条件等外部因素所赋予的各种限定性内容，它构成了影响交换活动的重要的“外生变量”。

（2）交换主体是指能够按照自我意志来从事交换行为的组织或个人。主体的构成有时很复杂，但至少要有两个人或组织参与。在现实生活中，我们可以观察到的具体交换主体有：商品的生产者、销售者、消费者以及各类服务组织等。实际上，商品的价值主体与交换主体具有内在的同一性，因此，交换主体同样是由“消费人”、“企业人”、“社会人”和“生态人”等多层次的人类主体构成。

（3）交换客体是指在交换主体之间发生相互作用的中介，也就是任何用于交换的“物质的”或“非物质的”商品。

在特定的交换条件限制下，不同交换主体的目的、动机、需求和向往决定着商品的可能性。“物”的形式取决于“事”的限定，“物”的意义在于满足“事”的目的。一般来说，汽车的意义在于满足人实现高效移动的目的。这是对于使用者而言的意义。而一个商品形态的汽车，即处于交换之“事”中的汽车，它的首要目标是满足汽车交易的要求，即买卖双方或多方都能够在一定游戏规则下，对诸如价格、性能、造型、质量、服务、环保指标等商品要素达成共识，并形成交易关系。交换的达成不仅要消费者满意，还要满足制造者、商家的意愿，

---

① 帕累托改善是经济学的一个概念，它是指在某种经济境况下如果可以通过适当的制度安排或交换，至少能提高一部分人的福利或满足程度而不会降低所有其他人的福利或满足程度，即一种制度的改变中没有输家而至少能有一部分人赢。帕累托改善是基于人们的既得利益而言，而不是人们试图取得的东西，因为后者是没有止境的；另外，如果一种改善剥夺一部分人的既得利益，不管是否能带来更大的整体利益或者是否有助于实现怎样崇高的目标，都不是帕累托改善。帕累托改善的制度可以定义为一个增加了一切参与博弈的人的主观价值度量的效用的均衡行为模式。相关论述参见汪丁丁：《永远徘徊》，北京：社会科学文献出版社，2002 年版。

同时还要符合相应的法规政策，并产生良好的社会和环境效益。这是交换主体之间的一场“博弈”，利益“共赢”是商品交换的目标所在，其结果就是一种“帕累托改善”，这也是交换制度之所以成为社会财富分配主流方式的原因所在。

### 2.4.3 小结

分析交换活动的目的是为了发现隐含其中的规律，从而使我们更深刻地认识商品。从商品之“物”，到交换之“事”，再到“共赢”之“理”（规律），这便是“设计事理学”思考问题、认识事物的方式。商品设计正是实现“共赢”最为有效的途径之一（图 2-5）。

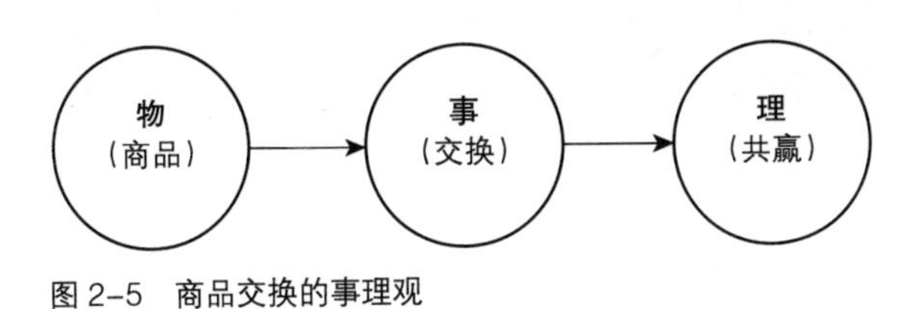


图 2-5 商品交换的事理观

## 2.5 关于商品设计

我们祖先从最初单纯的“设计”、生产活动，历经几十万年后，才渐渐学会用自己的“创造物”作为商品进行交换，那一刻便是“商品设计”的开端。虽然并非所有的劳动产品都能转化成为商品，但在广义设计概念下，所有商品都可以认定是设计活动的结果。

真正意义的“商品设计”一定是为“他者”设计的，如同商品生产一样。古代的手工艺人既是生产者又是设计者，他们生产的目的不是为了使用价值，而是为了获取交换价值，所以在他们的商品生产过程中，体察交易对方的生活状态、使用诉求、心理偏好等就成为商品交换的关键问题。在现代社会的语境下，商品表现为企业生产的，用于市场销售的产品或服务。企业通过设计活动，生产出满足消费者需要的商品，同时获取满足自身需要的利润；消费者付出一定的代价（货币），换取自身需求的满足；社会则通过企业交纳的税收得到共同发展和国民福利的经济基础。从本质上说，商品设计对于今天的企业和古代的手工艺人其目标是一致的，即通过生产使用价值以及挖掘符号价值，最终达到提高商品交换价值的目的。

### 2.5.1 人为事物的“生命周期”

人有生有死，物有生有灭。佛家讲“成、住、坏、空”，人为事物同样有自己的“生命周期”。从设计学的角度看，“商品”只是人为事物“生命周期”的一个阶段，之前是存在于生产过程中的“产品”；之后是存在于消费过程中的“用品”和消费后的“废品”。[①] 不过，一个完整的“人为事物”是不能被割裂开看待的，产品、商品、用品和废品只是这

---

① 相关论述参见唐林涛著《工业设计方法》，北京：中国建筑工业出版社，2006 年版，第 35-41 页。

个完整状态的不同侧面，如同印度盲人手下的那只大象，从任何角度出发，只要坚持和耐心，都可以得到一个完整意义上的“事物”。而“商品”的独特之处在于，它是人类主体进行价值交换的“亲历者”，是连接产品、用品和废品之间的纽带，是这个“物生”链条中不可缺少的、最为重要的环节。就像大象身上的各个关节，如果失去了连接，象腿永远是柱子，耳朵永远是扇子，身体永远是一堵墙。在商品经济社会中，产品必须通过市场交易这个关节——成为商品才能转化为大众意义上的用品，否则，产品永远只是没有实现价值的“物”；同时，任何商品也必然经过生产、使用的过程才能最终实现其价值，经由废弃或回收来完成其“生命”的循环。所以，“商品设计”本质上是包含了“前商品”状态到“后商品”状态全过程的设计，包含了生产、营销、使用、废弃和回收所有环节的设计。

因此，站在商品主位的角度，我们可以将这一完整过程划分为：“前商品阶段”、“商品阶段”和“后商品阶段”。在每一个阶段中，“商品”与不同利益群体发生着关系，呈现不同的特征并体现不同的支配逻辑。

（1）“前商品阶段”是指“指向商品的产品”停留于生产领域的过程。在这一阶段，产品主要与企业生产者发生关系，设计的支配逻辑是关注生产的成本与收益衡量，即一切以最小投入产出最大效益为准。利润最大化是企业的价值追求。

（2）“商品阶段”是指产品进入流通领域，进行交换的过程。在此，多重人类主体之间借助商品发生着关系。在市场经济规律的支配逻辑下，各方都力图实现利益的最大化。

（3）“后商品阶段”是指商品通过交换进入日常生活领域，成为用品并直到其被弃置成为废品的全过程。在这一阶段，商品主要与消费者发生关系，满足他们的使用需求和社会认同需要，支配逻辑是满足消费者效用最大化的要求，主要关注人的利益。用品被弃置后成为废品，部分经过回收，又与生产者重新建立的联系；另一部分被作为垃圾彻底抛弃，回归到自然环境之中。此时的废品不仅与生产者和垃圾处理者发生关系，而是与整个自然生态系统以及全体人类发生着关系（表 2–2）。

**作为“物生阶段”的商品** **表 2–2**

| | 前商品阶段 | 商品阶段 | 后商品阶段 |
|---|---|---|---|
| 对应“物” | 产品 | 商品 | 用品、废品 |
| 对应“事” | 生产 | 交换 | 消费、回收、弃置 |
| 对应“人” | 生产者 | 销售者、购买者 | 消费者、社会、人类 |
| 对应“环境” | 企业 | 市场 | 家庭、城市、自然环境 |
| 支配逻辑 | 生产、技术、利润 | 市场经济规律 | 使用性、社会性、环保法规 |

由于信息社会所伴随的知识型、服务型、体验型商品的全程介入，生产、交换的时间和领域被大大地延展，并渗透到整个消费过程中，各商品阶段之间的界限因此而模糊了。如日本某家吸尘器企业，推出一种“为您提供一个清洁环境”的服务型产品，替代了传统的物质型产品——吸尘器的销售。这时，产品的生产、商品的交换、用品的使用都是一个长期的服务过程，废品的弃置和回收也在客户端消失了。在这种理念引导下，大量的服务

型商品不断涌现，诸如：公共洗衣房、环境绿化服务、汽车租赁服务等。

总之，“商品设计”研究的不仅是“物”，而是包含在商品“交换”之“事”中的“人”、“物”、“条件”等全部要素的关系。这种关系在一定目标下形成一种限定和制约，导致“商品设计”的种种可能性。明确这种限定，也就为“商品设计”指明了方向。

### 2.5.2 观念的流变

设计作为实现主体目的的手段，从古到今始终处于从属的地位，被政治、经济、社会、文化的浪潮所裹胁，并屈从于强势的利益集团。各种设计思想的区别往往不在于设计的对象，而在于为什么目的设计和怎么设计。对商品设计各种观念的梳理，是为了理解设计作为一个“手段”角色的作用、意义及其不断增长的“自主”意识。

商品设计思想依附于“商业化”思想的嬗变。对其发展过程的探讨可以分为以下几个阶段：从古代到近代社会对商业的道德合法性的争论，即“义利”之辩；自工业革命以来的“大生产”运动及遵从机器和工具逻辑的技术中心论；后工业化时代中始于发达国家并影响全球的消费主义风潮；以人为中心的设计思想和可持续的设计思想。

1. “义利”之辩

朴素的“商品设计”思想源于人类最初的商品生产活动。在工业革命以前漫长时期内，自给自足的自然经济始终占据着主导地位，商品经济处于从属地位，商品设计的思想并未得到充分的发展。

最早的“商品设计”以物品的“使用性”为首要目的，商品的功能性表达得到充分强调。随着生产的发展，为了获取更高的交换价值，商品设计、制造者开始增加更多的装饰内容以及赋予商品在材料、形态上的更多差异性，甚至干脆以金银等贵金属直接制作或装饰商品。实际上，在奴隶社会和封建社会时期，“商品设计”服务的对象多集中在上层社会，贵族、王室成员成为设计的主要“赞助商”，他们的需求和消费目标规定了设计的价值取向。这种初级阶段的奢侈型消费极大地激励了以“趋利”为目的的“商品设计”思想的发展，同时也引起了早期思想家们对人类商业行为及其广泛的社会影响的激烈争论。早在春秋战国时期，中国就形成了以各家学派为主体的义利思想体系。归纳起来有四种观点：“取义”、“取利”、“超义利”和“义利”兼顾。

孔子主张“取义”，他认为，君子要以义为重，人的道义价值应高于物质利益，因此他反对“不义而富，放于利而行”。孔子倡导见利思义，教育人们要“临财不苟得”。孟子发展了孔子的思想，主张“以义制利”，为了民族大义，不惜舍生取义。前文提到的“伯夷、叔齐不食周粟……宁肯饿死”便是“舍生取义”的典型范例。董仲舒把孔孟之“义利观”明确阐释为“重义弃利”，并提出了“夫仁人者，正其道而不谋其利，修其身而不急其功”的思想。这种“以义为上”、“以义制利”的价值观，已超出了传统经济学意义上的利益关系范畴，而进入更广泛的社会伦理学意义上来看待利益关系。

法家明确主张“取利”，被认为是极端的功利主义者。法家反对一切“道义”，秉持“重利去义”的价值观。韩非子认为，孔儒的道义完全是虚伪的说教，人性本是“私利”的，人的行为受欲念的驱使。这让我们联想到现代经济学理论中主观价值论者的思想。法家讲的“利”主要是政治功利及其依附于政治体制的经济实力。法家认为，只有发展经济，才能使国强民富，天下太平。而要达到国强民富的目的，就必须“明法审令”，实行法制，以法为师，以法为本。法家主张以法令规定经济关系中的主体责任和权利义务，并通过法令的强制性调控来实现物质利益的分配。

道家的思想属于“超义利”。老子主张以清静无为的思想和行为为根本宗旨，漠视甚至鄙视世俗功利，主张放弃名利，远离物欲，居于逍遥自在、淳朴自然之中。庄子继承和发扬了老子的思想，主张既不求名，又不求利；既不重义，又不重利。他不相信人世间存在什么义与利的关系，只有人的精神平等、自由，才能达到“至人无己”，“名适己性”的境地。可见道家主张的是“超义利”的价值观。从这种理想境界出发，道家反对贵货敛财、奢侈享乐，也反对抽象的仁义说教。从今天的社会现实看，道家的这种观点包含了深刻的生态学和人类学内涵，具有“积极”的意义。人欲本来就是没有止境的，一味地满足并激发潜在欲望最终必然导致资源的锐减和生态的破坏。现实的问题逼迫我们重新审视和思考“自然无为”的深奥之义。

墨子主张“义利”兼顾。墨子代表新兴的广大小生产者阶层的利益，对人的基本利益持充分肯定的态度。他把义界定为“正”，提出“夫义者，正也”，又把义界定为“利”，“义者，利也”。可见，在他看来，义与利之间有着内在的联系，不能截然分割，人与人之间的道德关系和利益关系应当是平等的和互惠的。墨子提出“兼相爱，交相利”，把“义”寓于天下的“公利”之中。这种把利己同利国、利公、利人有机结合起来的思想体系与现代市场经济的互惠原理不谋而合。

进入汉朝，汉武帝“罢黜百家、独尊儒术”，孔儒之道的义利观逐渐成为中国传统价值的主线，并在适应社会变迁中不断得到丰富和发展。“儒商”理念成为统领中国商业思想近千年的主流话语，在其影响下的传统文化中，“利”是受到排斥的，“惟利是图”是一个贬义词，“无商不奸”更是为趋利的商人以及商业活动树立了十分不利的道德形象，似乎“利己”必定“损人”，个人利益与他人利益和社会利益严重对立。这种“轻商、抑商”的思想传统在一定程度上对我国的商品经济以及商品设计的发展起了消极作用。

在西方封建社会和早期资本主义社会中，“义利”之辩同样存在，只不过“重商主义”思想最终占据了主导位置，并成为资本主义发展的强大推动力。荷兰的曼德维尔在18世纪初发表了一部《蜜蜂的寓言》的著作，提出“私人恶德即公众利益”的观点，被称为“曼德维尔悖论”。[①]尽管他讥讽的言辞引起宗教界和当时大部分学者的一片讨伐之声，但他在

① 在该书中，曼德维尔把人类社会比喻为一个巨大的蜂巢，把人比喻成这个蜂巢中的蜜蜂。最初，蜜蜂们——商人、律师、医生、牧师、法官等，都极力不择手段地满足他们卑鄙的私欲和虚荣，整个蜂巢社会充满败行和恶习，但整个社会却繁荣昌盛。后来，蜜蜂们异想天开，要求改变自己的本性，去掉邪恶，做诚实的人。结果却出人意料：挥金如土的富豪绝迹，劳工大众无处求生……整个社会一片萧条。引自［荷］曼德维尔：《蜜蜂的寓言》，肖聿译，北京：中国社会科学出版社，2002年版，中译本序言。

书中表达的真正主旨对以后的经济学思想以及商品经济发展起到了积极的推动作用。在书中他以寓言的方式十分强烈地提醒世人，个人的利益与公众的利益是相互依存的，“人的道德行为，虽应当以理性和利他为重，但其动机则出于自爱和自利；人若去掉自爱，不但没有道德，连社会也不能存在。”①以后，亚当·斯密由这种观点获得了有关“商业社会”的根本概念：如果让每个人合理地追求他自身的利益，那将会增进整个社会的财富和繁荣。

2. 工业社会与机器逻辑

工业革命后的“大生产”运动是以“服务大众”为思想宗旨的商品生产活动，因此在一定程度上消解了“义利”之间的矛盾和冲突。韦伯在《新教伦理与资本主义精神》一书中，针对马克思定义的纯经济意义的阶级区分，提出了阶级的社会因素下的非经济性差异，②深刻阐释了资本主义的道德优势，从而使围绕商品生产的商业活动解脱了所有的束缚，迅猛发展起来。

按照《简明不列颠百科全书》的解释，工业革命或译为“产业革命”（Industrial Revolution）是从农业和手工业转变到以工业和机器制造业为主的经济的过程。这一过程是18世纪在英国开始的，又从英国传播到世界各地。工业革命的主要特点和社会影响既是技术方面的，也是社会、经济、文化方面的。这种巨大的变革催生了新型的工业文明，形成了所谓的“工业社会”。

在这样的社会背景下，设计作为一种独立的职业从原来的手工艺活动中分离出来。我们通常称之为“工业设计”（Industrial Design），它所包含的不仅是一般的工业产品设计，而是意味着一种全新的设计形态，包括机器、工具的设计和创造；汽车、轮船、飞机等大型交通工具和日常生活用品，诸如家具、电器、服装、饰品等；还包括包装、广告、标志等平面设计；甚至企业的经营环境、理念的设计。可以说，工业设计越来越渗透到我们生活的所有领域，设计成为人们雄心勃勃开创新时代的根本表现。而存在于“工业社会”的设计又具有一个明显特征，即一切“工业设计”活动，就其本质来说都是围绕商业目标的，就其内容而言是为“他者”设计的，是指向获取交换价值的创造性活动，因此，属于商品设计研究的范畴。

在此阶段，商品设计、生产所服务的对象，或者称为设计的“赞助商”，不再是封建权贵和少数文化精英，而是大量涌现的中小资产阶级和劳工大众。这样，手工业时期的精湛工艺和艺术感受随着奢华的消费品一起消失，取而代之的是被大批量生产的、冷漠的、略显粗糙而廉价的工业化产品。在大工业的条件限定下，机器是生产的根本手段，符合机器的逻辑是设计无法回避的选择。为适应这一革命性的变革，标准、模式、尺度转变成为设计思维的基本要素，纯粹的“美”、艺术风格以及“形式感”被冷落、流放，“功能主义”以及“技术原则”成为最权威的商品设计评价准则。

这里我们遇到了“包豪斯”的设计思想。德国人的确是善于思考的民族，他们能够提

① ［荷］曼德维尔：《蜜蜂的寓言》，肖聿译，北京：中国社会科学出版社，2002年版，第4页。
② 罗红光：《不等价交换——围绕财富的劳动与消费》，杭州：浙江人民出版社，2000年版，第3页。

出新的理念，并将之付于实践。早在“包豪斯”成立以前，“德意志制造联盟”就明确提出了设计作为一个“协调者”角色的目标，即“通过艺术、工业与手工业的合作，用教育宣传及对有关问题采取联合行动的方式来提高工业劳动的地位”。在充分肯定和接受工业化运动和机械的前提下，把设计的目标明确为是“人”而不是“物”。这样，设计回归到了“功能主义”从“人本”出发的真实内涵。设计师是“社会的公仆，而不是许多造型艺术家自认为的社会的主宰”。[①]以后的“包豪斯”顺应工业时代的步伐，将这一系列设计思想付诸具体的实践，并遵循着以下三条设计原则，希望能够弥合工业化与人性化之间的裂痕。这些原则是：艺术与技术统一；设计的目的是人，而不是产品；设计必须遵循自然和客观的原则。[②]

将“功能主义”思想发挥到极致的是美国的“芝加哥学派”。建筑师沙利文第一个提出“形式追随功能”(Form follows function)，这也成为了现代设计思想的总原则。

“包豪斯”的设计思想广泛传播到世界各地，在美国形成一种所谓的“国际风格”。但是，任何人都不可能长期喜欢一种千人一面的、僵死的、不变的风格和模式。在工业革命100多年以后，技术的发展似乎已经赋予人类无限的可能性，时代的足迹已经引领我们进入了一个更多元化的世界，人们已经不满足于使用功能的实现，而在不断寻求更高层次的情感需求和精神满足。这样“商品设计”不得不重新思考所谓“功能与形式”、理想与现实、物质与精神的关系问题。人与机器的冲突激起更深一层次的“义利”之辩，也预示着后现代的设计思想将对“工业社会”的彻底批判和逆反。

### 3. 消费主义与商业化潮流

后现代主义思想对于“工业社会”以及工业化所带来的一系列问题来说是一味“解毒剂”，它在修正了现代社会“技术中心主义”倾向的同时，也将世界引入了“人性张扬”、市场繁荣的“消费主义”时代。

美国的设计一向具有高度商业化倾向，这与美国民族的性格以及广泛的市场机会分不开。为了不断促进市场销售，从20世纪三四十年代起，美国人开始推行一种称为“有计划的废止制度”(Planned obsolescence)，即通过不断改变设计样式造成消费者“心理老化”的过程，其目的是用新风格刺激消费者放弃旧产品，追逐新潮流。对企业来说，这种方式具有巨大的利益诱惑力，不必投入大量资金用于技术改造和创新，而仅仅改变造型，企业就可达到促销的目的。这种只关注于给产品披上美丽的外衣，而不顾及产品的真正功能和质量的行为，将“商品设计”引向异化的道路，也成了畸形的“消费社会”的显著特征。

一般说来，“消费”指使用商品和享受服务，以满足需要和渴望，表现为对消费品的购买、占有和使用。但在所谓“消费社会”中，需要和渴望已经超越基本的需要和生理渴望了，它的内涵要广泛得多。人的欲望是无止境的。正是谙熟于人性的这一弱点，遵循“资本逻辑”的“商品设计”的主导思想就是不断挖掘人的潜在欲念，制造新的需要，推出花样翻新的

---

① 朱红文：《工业 · 技术与设计——设计文化与设计哲学》，郑州：河南美术出版社，2000年版，第48页。
② 同上书，第55页。

商品，以维持“消费社会”的运转和繁荣。

实际上，人类这种伴随着“过度商业化”的畸形消费现象有着深刻的制度原因。我们不能漠视“市场经济”对现代社会发展的积极贡献，但也应该看到，由于一个日益膨胀的市场，生产与消费之间的联系被割断了，人们不管是在生产领域还是在消费领域，都被一只“看不见的手”掌控着。在工业社会中，“生产的目的似乎不是为了消费，不是为了生活，不是为了人本身，似乎是为了一个黑洞似的市场。消费似乎也是直接与市场而不是与生产相连”。[①]市场成为生产与消费之间的唯一联系，大家关注的都是“钱”。正如荷兰技术哲学家E·舒尔曼所说：“一旦经济主义主宰了技术，利润取得了核心地位，商品的生产就不再受到消费者的当前需要的支配。相反，需要是为了商业性原因而通过广告创造出来的。技术的产品甚至不经人们的追求而强加于人们。”[②]生产在盲目趋利的状态下，便造成了人与自然的强烈对立，诸如能源耗竭、环境污染、生态恶化等；消费在异化的欲望面前，造成了越来越多的人类的贪婪、奢侈和浪费。

然而，对于部分经济学家和“自由主义者”来说，人类的高消费行为意味着经济发展和社会进步。他们对这颗星球的未来持乐观的态度，并从另一个角度提出“奢侈的悖论”：“品尝上万元的家宴，驾驶百万元的房车，这些极尽奢华的行为，在一般人眼中，多少会引起反感。但从另一方面讲，一个人可以自由纵情诗书琴画，从中得到无与伦比的享受，为什么一个‘有钱人’不可以在物质或其他方面为所欲为：买一支上千万的手表又不犯法。”[③]这似乎与《蜜蜂的寓言》具有同样的逻辑，但是，在今天日益严重的资源、环境危机的大背景下，我们所谓的消费“自由”必定是有限的。人们在商业化机器的鼓励下，无节制地追求物欲，并形成广泛的集体无意识，所造成的后果或代价将是这颗星球无法承受的。此时，经济学家的话语依然深刻：“贯穿经济学最重要的观念，就是平凡的两个字：成本！——为做一件事所付出的到底是多少”。[④]成本是一个广义的概念，包括金钱、时间、情感、精神、气力和资源等。从长远的眼光来看，奢侈消费的综合成本是巨大的，对社会、环境甚至经济的负面影响是无法估量的。

### 4. 可持续设计思想

无数思想家和哲学家对工业社会的种种弊端进行了深刻而广泛的批判，从尼采、斯宾格勒、海德格尔、法兰克福学派、托夫勒、罗马俱乐部以及绿色和平组织等，他们都希望找到一条适合人类长期发展的正确道路。

20世纪80年代，“可持续发展”的理念从经济界向各个学科领域普及，其核心理念认为，只有将经济发展变为地球生态循环的一部分，这种发展才是可持续的，并且，发展不仅是为了当代人的利益，而更应该顾及子孙后代的福祉。基于这种认识，反对“过度商业化”，

---

① 朱红文：《工业・技术与设计——设计文化与设计哲学》，郑州：河南美术出版社，2000年版，第48页。
② ［荷］E・舒尔曼：《技术文明与人类未来》，北京：东方出版社，1995年版，第359页。
③ 熊秉元：《大家都站着》，北京：社会科学文献出版社，2002年版，第120页。
④ 同上。

提倡节俭，对“慢”节奏生活的回归，东方“自然主义”精神气质的跨疆域影响，使得现代社会的价值观面临极大的挑战和变革。很多国家的政府更是明确表示要限制商品的数量，而从保证人们生活的物质和精神质量角度来发展经济。在这种状况下，从遵从“机器逻辑”转向以刺激消费为己任的“商品设计”一时之间变得无所适从，不得不努力寻找自己在当代社会经济中的角色位置。意大利米兰理工大学的曼兹尼教授（Ezio. Manzini）认为，“今后的设计应当减少产量，提高质量，同时设计还应当包括从文化和社会方面考虑发展的方向”。①

可持续发展思想在设计界引起了广泛回应，诸如“绿色设计（Green–design）”、“生态设计（Eco–design）”、“可持续设计（Sustainable–design）”等概念相继提出。其核心理念是对设计方向和目标的重新思考，认为“商品设计”应当承担更多的社会责任和环境义务。其中，“可持续设计”的理念对当今工业设计评价研究有着特别重要的意义。与一般以单纯物质产品为输出的设计不同，“可持续设计”是透过整合产品及服务以构建“可持续的解决方案”（Sustainable Solution）去满足消费者特定的需求，以“成果”和“效益”去取代物质产品的消耗，而同时又以减少资源虚耗和环境污染，改变人们社会生活素质为最终目标的一种策略性的设计活动（Ezio Manzini 2001）。可以看出，“可持续设计”并非单纯地强调保护环境，而是提倡兼顾使用者需求、环境效益与企业发展的一种创新设计策略。可持续发展理念的真正实现有赖于人类生活价值观念的更新而引起的生活方式和消费方式的彻底变革，这同时需要设计者以更为积极的态度投身于变革之中。

## 2.6 可能的“共赢”

从历史的发展中可以看出，商品设计不过是飘浮在社会、政治、经济河流上，多数时间为强势集团掌控的一叶小舟，商业的语言就是它的语言，利益的逻辑就是它的逻辑，评价标准的话语权被垄断于权贵阶层和强势商业集团之中。“设计的角色也是灵活多变的，在历史发展的每一个转折点，都能找到他们恰当的位置。设计师充当着变色龙的角色：只要需要，他们可以是时尚的设计师，企业形象的策划者，人机工程学家或环境保护专家”。②设计只是一种实现商业目的的手段。

近年来，在后现代人文思想的启发下，各种新兴的设计观念和思潮对“商业主义”泛滥进行过激烈的批评，“反商业化”的设计思想，更是摆出精英主义的态势，以“传教士”的口吻，希望说服人们减少“趋利”的商业行为，回归以伦理、道德为基础的、自然的人类家园。设计正在以“积极”的态度发出自己的声音，不断寻求一种“自主”意识，并努力在社会生活中扮演更为重要的角色。然而，这一切对于高歌猛进的商业化进程影响甚微。发展与公平、效率与福利、商业与道德、“利己”与“利他”、功利主义与理想主义都从未有过地对立和冲突着。

---

① 李乐山：《工业设计思想基础》，北京：中国建筑工业出版社，2001年版，第248页。
② ［英］彼得 · 多默：《1945年以来的设计》，梁梅译，成都：四川人民出版社，1998年版，第1页。

事实上，商业化进程有它内在的发展规律和驱动力，一味地阻止、抗拒只能强化其与人性和环境的内在矛盾。笔者认为，只有辩证地看待设计角色的转变及其在商业化社会中的地位，才能面对复杂的社会现实，从而建立正确而务实的商品设计观念。一方面讲，设计是服务于目标的一种手段，这是设计活动无法回避的本质特征。亚里士多德早就论述过的，事物的目的决定了事物的存在，在商品经济的大背景下，在企业盈利前提下，设计不可能脱离具体的商业目标，理想化地谈论“手段”的存在和意义；另一方面，作为价值主体的设计者，他本身具有“主体意识”，同时也负有相应的社会责任和义务。他既是企业的一员，也是社会的一员，更是人类的一员；他既是设计者，又是使用者和消费者，也是自然和社会环境的施受者，因此，设计者寻求“自主”意识是其价值主体身份的必然选择。所以，设计者必须摆正自身的位置，兼顾服务于经济发展、企业盈利的目标和应有的社会责任感，从一个被动的“手段”角色向积极的“协调者”转变（图 2-6）。

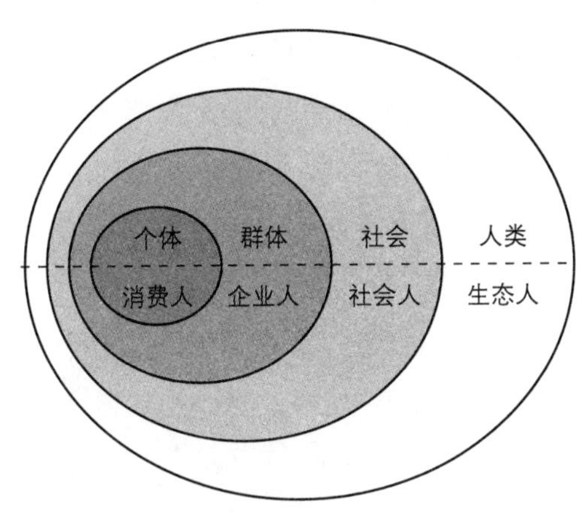


图 2-6　多层次的人类主体模型

在商品设计中，设计的目标就是充分实现商品的价值。从根本上说，商品的价值就是人类价值观的转译，体现在交换主体围绕商品所建立的广泛的社会关系中。理想的结果是多层次人类主体的利益“共赢”，这便是商品价值的充分实现，也是商品设计的最终目的所在。因此，“商品设计观”就是寻求兼顾“消费人”、“企业人”、“社会人”和“生态人”多重主体利益的“共赢观”。

“共赢观”是兼顾多层次人类主体利益，促进企业和社会经济可持续发展的理念。在设计评价中，如何将这种带有“理想主义”色彩的思想观念付诸实践，并真正为消费者、企业、社会和自然环境带来效用或利益，其前提是对“共赢观”作现实、客观和辩证的思考。事实上，“共赢”不是绝对的“公平”，它是建立在社会整体语境下的互利原则。从人类发展的总体上看，商品交换之所以在众多资源分配形式中保留下来，逐渐演化为市场经济制度，并成为人类社会最有效率的制度形式，原因应该归属于其交换规律的合理性和适应性。也就是说，各交换主体都以不同的形式，在不同的阶段从商品交换中获得了利益，实现了总体上的“共赢”。因此，“共赢”在设计评价中同样代表一种趋势和发展方向，并非是衡量一切的教条和量化尺度。

在今天的社会中，商品交换以及商品设计评价呈现更为复杂的态势。尽管各种商业上的欺诈行为正在被相应的制度法规不断地规避，然而人们对自然资源的掠夺和不公平“交易”导致环境的日益恶化和资源的枯竭，最终影响到全体人类的利益，其后果是以往任何动荡的历史阶段所无法比拟的。自然环境与人类社会的矛盾正在激化，我们已经明确地感受到这种冲突给整个社会所带来的巨大影响和潜在危机。在设计评价中如何协调经济发展与环境保护、企业利益与社会效益之间的关系，并寻求一种可持续发展的途径，成为所有设计研究者和实践者不得不面对的挑战。

正确的商品设计观在于对人类主体利益之间相互联系的理解，而决不是孤立地面对它们。在各方利益的博弈中，商品设计寻求的是“协调”和“均衡”，商品设计的本质就是充分利用商业手段，为各人类主体创造可持续的利益。因此，“共赢观”也必然成为当今工业设计评价的终极标准。

“商品设计”不是一个新的理论概念，而是工业设计评价的新视角。经由商品，我们深入到由生产、交换、使用、废弃以及回收所构成的完整的物的“生命历程”之中。在商品设计的视域里，人类主体的利益关系变得更加清晰而明确。商品设计不仅仅是针对“物”的设计，而正是针对上述不同过程中各种利益关系的协调，是一种指向创造全方位价值目标的设计活动。因此，商品设计观就是本着“义利兼顾”的思想，以设计创造的方式和语言，谋求人性的满足、企业的收益、社会的发展以及环境的和谐。

# 第3章　设计评价的范畴和内容

范畴在这里与时间性有关，是探讨一个完整的设计开发进程与其中的设计评价活动的关系；内容是企业在评价活动中必须时时面对的设计策略、组织和具体项目评估等问题。

## 3.1　设计评价的范畴

按照“商品设计”的观点，工业设计评价的对象应该具体描述为“企业指向商品的产品或服务”，应包括一个完整的产品或服务的“生命历程”。仅就设计结果而言的评价往往会带来无法弥补的缺憾。设计活动本是一个不断评价、决策的过程，在任何环节都可能出现失误和偏离目标的情况。因此，仅仅根据设计结果的评价往往忽略了最容易发生问题的阶段和步骤，使得一些本来微细的错误或误差累积起来，最终偏离了设计的方向。只有根据设计进程而同步实施设计评价才可能最大程度地规避设计风险，保证设计决策的正确性和有效性。可以说，一个“好”的设计结果极大地依赖于开发过程中的体系化和制度化的设计评价活动。

商品设计评价的范畴包括“前商品阶段”、“商品阶段”和“后商品阶段”几个大的阶段环节，并且在每个阶段中还包含了若干“子环节”。在每个阶段中，评价所面对的不仅是具体的“物”，而是诸如计划、设计、生产、营销、使用、维护以及废弃等不同的“事”，是包括了人、物、环境、条件等因素的适应性关系。这种关系又是通过以下“评价要素”所体现出来，如技术、材料、工艺、成本、经营策略、美学、营销手段、使用性、安全性、社会效益、环境影响等。在实际的设计进程中，由于各个阶段 “事”的关系不同，所以在不同阶段对这些“评价要素”便会有所偏重，如在“前商品阶段”对技术和成本等要素评估的偏重；在“商品阶段”对营销策略、美学要素评估的偏重；在“后商品阶段”对使用性、安全性和环境影响评估的偏重等（图 3–1）。

在企业现实的评价活动中，对“商品阶段”和“后商品阶段”的预测性评估应该有机地融入并集中体现在“前商品阶段”的评价因素中，因为“前商品阶段”的商品计划、设计、生产活动是后面营销、使用、维修、废弃或回收环节的基础和保证。总体来说，“评价要素”是相互融合、相互影响的，对其单独进行评测具有相当的片面性，因此，其结果必须置于整体的评价环境中，综合考虑、分析才具备应有的价值和意义。

总之，商品设计评价范畴是包括处在设计进程中的一系列的事件，评价的本质就是通过对“评价要素”的衡量和评测来考察其关系的适应性程度。

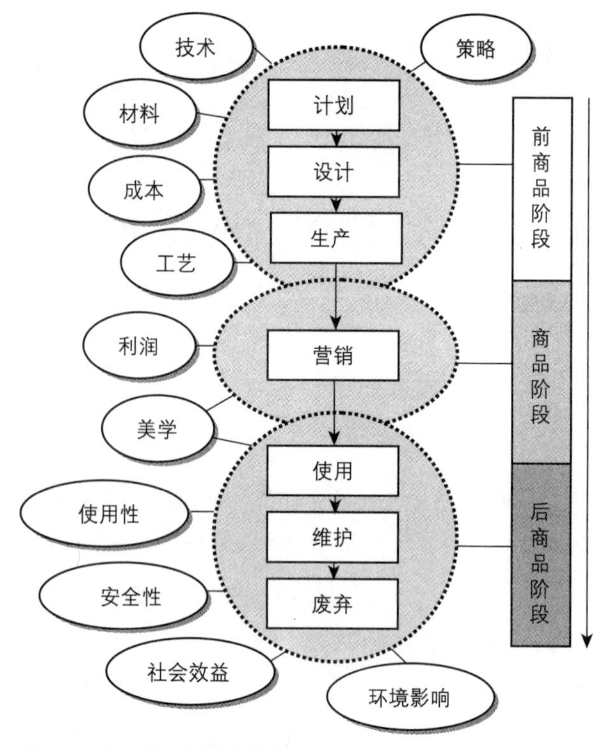


图 3-1　商品设计评价的范畴

## 3.2　设计评价的内容

设计评价是设计管理的重要组成部分，因此其内容就是“设计管理”核心内容的转译。当然，这些内容会与上述“评价要素”交织在一起并相互影响，因此必须综合起来，从设计管理的角度整体地分析、评估。

设计管理的内容极具弹性，它视企业对设计的重视程度及设计自身内容的不断拓展而不断充实和发展。早期设计管理的内容集中在对设计组织的管理上，简单说就是管理人。“设计管理是为了图谋设计部门的效率化而将设计部门的业务进行体系化、组织化、制度化等方面的管理”。[①]此后，随着市场竞争的激烈以及设计活动复杂性的增加，企业对其产品发展策略和具体项目进程的管理日渐重视。在 1984 年，英国人艾伦 · 托帕利安 (Alan Topalian) 将设计管理内容分为两个层次，一个是较低层次的“设计项目管理”(Design Project Management)，主要解决一些项目运行中的具体问题，属于短期行为；另一个是较高层次的“企业设计管理”(Corporate Design Management)，主要围绕使设计活动为企业经营带来效益，在达成企业组织与组织环境的关系中属于长期行为。[②]Chung K.W. 在 1989 年提出了设计管理涉及的三个层次：(1) 在操作层面的设计项目管理；(2) 在战术层面的设计组织管理，包括企业内部设计组织与外部的设计公司；(3) 在策略层面的设计创新管理，包括企业的设计策略、产品形象识别、色彩计划等。[③]随后英国国家标准 (BSI，1989) 也参考这三层次提出管理产品设计的指导原则，设计管理的相关内容随即纳入到官方体系之中。

① 刘国余：《设计管理》，上海交通大学出版社，2003 年版，第 25 页。

② 同上书，第 26 页。

③ Chung K. W.，“The Role of Industrial Design in New Product Strategy With Particular Emphasis on the Role of Design Consultants”，PhD Thesis, Institute of Advanced Studies, Manchester Polytechnic.1989. 转引自刘瑞芬：《以人为本－设计程序与管理研究》，清华大学博士论文，2005 年，第 1 页。

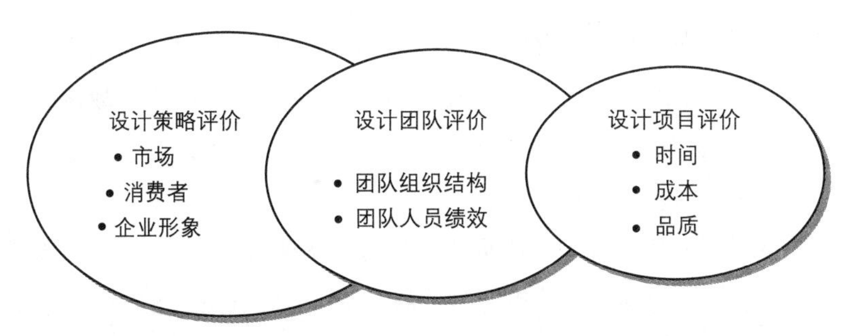


图 3-2　商品设计评价的内容

英国的设计委员会（UK Design Council）根据设计管理的内容，制定了一套系统的评价方法，用于对企业的综合“设计力”（Design Capability）进行全面评估。[①]该方法涉及更为详尽的评价内容，包括企业的设计计划、设计过程、设计资源、设计人员以及设计文化几个方面。

本书根据 Chung K.W. 提出的设计管理三个层次，将设计评价的内容相应划分为三个方面，即对企业设计策略的评价；对设计团队和设计师的评价；对具体设计项目进程和结果的评价（图 3-2）。

### 3.2.1　设计策略评价

设计策略（Design Strategy）也可称为设计战略，是基于企业战略产生的设计理念、指导方针和创新计划。对一个企业来说，选择什么样的设计策略不是领导的口味和偏好，而是要根据企业的经营目标、管理水平、技术能力、研发能力以及人才资源等情况进行周详评价和研究才能作出。设计策略反映了企业决策层对设计的认识程度、应用程度及整体的设计管理水平。设计策略要根据企业自身的内部条件以及所处的外部环境来综合制定。人们常说：“知己知彼”和“扬长避短”就是这个道理。

对于设计策略可以从这几个角度认识，就属性来说，设计策略是一种计划范畴的概念，符合“目标与手段”的体系，有具体的策略目标以及为实现目标妥善规划好的策略手段组合；其次，设计策略是全面、长期的系统计划，是与企业整体战略密不可分的主要组成部分，目的是保障企业产品创新的可持续发展；最后，设计策略是一种竞争性计划，在对市场环境充分适应的基础上，以超越竞争产品为主要特征。

对于设计策略的概念有多种定义的角度，如：“设计战略是在设计活动展开前，企业为确保设计成功而对特定产品所处环境进行评估后，对设计活动所提出的一系列明确的指导方针”。[②]但这样的概念似乎将设计策略局限在具体的项目研发活动中，忽略了设计策略对企业整体经营策略和企业文化理念的呼应关系。更为全面的概念是“设计战略是企业面对严峻的市场挑战和环境，为不断持续发展而针对市场开发进行的战略谋划。它体现了企业的总体战略思想和文化原则。设计战略是在符合和保证实现企

---

① UK Design Council,“Design Atlas”, http://www.Design inbusiness.org.

② 刘国余：《设计管理》，上海：上海交通大学出版社，2003 年版，第 65 页。

业使命条件下，确定企业的设计开发与市场环境的关系，确定企业的设计开发方向和设计竞争对策，确定设计中体现的企业文化原则，根据企业总体的战略目标，制定和选择实现目标的设计开发计划和行动方案”。[①]因此，对设计策略的评价可分为以下几个方面：

（1）围绕市场的设计策略评价。市场的成功与否是衡量企业设计策略的重要标志。企业进入市场可采用多种设计策略，简单分为："创新型"、"跟进型"和"优势型"三种类型。采取"创新型"策略的大多是主宰型企业，[②]充满活力，经常运用技术领先战略，不断开发新的产品或服务，具有明显的进攻性，并在某种程度上可以控制竞争企业的行为，有广泛的战略选择余地；采取"跟进型"策略的企业大多努力学习"创新型"企业的一举一动，主要运用技术跟进方式，虽然缺乏主动，但往往能够积蓄力量，并在市场上后发制人；采取"优势型"策略的企业通常在技术、质量、人才或其他某一领域占有明显而独特的优势，因而具备技术领先的潜力。

实际上，我们所说的"创新"并非只是指技术创新，也包括对新市场的开发、新的使用、操作方式的尝试。对于企业来说，"创新"必须成为一种市场策略，否则将会失去应有的领先优势。如企业率先将某种新产品投入市场，如果目标定位正确，产品开发得当，企业在没有竞争对手的情况下必定获益匪浅。日本的索尼公司一向采用"先人一步"的设计战略，提出了"让新产品第一个进入市场"的战略口号，并利用雄厚的实力，不断地推陈出新。每每当仿冒者跟进之时，索尼的第二代或第三代产品已经登场了。但是，采取这种策略需要有强大的资本实力和研发能力作为后盾，如微软、Intel 等；对有实力、有特点的企业而言，可采用"优势型"的技术超越战略，如深圳华为公司等；对于中小型企业而言，采用"跟进型"战略未尝不是最为现实的选择。国内很多企业由于缺少核心技术资源，在短时期内又难于建立起健全有效的设计研发机制，选择市场跟进战略未尝不是权宜之计。但值得注意的是，跟进并不是彻头彻尾的抄袭。企业要想获得稳定、可持续的发展，必然要培育自身的核心竞争力，努力开发具有特色的、差异化的产品或服务，而差异化还是要依靠设计创新活动。"跟进"的"跟"是一定时期的策略手段，"进"才是企业真正追求的目标。紧跟着优秀对手可以大大节省研发费用、有效避免新技术和新产品的风险期、节约市场培育成本，从而集中精力和资源去壮大自身。选择"跟进型"设计策略的企业要有明确的目标感，"跟进"在某种程度上也包含创新成分，是在积蓄力量并随时准备超越对手。

因此，无论是采用"创新型"、"优势型"还是"跟进型"的设计策略，其前提是对自身实力、竞争对手以及市场需求有一个客观、务实的评价。

（2）围绕消费者的设计策略评价。在产品研发和市场竞争中，消费者始终是企业所围

① 蔡军：《设计战略研究》，《装饰》，总第 108 期，第 8-9 页。

② 通常来说企业可以分为以下几种类型：主宰型、强壮型、优势型、防守型、虚弱型、难生存型六类。参见 Robert V.L. Wright, 1974。转引自刘瑞芬：《以人为本－设计程序与管理研究》，清华大学博士论文，2005 年，第 36 页。

绕的主体或核心。尤其是当生产技术日益“同质化”，经营规模趋于极限的今天，对人的消费需要和潜在诉求的把握已经成为企业获得成功的最为关键的因素。全面理解商品交换的“对手”——消费者是企业制定设计策略的重要环节，同时也是评价企业设计策略的重要依据。

消费者有着多维的含义，他或她可以作为商品的购买者、拥有者或者使用者。企业必须了解人们喜欢使用什么东西以及如何使用，他们愿意为购买和拥有它付出多少代价，什么东西使他们感到满足和有意义。做到理解消费者的最基本的方法是市场调研，但真正获得有价值的需求信息并非易事，因为市场调研并不局限于“商场”之内。商场是一个狭义的、具体的概念，是“销售地”，它所关注的行为是营销；而市场是广义的、宽泛的、相对抽象的概念，它所关注的是需求。通常，企业设计策略的制定依据营销部门的“商场”反馈，尽管这些信息真实而准确，但描述的是凝固了的“过去式”的情况，而企业设计策略的制定更需要“将来式”的预测。“如果仅仅靠一般的市场调查方法就能使产品获得成功的话，人人都能成为企业家”。[①]所以简单的市场调查是不足以成为把握消费者需求的重要依据。“换句话说，我们需要了解更多的人类心理和动机。专业技术和洞察力是不够的。它们还需要用相同标准的‘大众专业知识’（People Expertise）来平衡”。[②]此外，在大部分情况下，人的欲望和需求是“潜在的”，甚至人们自身也无法清晰的表达或根本不愿表达，这就需要对消费者的“生活形态”[③]进行深入考察、研究和挖掘。索尼的前任总裁盛田昭夫（Akio Morita）曾经说：“大众不知道什么是可能的，而我们知道。所以我们不是做大量的市场调研，而应改善对产品及其使用方式的思考，尝试通过教育大众和他们沟通的方式创建出一个新的市场”。[④]“生活形态”研究的目标就是希望全方位地把握特定消费人群“显在的”以及“潜在的”欲望和需求，引领企业设计“定位”的方向，并对企业设计战略的制定和执行提供前瞻性的评价以及决策依据。

（3）针对企业形象的设计策略评价。“企业形象不是单纯的理念（MI）+行为（BI）+视觉（VI）的模式，在设计战略中企业形象更多的是品牌形象、产品形象和服务形象”。[⑤]空洞的企业形象设计不仅不能为企业带来应有的利益，还会误导企业对真正意

① 刘国余：《设计管理》，上海：上海交通大学出版社，2003年版，第71页。

② ［荷］斯丹法诺·马扎诺：《飞利浦设计思想：设计创造价值》，蔡军，宋熠，徐海生译，北京：北京理工大学出版社，2002年版，第22页。

③ 所谓“生活形态”（Life style）也称为生活方式，是指在现实生活中的不同群体的生活样式或类型。换句话说，“生活形态”不是针对个人，而是针对群体而言的。与通常的阶级、阶层、群体等概念相比，“生活形态”专门从生活观念、生活主张、日常习惯的角度，而不是政治、经济地位的角度进行研究。在日常生活中，一件件具体的事有机地组合在一起时，某类人群生活方式的形态就得以显现。“生活形态”是“类型化”了的人群惯常经历的、特殊的“事系统”与“意义丛”。相关论述参见唐林涛:《设计事理学理论、方法与实践》，北京：清华大学博士论文，2004年，107页。

④ ［荷］斯丹法诺·马扎诺：《飞利浦设计思想：设计创造价值》，蔡军，宋熠，徐海生译，北京：北京理工大学出版社，2002年版，第23页。

⑤ 蔡军：《设计战略研究》，《装饰》总第108期，第8-9页。

义上的企业形象的认识。应用于企业形象中的设计策略需要切实的努力使之付诸实施，并对其效果和产生的作用进行不断评价和管理。很多企业每年都在花费大量人力、物力进行设计活动，如产品开发设计、包装、广告宣传、展览、环境、企业识别系统等，但由于这些设计行为彼此独立、分离，缺乏统一的协调和控制，致使所传达的信息相互矛盾，浪费了企业的宝贵资源，影响了企业整体战略的实施效果，降低了品牌的认知度、削弱了竞争力。

企业品牌的推广是树立企业形象的重要内容。品牌是企业的无形资产，尽管利用广告和媒体宣传可以在一定程度上推广品牌，但应用设计才是建立和传播品牌形象的最为有效的手段。无论是平面的视觉符号、三维的产品形象，还是具体的公关事件，统一的“形象”设计，统一的“品牌认知”是现代企业所最为注重的竞争手段。当我们提起IBM、奔驰、飞利浦这些品牌时，他们的产品形象就会浮现出来。

企业抽象的个性、文化、理念要靠视觉化的符号表现，这些符号的一致性、独特性、连贯性必须依赖设计策略进行维护和规范。在市场社会中，消费者就是通过具体的产品形象、标识及其他视觉符号了解企业的，所以设计是通过视觉化的语言创造了企业的形象、表达了企业的内涵。事实上，成熟企业的形象设计策略大多是通过它们的“产品形象战略”——PI（Product Identify）体现出来的。德国的宝马和奔驰，虽然都是世界一流的高档汽车，但各自具有不同的“价值定义”和目标市场。宝马把自己的产品定位于“赋予驾驶的喜悦”，其价值理念充分体现在驾驶的快感以及感性的外观上；而奔驰汽车则定位于“快速舒适”，强调给所有乘员以安全、舒适的满足，一种高贵的实用性选择，这一切都充分体现在其经典的产品形象之上。

总之，策略上的竞争是企业竞争的核心部分，所谓“上兵伐谋”。对设计策略的评价就是依据企业整体的战略目标，对商品设计过程及成果进行监控、评估，为企业制定、调整和实施具体的设计策略提供管理上的保证。

**设计策略评价** **表 3–1**

| 设计策略评价 | |
|---|---|
| 内容描述 | 设计策略是基于企业战略产生的设计理念、指导方针和创新计划 |
| 内容要素 | 围绕市场的设计策略；围绕消费者的设计策略；针对企业形象的设计策略 |
| 评价目的 | 依据企业整体的战略目标，对商品设计过程及成果进行监控、评估，为企业制定、调整和实施具体的设计策略提供管理上的保证 |
| 相应手段 | 基于市场、消费者“生活形态”及企业自身实力和企业文化的分析、研究 |

### 3.2.2 设计团队评价

设计团队也叫设计组织。组织（Organization）就是将一定人员有系统的安排在一起，以达到特定的目标。所有组织都具有三个共性，即目标、人员和一定的结构方式。设计组织是直接或间接从事设计工作的人员；是为企业的共同目标，按照职能分工组成的集体。一定的设计策略需要一定的设计组织来执行，因此，对设计组织的评价主要集中在对设计人员的绩效考评和整个团队的工作效率上。

设计组织可以分为企业内部和企业外部两种类型。对于企业外部设计组织的评价多集中于委托项目的管理之中，其特征与企业内部组织有诸多相似之处，不再单独论述。

由于企业规模、经营状况、产品结构各异，其内部设计组织的结构也有很大差别，不可一概而论。就其总体来说可分为“功能型”（Functional organization）、“项目型”（Project organization）和“矩阵型”（Matrix organization）结构形态。①

所谓“功能型”的设计组织是依赖设计人员的技术专长或不同职能，按照部门划分的。在这种组织中，各部门的人员之间没有强烈的组织关联，他们分别对自己的部门领导负责，再由部门领导与其他部门协调工作。大部分传统的企业是按照“功能型”的结构方式组织设计、研发的。涉及的部门诸如：市场部、企划部、营销部、设计部、技术部、财务部、生产部等。严格来说，一个“功能型”组织由一群拥有相同技能、特长的专家组成；他们介入不同的项目，但同每个项目团队关系疏离；他们对一个部门经理负责，该经理评估他们的业绩并设定他们的工资或奖金。

所谓“项目型”的设计组织是由不同职能、专业人员组成的团队。每个团队负责一项特殊产品的研发任务，形成一个完整的开发流程，如市场研究、概念生成、结构细化以至生产服务等。该团队的领导——通常称为项目经理，可以按需要挑选成员，并负责项目的质量、进度以及对成员的业绩进行考核。例如：在20世纪70年代，时任董事、后来成为飞利浦公司总裁的科尔·万·德·克卢格特被任命为光盘概念产品的领导者，负责组建一个高水平的跨职能工作小组。这个小组的成员来自市场营销、研究和开发、工程设计、录音公司以及其他部门。小组成员领导下一级工作小组，负责重要项目的开发工作。②这个专案小组在光盘开发过程中发挥了至关重要的作用，加强了研发部门与其他部门之间的交流，将部门合作提升到了一个新的高度，取得了研发工作的成功，并为企业带来了持久的效益。

所谓“矩阵型”的设计组织被视为“功能型”和“项目型”的混合物。一般说来，在矩阵组织中，每个人都有两个领导，一个是部门经理，另一个是项目经理。“矩阵型”设计组织是当今企业面临激烈市场竞争，不断快速、有效地推出新产品所经常采用的组织结构形式。

上述的三种组织结构各有其优缺点，无法断言哪一种为企业的最佳设计组织。无论选择哪一种设计组织结构，如何正确地组织、协调设计师、工程师以及其他设计相关人员的工作，激发其创造热情，有效评价其创新成果，并将其创造纳入到既定目标的轨道中，成

---

① [美]卡尔·T·犹里齐、斯蒂芬·D·埃平格著：《产品设计与开发》，杨德林主译，大连：东北财经大学出版社，2001年版，第24页。

② [美]罗伯特·J·托马斯：《新产品成功的故事》，北京新华信管理顾问有限公司译校，北京：中国人民大学出版社，2002年版，第50页。

为设计管理者面临的主要问题。

关于设计团队的有效管理，在不同企业文化下呈现出很大的差异，但“绩效管理”是最为通常的手段。“绩效管理”的循环是“计划—实施—评估—反馈”四个环节，它将每一位组织成员的能力和工作纳入循环管理之中，业绩考核结果与员工的利益直接挂钩，进而将公司的存在价值和员工的个体职业价值相互融合，最终提高企业的经济效益。由于绩效评估的结果通常与员工的工资待遇、奖金数额甚至职业前途相关，所以说，绩效评估也是一把双刃剑，运用得当可以有效激励员工的创造精神，运用不好可能极大地损伤员工以及中高层领导的工作积极性。个人或组织绩效经常与企业收入或利润增长的绩效有关，而值得注意的是，企业当前的利润绩效通常是以前所作出的决策的滞后效果；也就是说，今天的绩效与前任设计管理者与设计组织成员关系密切，所以，在对设计组织的绩效评价中应充分考虑到这些因素。如果简单化地草率处理，可能造成的潜在问题是，由于设计管理者受到报酬的诱导或推卸责任，可能采取短期收入与利润增长行动。这种行动包括各种有损于企业持续竞争能力以及未来绩效的决策行为。理想的方式是客观、公正地以他们当前的“行为质量”为前提的绩效评估。然而，这样的标准制定和把握极为困难，是对管理者的能力的极大挑战。

除了绩效管理的手段外，设计管理者的沟通、协调能力也是十分关键的因素。在国外，设计管理者角色被炒得热火朝天，身价同 MBA 可有一比。而国内对这方面人才的培养才刚刚开始。由于设计活动具有独特的工作方式，设计管理者不能简单的套用传统管理学的方法，而需要一种特有的方式来评价和管理设计组织。

组织评价的目的是为了有效管理，并服务于企业的终极目标。设计评价与管理对于设计组织的真正价值在于，它可以激励一种应对变化、挑战的“无形”的共享价值机制，形成企业文化特色，并沉淀为设计组织的“基因码”，不断在企业发展的过程中演进、完善。设计组织的核心特点是“有效交流”，不仅是成员间的交流，也是管理者与成员的交流，这是组织价值的基本保证。“个体在此展现对组织的贡献，这种贡献最终表达和阐释企业的商业目标。设计管理因此不是一个简单的部门管理者或监督者的角色，而是一种关乎企业战略的组织程序。”①

设计团队评价 表 3-2

| 设计团队评价 | |
|---|---|
| 内容描述 | 设计组织是直接或间接从事设计工作的人员；是为企业的共同目标，按照职能分工组成的集体 |
| 内容要素 | 设计团队的组织结构；设计团队人员的绩效 |
| 评价目的 | 设计团队评价的目的是为了“有效管理”，并服务于企业的终极目标 |
| 相应手段 | 基于企业能力和产品特征分析而选择的团队组织结构；绩效考核指标；有效沟通与交流的激励机制建设 |

① 刘瑞芬：《以人为本－设计程序与管理研究》，清华大学博士论文，2005 年，第 130 页。

### 3.2.3　设计项目的评价

在设计项目中，企业的设计策略和组织效率会得到充分而具体的表现，因此，设计项目评价通常反映了企业产品设计的综合执行能力。在项目进程中，每个环节的评价都是下一步决策的前提条件，通过评价来决定项目是继续、终止还是重新研讨。成功的设计项目是在有效利用时间、金钱、人力等资源的前提下，产生"高品质"产品的一系列活动，这样看来，项目评价的内容将集中在以下对时间、成本和设计品质的评估。

（1）时间。一般来说，一个完整的设计项目表现为从计划、立项开始，经过市场调研、概念设计、深入设计、结构、模具到下游的生产控制、商品化等一系列工作。当然，如果细分下来，一个复杂的项目有时涉及几十项甚至上百项任务。对时间进度的控制基于详细的任务计划，这就要求在项目的初始阶段，深入、整体地理解并明确描述各项任务。最好的方法是将具体任务之间的关系和时间进度图表化，以使项目管理者和执行者都具有明确的时间意识和任务意识，并确保相对独立的设计单元在衔接、过渡、沟通时的平稳、顺利。通常使用的时间计划工具有"设计结构矩阵"（Design structure matrix，DSM）、"甘特图"和"PERT"图等。笔者认为"甘特图"在管理和评价一般设计项目时是最为简便、清晰的图表工具。

对设计时间进程的评价和控制不是僵死的工作，必须考虑到由不可预见的事件或人为干涉或新信息引起的计划改变。管理者应具备相应能力，以评价并确认是否需要修正设计或终止计划。这种评价活动应贯穿于项目进程的始终。

（2）成本。企业运行的经济逻辑就是协调成本与收益的关系。设计是影响成本的重要因素。比如，为了达到同样的功能效用会有很多种设计方案，但选择的不同，如结构方式不同，材料不同，表面处理不同，加工手段不同等会导致产品成本的巨大差别。因此，评估设计所带来的成本后果是项目评价的重要内容。

"成本"是一个广泛的概念，包括经济成本、人力成本、时间成本、机会成本以及综合资源成本等。而对于企业来说，这些成本形式最终体现在经济成本上。总体来看，成本评价可以分为两个方面：成本预测和成本考核。成本预测发生在项目启动之初，是在成本形成之前，根据企业生产经营状况，运用科学的方法进行成本指标的测算，然后编制成本计划，作为日常控制成本开支的依据；成本考核是设计进程之中以及项目完成以后，通过对实际情况与计划相比较，检查、评审成本计划的执行情况，并发现问题、找出原因、总结经验，为下一阶段的成本计划编制和成本控制提供评价依据。

（3）设计品质。产品的市场表现是评价设计品质的重要指标。对于消费者来说，一个"高品质"的商品意味着具有很高的"价值"，体现为既可以充分满足人们的物质需求，如卓越的功能、良好的操作性、安全性、耐久性等，也可以满足人们的精神和心理需要，如形态、色彩、质地甚至声音等感观因素给人带来的愉悦感、舒适感以及拥有后的自豪感、成就感等；同时，一个"高品质"的产品应是对社会、环境友好的产品。从这一角度进行的品质评价

设计项目评价 表 3–3

| 设计项目评价 | |
| --- | --- |
| 内容描述 | 设计项目是企业的设计策略和组织效率的具体表现；设计项目评价通常反映企业产品设计的综合执行能力 |
| 内容要素 | 项目时间；项目成本；项目品质 |
| 目的 | 保证设计项目在充分、有效利用时间、金钱、人力等资源的前提下产生“高品质”的产品 |
| 手段 | 项目管理工具、财务计划、综合性的设计评价标准等 |

超越了企业短期的经济利益，关注的是广泛的社会效益以及整个人类可持续的生存环境的营造和维护。实际上，社会、环境影响评估对于企业利用设计手段获取长期、可持续经济利益的目标一致的。

企业要想不断提高产品设计品质，就必须针对设计的每个环节进行制度化的品质评价和管理，而融合了定量与定性的评价标准的确立是最为关键的途径之一。

以上简单介绍了设计评价所涉及的主要内容，即设计策略评价、设计团队评价以及设计项目评价。在企业实际的设计评价活动中，这三个层面的内容是相互交织的，很难孤立地进行评估。所谓成功的产品项目通常离不开企业正确的设计策略；而正确的设计策略有赖于高效的设计团队的执行，并集中体现在设计项目的表现之中。一个所谓“失败”的设计项目可能会有多重原因，比如策略的失误、团队的低效或者项目管理的混乱等；也可能只是其中一个局部的偏差决定了整个项目的命运。不过，对设计项目进程和成果的评价能够有效地反映出企业设计策略的正确性以及设计团队的绩效水平。因此，本书将研究的重点集中在设计项目的评价中。

## 3.3 小结

本章节是对设计评价范畴和内容的探讨。

工业设计评价的对象应面对“企业指向商品的产品和服务设计”。设计评价不仅是对设计最终结果的价值判定，而且涉及对设计进程中的效率和阶段成果的评估、监察。因此，其范畴包括“前商品阶段”、“商品阶段”以及“后商品阶段”的完整过程。由于设计评价是企业设计管理的重要组成部分，评价的内容则是设计管理内容的转译，即设计策略评价、设计团队评价和设计项目评价。其中，设计项目评价集中体现了企业设计策略的正确性以及设计团队的绩效水平，因而成为商品设计评价的主要研究对象。

设计评价范畴和内容的明确为进一步研究设计评价的相应制度奠定了基础。从实践上看，任何成熟企业的设计评价活动都涉及以下几个方面：需要一定的管理人员和其他参与评价人员组成的评审机构；遵循一定的评价标准；按照一定的评价程序和步骤；

使用或简单或复杂的评价方法等。从中可以看出，“评价标准”、“评价程序”、“评价组织”和“评价方法”是设计评价实施不可缺少的核心内容，也是设计评价制度体系的基本组成要素。尽管在某些企业中，最高决策者拥有绝对权威的评价话语，既缺乏明确的评价标准，也没有一定的评审程序以及相应的方法，以至设计评价活动处在过于随机和无序的状态中。然而企业若图谋长期、可持续的发展，必然不可缺少科学、系统的设计评价制度保证。

# 第4章　设计评价的“目标系统”

本章节涉及三个方面内容：其一，提出实事求“适”作为设计评价的基本原则；其二，基于该原则，确立设计评价的“目标系统”，将复杂的设计评价活动纳入到体系化的理论模型中，充分认识系统要素间的相互关系。简单说就是明确什么人？在什么环境条件下？对哪类产品进行评价？在这个大前提下，我们可以构建相应的评价制度体系来执行评价活动，比如采取什么样的评价标准、组织、程序和方法去实现目标；其三，对“目标系统”中的“外部因素”进行深入分析，以揭示建构评价制度体系的内在支配逻辑和基本规律。

## 4.1　实事求“适”——设计评价的原则

所谓原则就是做事的一般准则。这个准则是根据行为的目标制定的，可以理解为是连接目标与手段的一种观念产物。设计评价的目标是有效地对设计活动进行价值判定，提供设计决策的依据，并最终服务于交换主体利益“共赢”的总体目标。

中国有句古语叫“实事求是”，被解释为“严格按照客观现实去思考和办事”。清华大学的柳冠中教授借用“实事求是”的概念来阐释设计的认识论和方法论思想。“实事”就是“搜索需求目标的限制因素以确立目标系统”，“求是”就是“选择‘物’的原理、材料、工艺、设备、形态、色彩等内因”。[①]其核心理念就是将“物”还原到“事”中，去探讨其发生、发展、变化、衰亡的规律。

> “事”是塑造、限定、制约“物”的限制性因素的总和。“事体现了人与物之间的关系，反映了时间与空间的情境，蕴涵着人的动机、目的、情感、价值等意义丛。在具体的事里，人、物之间的‘显性关系’与‘隐藏的逻辑’被动态的揭示。‘事’是体现‘物’存在合理性的‘关系场’”。[②]所以，设计创新就是先对“事”的要素进行分析、理解，从而确定设计的目标，即实“事”的过程；而后寻求解决问题的答案，即求“适”的过程。

---

① 柳冠中：《走中国当代工业设计之路》，邵宏、严善錞主编：《岁月铭记——中国现代设计之路学术研讨会论文集》，长沙：湖南科学技术出版社，2004年版，第19页。

② 唐林涛：《设计事理学理论、方法与实践》，清华大学博士论文，2004年，第5页。

*实事求“适”就是在客观存在的“事”中，去探求符合人的目的以及社会、经济规律之“物”。*

由此不难看出，“事”作为一个适应性系统，是评价“物”合理性的标准。只有在具体的“事”里，我们才可以判定物是否符合特定人群的特殊目的、是否适应环境、条件的限制以及人的行为习惯、认知逻辑的要求。

在自然界中的生物系统中，物种的内在结构、形态特征无不取决于自然的选择，皆为适应环境的产物。“物竞天择，适者生存”是自然的法则或原则。在市场经济的“生态环境”中，产品设计同样受到竞争法则的制约，只有成为“适者”才能保持生存与发展的活力。

不过，对“物”的适应性评价很难局限于是非、好坏、对错的简单分辨之中，一个“物”可能有着极其丰富的内涵和适应度，一件“事”也可能由不同“物”的形质来表述。所以，求“适”较之求“是”能够更进一步说明设计评价中的弹性和变化，从而更为准确地表达设计评价的本质特征。因此，设计评价就是本着实事求“适”的原则，来考察商品于生产、交换、消费之“事”中的合理性。

总之，无论评价任何状态的“物”都应将其置于“事”的关系场中，考察其适应性程度，从而在“事理”层面对“物”作出全面的价值判定；创造任何的“物”也同样要站在“事”的环境中，在充分把握各种限制条件的前提下进行设计创新。实事求“适”既是认识和评价设计的原则，又是指导设计创新以及构建评价制度的原则。下面将在该原则的指导下，建立设计评价的“目标系统”，为企业构建适合自身特征的设计评价体系提出相应的理论框架。

## 4.2 设计评价的“目标系统”

建立“目标系统”是认识复杂事物的一种有效途径。从理论上讲，这种方法适用于对一切人为事、物的认识、分析、评价和创造活动。

### 4.2.1 “目标系统”的特征

“目标系统”的方法来源于系统论思想和西蒙的理论，是“设计事理学”的最为核心的内容之一。“事”是“物”的语境和归属。“目标系统”的方法就是将任何的人为之“事”都看作一个有目的的适应性系统，其中包括三个主要成分：“目标”、“内部因素”和“外部因素”。

“目标”是决定系统存在的基本前提。任何人为事物的产生都具有显在或潜在的理由和目的。目标就是系统行为过程所追求或预期达成的最终结果，它既反映着一定环境、状况和趋势等相关时空存在的制约；同时又是指引、调控各种活动的自觉动因。目标通过明确的策划、方案与设计等行为将活动中的各种因素与环节整合成有序的适应性系统。因而，任何人为之“事”都可视为“目标系统”。

“内部因素”是人们为了达到系统目标所选择、创造和使用的一切可能性手段和要素的总和。如产品的造型、色彩、工艺、材料以及在同一系统层次下的管理、制度、信息等。它们既是“目标系统”发挥功能性、创造性所依赖的具体内容，也是系统的内在特征之所在。人们只有凭借着一定的“硬件”和“软件”的资源或手段，并通过有效的管理和掌控，才能最终实现自己的目的。而在不同的“系统目标”前提下，资源、手段、方式的选择自然不同，系统的内在特性也就随之改变。

“外部因素”是系统所处的一切外在环境、条件以及行为主体的目的、需求、观念等对具体“目标”给予限定和约束的要素总和。显然，“外部因素”是影响系统发展方向的重要内容，它的改变意味着系统目标以及实现目标途径的变化。以汽车设计为例，人们使用汽车的目的是解决快速出行或货物运输的问题。但在具体环境、条件以及使用者诉求等“外部因素”作用下，汽车设计所采用的性能指标、形态、材料、色彩等“内部因素”会有很大差异。城市中的商务出行与旷野中的游牧出行；小贩出摊运货与山西长途运煤，都是为了出行与运输的目标，而所使用的交通工具的差异性是不言而喻的。在日渐细分的汽车市场中，同样的地域、环境、用途和目的，由于使用者个性、偏好、审美观以及经济能力的不同，其选择的汽车种类、品牌也呈现日益明显的差异性。这一切都说明：“外部因素”的研究是“目标系统”方法的核心环节。

此外，“目标系统”诸要素的具体内容不是一成不变的，关键是要把握系统的范围，即界定清楚设计研究所面对的具体的“事”是什么，不可简单地、程式化将一些概念对应为“外部因素”或“内部因素”。正如“技术”可以作为“内部因素”表示一种手段的可能性；也可作为“外部因素”指称科技水平和技术环境一样。

### 4.2.2 设计评价“目标系统”的要素内容

作为人为事物，“评价制度”也处于设计评价之“事”这个适应性系统之中，涉及到制度存在的目标和限定性条件（外部因素）的分析以及可能性手段、途径和内容（内部因素）的选择。只有在具体的社会、市场和企业评价环境之中，只有其限定条件被深入揭示和分析之后，才有可能充分考察和评价一个现行制度体系的合理性，并为企业构建一个适合的评价制度体系。

运用“目标系统”方法的第一步是对系统要素的明确界定。首先，评价制度是设计评价之“事”的重要内容，评价主体必须借助一定的制度工具来完成对客体价值的判定，这正如人们需要在一定条件下借助交通工具完成出行之目的一样。评价标准、程序、组织和方法，这些制度工具是保证设计评价顺利进行的基本要素和可能性手段，因而构成设计评价“目标系统”的“内部因素”。

企业的设计评价活动有着非常具体和现实的目标。琼斯（Jones）认为：“任何设计评价的目标是能够在最便宜更正错误的阶段发现错误。也就是说，不要因为修正错误而不得不去重复那些花费日益昂贵的设计、制造、销售、安装甚至使用过程。”[①]因此，在商品设计评价进程的各个环节都应该具有规范与评价设计活动的阶段性目标。由于商品设计所涉

---

① Nigel Cross, *Development in Design Methodology*, (John Wiley & Sons Ltd., 1984), p.26.

及到的内容庞杂、角度各异，在评价中还应从性质上对目标进行区分，如功能目标、技术目标、美学目标、经济目标、市场目标等。作为一个完整的“目标系统”，任何不同性质的、局部的、阶段性的目标都服务于系统的总体目标。对于企业来说，具体目标的明确以及相应评价标准的制定依赖于“外部因素”的分析。

大量的事实证明，设计评价中受到各种变化因素的影响。在管理学中有一个权变学派(Contingency approach)，也称作“情境学派”，其倡导的方法就是充分考量影响决策的各种权变变量，然后在管理中寻求一种协调和整合的路线。[①]然而，如何确定所有的变量，以及各种变量所起到的作用大小，这恐怕是研究人员一直试图解决的难题。“外部因素”就是对设计评价中各种因变量的归纳和整合，包括评价主体——人复杂的需求、偏好；评价客体——商品多样的性质、特征以及评价所处的不断变换的环境条件。

设计评价的“目标系统”是将各种复杂的评价要素进行梳理并体系化。通过“外部因素”的考察和研究，一方面可以对现行的设计评价制度内容进行进一步地认识、分析；另一方面可以帮助企业根据情况选择和构建“适度”的评价标准、“适用”的评价程序、“适合”的评价组织以及“适当”的评价方法（图 4–1）。

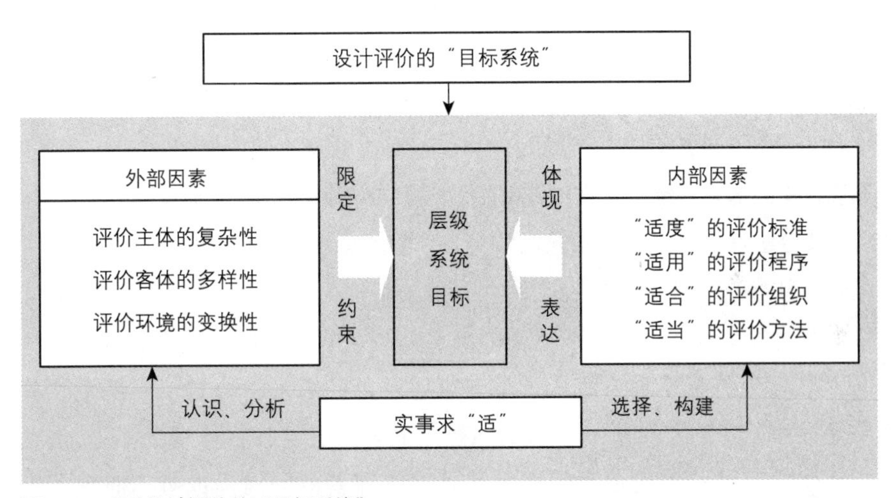


图 4–1　商品设计评价的“目标系统”

## 4.3 “实事”研究——是什么影响了评价的发生

“实事”研究就是对商品设计评价“目标系统”中的“外部因素”进行分析，即对评价主体的复杂性、客体的多样性以及环境的变换性进行深入考察和分类研究。“实事”是“求适”的前提。

① 在权变学派的理论中，他们从上百个变量里选出了 4 个直接影响管理行为的一般权变变量，分别是：组织规模；任务技术的常规性；环境的不确定性；个体差异。引自［美］斯蒂芬 · 罗宾斯、大卫 · 德森佐：《管理学原理》，毛蕴诗主译，大连：东北财经大学出版社，2004 年版，第 40 页。

### 4.3.1 评价主体的复杂性

评价主体是生活在世界上通过劳动、实践与各种社会生活寻求使自己各种需要得到满足的人，也可简单地理解为直接或间接参与设计评价的人。参与设计评价的人可以是消费者、使用者、投资者、生产者、销售者、维修服务人员、管理者、设计者、政治家、社会活动家、环保主义者甚至废品回收人员等。由于设计的过程和结果在不同程度上影响着这些人的生活，同时，这些人对社会、经济、文化、环境等所抱持的态度又直接或间接地影响着设计评价活动，因此对评价者的认识是“外部因素”研究的首要环节。

从某种意义上讲，评价者——评价主体就是价值主体。上文中将价值主体分为不同的层次，分别对应“消费人”、“企业人”、“社会人”和“生态人”，并分析不同主体间的价值冲突与协调。以下将从普遍存在的需求和行为两个角度对评价主体的复杂性进行分析。

#### 1. 主体需求的复杂性——生理与心理

对需求的分析可以从“消费人”角度入手。广泛说来，今天世界上的一切人类个体，由于生存、发展以及追求享乐的需要都会消费一定的资源，尽管个体间的消费量差异巨大（比如一个暴富的大亨和一个农民工的消费差异），但都可以统称为“消费人”。

狭义的“消费”[①]是指使用商品和享受服务，以满足欲望和需要。在消费心理学和营销学理论中，“需求就是指有支付能力的需要”。[②]比如某个穷人奢望一辆豪华汽车，但没有支付能力；某位富豪拥有足够的支付能力，但对山珍海味都已经“餍足”了，这样两者都形成不了有效的需求。需求的形成是“消费人”想要得到某种商品而又支付得起。因此说，需求是某一部分的需要。只有需求才能转化为现实的商品交换行为。

对需求的分析又可细化为对特定消费人群支付能力的考察，以及对他们具体需要的认识。相对支付能力来说，人们到底需要什么是更为复杂的问题。因为人的支付能力可以通过深入的社会调查甚至广泛的经济普查以及各种经济学公式计算等手段获得；而人的需要是捉摸不定的，难于从一般的调查中获得，甚至在很多情况下，“消费人”自己都难以清晰地表达他或她的真正需要是什么。需要的前提是欲望。简单地讲，欲望就是愿望，是指“当人们出现一定的生理或心理不平衡时，而希望通过某种行为以改变这种不平衡地心愿”。[③]一般而言，欲望是在人的主观意识中产生的，并受到外部世

---

① 广义的消费包括生产消费与生活消费。生产消费指生产过程中工具、原材料、燃料、人力等生产资料和活动的消费。生活消费指个人消费，是人们为了满足自身需要而对各种物质生活资料、劳务和精神性产品的消耗。生产消费是社会再生产的起点，而个人消费是终点。参见江林主编：《消费者行为学》，北京：首都经济贸易大学出版社，2002 年版，第 1 页。经过多年努力，当代西方的消费社会学形成了三个主要“板块”：第一“板块”的研究范式是“消费的行为”（侧重可操作化的消费者购买行为及影响这种行为的社会学因素）；第二“板块”的研究范式是“消费的生产”（侧重消费方式产生的政治、经济和社会制度环境）；第三“板块”的研究范式是“消费的文化”（侧重消费的符号意义、文化建构和感受过程）。参见王宁：《消费社会学——一个分析的视角》，北京：社会科学文献出版社，2001 年版。

② 宋刚：《如何做营销主管》，北京：首都经济贸易大学出版社，1998 年版，第 4 页。

③ 宋刚：《交换经济论》，北京：中国审计出版社，2000 年版，第 102 页。

界的影响。而需要是产生在欲望的基础上，是"没有得到基本满足的感受状态"。[①]从理论上讲，人类除了维持自己生存的生理需要之外，还有其他的物质的、社会的、文化的、精神的需要。A·马斯洛就曾提出人类个人需要的五个层次。他认为，人是一种不断有需要的动物，一旦他的某种需要得到满足，另一种需要就代之而起，这是永无终结的过程，直到他的死亡。从第一级开始分别为生存的需要、安全的需要、社会交往的需要、受到尊敬（自尊）的需要和自我实现的需要。[②]马斯洛坚持认为高一级的需要只有低一级需要完全得到满足后才提出来，从而将人的需要层次看成一个机械序列，与现实情况并不完全相符。

在设计评价研究中，对"需要"进行分析的目的是探究人类主体从事商品交换的基本要求，从而对商品设计作出正确的判断和选择。我们可以从需要的性质出发将其分为两类。其一，生理上的需要，包括人们的食、衣、住、行、用、休闲等活动，体现在具体商品设计上就是对功能性、使用性、安全性、维修性等方面的要求；其二，心理上的或精神上的需要，包括美感、文化归属、自豪感、得到尊重、炫耀以及价值认同的需要，体现在商品设计上就是对形式感、符号化特征、意义、设计理念以及品牌价值的追求。因此，商品设计面对的是一个同时具有生理、心理需要的综合性的人类主体，是"身与心"、"物质与精神"合一的"消费人"。在"以人为本"的设计理念成为主流思想的今天，我们对什么是"人本"的研究却非常有限。从设计语义学角度以及使用测试中可以对产品的操作性进行评估；传统意义上人体工程学（Human factors）是一门应用科学，包括大量的数据统计和测量，以保证人与物之间互动的有效性和安全性。但仅仅利用上述方法在生理上的对人与物进行协调是远远不够的，人们还需要在精神上与商品有更多的交流和沟通，包括心理尺度、文化语义、感性磁场、情感沟通等。这一切犹如"精神上的把手"。[③]

在上述"消费人"生理、心理需要的前提下，加入支付能力的因素就是研究需求复杂性的所涉及的主要内容。"在社会科学中常常是，碰巧能测量的东西被当作是重要的"，[④]而需求正是诸多经济变量中少有的几个在一定程度上可以被量化的变量之一，因此，在现代经济学以及市场营销学研究中，需求日益成为最为重要的概念之一。

---

① ［美］菲利普·科特勒：《营销管理——分析、计算和控制》，梅汝和等译，上海：上海人民出版社，1994年版。

② ［美］A·马斯洛：《人类动机理论》，转引自孙耀君主编：《管理学名著选读》，中国对外翻译出版公司，1988年版，第123-161页。

③ "精神上的把手"表达了人在精神上、思想意识上与物体的潜在关系。如同人们需要一个物质上的把手才能拿起煎锅一样，人们同样需要精神上对把手的认知将人的思想意识与煎锅相连，也就是"精神上的把手"。这也是为什么漂亮的椅子看起来比丑陋的椅子舒适的原因。现在的设计师使用人体工程学的理论使得椅子更舒适，机器更易于控制，系统更优化，空间更合理，这一切的一切都是在修饰和完美这个"物质上的把手"但他们往往忽略了产品超越其使用功能以外的意义，即"精神上的把手"，如：象征性，观念的传达，心理上的满足，文化脉络等。参见唐林涛：《设计事理学理论、方法与实践》，清华大学博士论文，2004年，第83页。

④ ［英］哈耶克：《似乎有知识》，《诺贝尔经济学奖获得者讲演集》，转引自宋刚：《交换经济论》，北京：中国审计出版社，2000年版，第104页。

2. 主体行为的复杂性——理性与非理性

人是具备理性的动物。无论“消费人”、“企业人”、“社会人”和“生态人”在面对商品设计评价时，理性的利益趋向是价值判断的前提。经济学的奠基人亚当·斯密在其《国富论》中把从事经济活动的人笼统地概括为理性的“经济人”，并认为这种特点来自于他们的利己主义的本性。在斯密看来，人们从事经济活动的目的无一不是为了追求自己的最大经济利益。微观经济学更具体地将消费者描述为在有限“收入”条件下力图实现“效用最大化”的行为个体。在经济理性的视角下，“消费人”在购买商品的决策中总是试图以最低的价格得到满意度最高的物品或服务；作为“企业人”范畴的生产者在经济学概念中是通过组织稀缺资源满足人的需求，并在此过程中获利的团体组织。生产者投入成本，购进原材料，通过一定的技术手段将其转化为“潜在的商品”，并借助市场销售途径获利。“企业人”的目标是寻求商品“利润最大化”，因此，以最少的成本产生最大的价值是“企业人”在商品设计评价中的逻辑。

20世纪末的经济学理论已经跨越了一般经济问题的藩篱，发展为研究“人类理性选择的科学”（Science of rational choices）。[①]如果说传统意义上的经济学是以“经济人假设”为前提的话，那么后来的经济学就是以“社会人假设”为前提，因而能够解释诸如道德、信仰、情感这类问题。[②]我们可以认为，“社会人”和“生态人”的利益观点同样是出自对自身、家庭、生活环境以及人类后代“效用”的长远考量，是一种理性的选择。

这种“广义效用理论”[③]对分析人的行为问题提供了一个良好的平台，不仅对一般的经济活动、道德、信仰、情感等问题进行理性的解读，而且延伸到对传统上认为不科学的、“非理性”的人的心理和情绪问题进行解释，诸如人的偏好和“无计划购物”行为。21世纪初，行为经济学家卡纳曼获得了诺贝尔奖，标志着经济学开始关注人类行为的“非理性”因素。卡纳曼卓有成效地把认知心理学分析方法与经济学研究融合在一起，阐述了人类决策行为的大量不确定性特征。以卡纳曼为代表的行为经济学的基本假设就是“自然人快乐”。因为“快乐”本身就是行为经济学解释中的一种“效用”。这样，僵化的、生硬的、呆板的理性经济人被赋予了更多的“人”性。“合情”之物未必“合理”，而不“合理”事物的存在必然是因为“合情”。

行为的复杂性还在于主体间的相互影响与“互动”关系。存在于社会中的人不仅需要

---

① 张维迎：《经济学——理性选择的科学》，《读书》，2000年第6期，第64-67页。

② 汪丁丁、叶航著：《理性的追问：关于经济学理性主义的对话》，桂林：广西师范大学出版社，2003年版，第61页。

③ 广义效用是指“行为主体在实现自身需要的任一行为过程中所获得的心理或生理上的满足状态”。它是对经济学效用理论的重新构建，其基本思想是：在贝克尔和阿马蒂亚·森等人对现代经济学“狭义效用范式”批判的基础上，吸收古典、新古典“广义效用范式”的合理内核，力图构建一个既不同于传统效用范式，又能与主流经济理论相匹配的“广义效用理论”体系，从而把经济学的最大化方法推演至人类整体行为模式，包括利他主义和道德行为的分析。叶航：《批判与重构——现代经济学效用范式反思》，引自网络资料 http://web.cenet.org.cn/web/cuiyuming。同样有学者深刻地批判“广义效用理论”，认为它试图提供一个无所不包的理论框架，把人类行为的一切方面都解释掉，是典型的哈耶克所批评的“理性的狂妄”。

社会交往、人际沟通，而且他们很多决策之间是互相依赖的，你的最优决策经常会依赖于他人的决策，而他人的最优决策也可能依赖于你的决策。比如在各评价主体间，“企业人”在作出商品生产的决策时依赖于“消费人”的消费决策；而“消费人”的需求以及理性或“非理性”的行为又受到“社会人”的广泛影响，比如道德规范、宗教信仰、文化倾向、潮流趋势等；所有这些社会背景信息又日益受到人类整体的生活环境和生存状态的影响，是以“生态人”的角度来进行决策；而“生态人”价值观念的实现又依赖其他人类主体对可持续发展理念的共识与合作。研究这种“互动”环境下的理性选择理论叫博弈论（Game theory）。[①]在设计评价中，主体间的博弈关系增加了评价的不确定性。

总之，评价主体的复杂性主要体现为上述的两个方面，首先是由于人类生理与心理需要并存以及有限支付能力的限制，造成消费需求的层次化和差异化；其次是在追逐“广义效用”的前提下，由于人的理性与“非理性”的思维模式，主体的行为以及对自身行为结果的预期都具有极大的不确定性，因而造成设计评价中的复杂性剧增（表 4–1）。

**评价主体的复杂性特征**　　　　**表 4–1**

| 主体需求的复杂性 | 主体行为的复杂性 |
| --- | --- |
| 欲望、需要与需求的关系，以及“消费人”支付能力的因素 | 理性的“经济人”模式 |
| 需要的不同层次理论分析 | “广义效用理论”下的理性行为 |
| 生理的需要：对功能性、使用性、安全性、维修性等方面的要求 | “非理性”行为模式 |
| 心理的需要：对形式感、符号化特征、意义、设计理念以及品牌价值的追求 | 主体间的“互动”的博弈关系 |

### 4.3.2　评价客体的多样性

评价客体就是设计评价的对象——商品。如果说评价主体的研究解释了“谁”来评价的问题，那么评价客体就是探讨评价“什么”。广泛地看，我们接触到的一切用于交换的“人为事物”都可以成为设计评价的客体，也就是说，一切商品设计活动的结果及其过程都是评价的对象。服务是企业为满足市场需求提供的一种特殊产品，只不过是以软件的、“非物质”的智能或劳务形式为主。但不可否认的是，服务离不开具体的物质产品。因此，物质化的商品是本书面对的主要评价客体。

不同种类的商品，由于其功能、用途、加工工艺、材料、生命周期等特点不同，导致设计评价所持的标准、方法等手段各异。为了便于分析这种限定性特征，我们可以将多样

① 博弈论（Game theory）又称对策论，也可以直译为游戏论、运动论或竞赛论，起源于 20 世纪初，1994 年冯·诺依曼和摩根斯坦恩合著的《博弈论和经济行为》奠定了博弈论的理论基础。简单地说，博弈论是研究决策主体在给定信息结构下如何决策以最大化自己的效用，以及不同决策主体之间决策的均衡。20 世纪 50 年代以来，纳什、泽尔腾、海萨尼等人使博弈论最终成熟并进入实用。近 20 年来，博弈论作为分析和解决冲突和合作的工具，在经济学、管理学、国际政治、生态学等领域得到广泛的应用。牛津大学著名的动物学家达金斯（Richard Darkins）教授写了一本畅销书《自私的基因》（The selfish gene），就是从基因开始分析人们的行为，分析基因怎样进行博弈，从而得到一些有意思的结论。基于博弈论的广泛应用，有人甚至说，如果说未来社会科学中还有纯理论的话，这种理论就是博弈论。参见张维迎：《经济学：理性选择的科学》，《读书》2000 年第 6 期，第 64–67 页。

化的评价客体划分为“技术驱动型”和“顾客驱动型”两种。①

1. 技术驱动型商品

“技术驱动型”商品（Technology—driven products）的主要特征是依靠其技术性能获得交换地位的产品。尽管这种商品同样需要人机交互性和美学性，但使用者关注的主要还是它的内在性能。比如计算机的硬盘、工业用的机床、医疗设备等都是以技术为驱动力的商品。对于精密机床的设计评价来说，其工作性能、安全性、操作性、节能性、工艺性等指标无疑是最为重要的评价标准，而所谓美学因素显然不能成为设计评价的主要依据，那些为了“黄金分割”比例而不惜加长、加大机身，浪费材料，或者压缩功能性空间的做法是对设计以及“美学”的严重误解。在对这类商品的设计评价中，工程技术要素显然是被首要考察的，其性能稳定性、使用安全性和维修性等技术指标在评价标准中占据相当的权重；评价程序将围绕着技术研究、工程设计以及各类实验阶段进行；相关技术、工艺、质量人员在评价组织中占有重要的地位；评价方法会以量化的数据评估以及性能、材料等技术实验评价法为主。

对工业设计方面的评价主要集中在前期功能需求的研究和定位以及中后期对核心技术的“包装”上，即评价其是否能够借助适当的外观形式、色彩、人机交互模式保证将商品的功能性与技术特征有效传达给使用者。尽管技术特征成为该类商品设计评价的主导因素，但对前期设计需求的评估还要引起相当的重视。从根本上说，技术是因人的需要而产生的，无视人的“目的性”，技术会陷入无所适从的境地，最终导致设计的失败。技术的发展一日千里，但硬盘的储存量是否越大越好？数码设备是否越小越好？汽车速度是否越快越好？这些问题是“技术驱动型“商品必须面对的。

2. 顾客驱动型商品

“顾客驱动型”商品（User—driven products）则是更多地以其外在形式和人机交互界面赢得利润的产品。如普及率极高的手机产品、家用数码产品、家居用品、灯具、服装等。这里所说的人机交互是指产品与顾客发生关系的所有方面，包括使用性（Usability）、维修性、新颖性和安全性因素等；而外在形式则是指包括产品美学特征、差异化、符号意义等因素的综合体现。该类型产品的外观形式是形成产品差异化、赢得市场先机以及为使用者带来“意义”满足的主要因素。机床设计的差异化主要集中在性能和用途上；而服装产品则更多地依赖款式、色彩、材质等要素的变化，纯粹形式化的装饰和符号几乎成了“卖点”，而功能性的要求在某种程度上退居其后了。同样，灯具就是高度顾客化的商品。尽管技术永远是实现产品特征的重要角色，但照明技术已经相当成熟，灯具之间从技术角度难以形成差异，因此，在充分研究需求前提下的形式设计成为评价的重点。所以在设计评价中，两类商品所采取的策略和相应制度手段有着明显的不同。在“顾客驱动型”商品的设计评

① 参照卡尔 · T · 犹里齐、斯蒂芬 · D · 埃平格的分类法，略有改动。详见［美］卡尔 · T · 犹里齐、斯蒂芬 · D · 埃平格著：《产品设计与开发》，杨德林主译，大连：东北财经大学出版社，2001 年版，第 207 页。

价中，评价标准由于对美感、使用性等指标的偏重，更趋向于定性的尺度；评价程序的重点更多集中在工业设计的阶段，如概念创意、产品效果表达与手板模型或样机评审；评价组织成员中，市场人员与设计人员占据相对重要的地位；评价方法则更多使用以专家感性经验为主的综合评价法以及消费者测试实验法。

实际上，评价客体类型的划分是相对的，目的是区分它们的主要特征。很少有产品真正属于极端的一种类型，而是处在两端之间的某个位置（图 4–2）。[①]

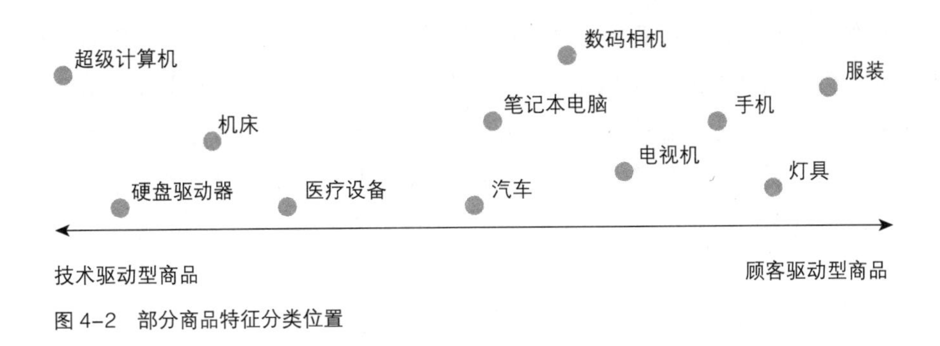


图 4–2　部分商品特征分类位置

即使是同属顾客驱动型的消费电子类产品，其具体特征还是有许多不同。比如手机产品更新换代的速度以及时尚化的要求都明显高于电视机产品。笔者在广东实地调查中发现，在同一既生产手机又生产电视机的企业中，在选择评价方法和标准上有着明显的不同。手机产品的设计评价主要依赖于直接的市场反馈和消费者测评的结果；而电视产品则更注重对用户居室环境的设计研究以及专家意见的引导。用企业设计负责人的话来说，手机与电视的不同就像是时装与西服关系。因此，评价客体特征的差异是广泛存在的，并不简单局限于两种类型。

同时当某种技术日益普及而且实现的成本不断下降，或者来自市场竞争的压力不断加剧时，一个技术驱动型商品可能向顾客驱动型商品转化。汽车就是很好的例子。最早的汽

**不同评价客体类型的主要特征及其对设计评价制度的影响**　　**表 4–2**

| 评价制度 | 技术驱动型商品 | 顾客驱动型商品 |
|---|---|---|
| 评价标准 | 性能稳定性、使用安全性和维修性等技术指标占相当的权值数 | 人机交互以及形式感占有更大的权值数；更趋于定性的尺度 |
| 评价程序 | 重点围绕技术研究、工程设计阶段以及各类性能、结构、材料实验进行 | 重点集中在工业设计阶段，如概念创意、产品效果与手板模型或样机评审 |
| 评价组织 | 相关技术、工艺、质量人员在评价组织中占有重要的地位 | 市场人员与设计人员占据相对重要的地位 |
| 评价方法 | 以量化的数据计算、评估以及技术实验评价法为主 | 更多使用以专家感性经验为主的综合评价法以及消费者测试实验法 |

① ［美］卡尔·T·犹里齐、斯蒂芬·D·埃平格著：《产品设计与开发》，杨德林主译，大连：东北财经大学出版社，2001 年版，第 208 页。根据中国现状有所改动。

车就是典型的技术驱动型商品。但随着汽车制造技术的普及、产量的提高、竞争对手的增多、需求市场的细分，汽车设计逐渐转向了顾客驱动的方向。在今天看来，品类繁多的汽车商品已经成为了时尚消费物品，从而走进了大众的家庭。

表 4–2 描述了技术驱动型商品与顾客驱动型商品的主要特征以及对设计评价制度的影响。

### 4.3.3 评价环境的变换性

商品就像一面镜子，反映着所处时代和环境的风貌。设计就是对这种风貌以及存在于其中的人类主体之间利益关系的表达。这里的评价环境是指设计评价所处的具体背景以及各种限制条件，包括企业外部的社会、政治、经济、文化大背景以及企业内部发展所形成的小环境。这些“外环境”与“内环境”的变化直接影响企业应对市场竞争所采取的设计策略，最终影响到评价标准、程序的制定以及其他制度要素的形成。

1. 企业“外环境”

商品设计评价体系建立在企业这个平台之上，而任何企业组织又都存在于具体的社会环境之中，换句话说，企业是社会“母系统”中的一个“子系统”。因此，企业所有的经营活动以及生存发展的努力无不依赖于社会母体所给予的机会和空间，同时也受到社会环境、条件的限制和约束。商品设计、生产是企业最重要的经营活动，因而在商品设计的决策和评价中必然要深入、综合考察企业所处的“外环境”，包括与商品设计相关的政策法规、行业标准、潮流趋势等。这些内容背后又有着更为深层的时代和地域原因。

首先让我们探讨一下时代变迁对设计评价的影响。在封建制度下，设计服务的对象主要是权贵阶层，设计评价的话语权自然被垄断在占有多数社会和经济资本的少数人之中。皇室中从恢宏的建筑营造到精致的钟表设计都是特定环境下的产物，带着制度的烙印和权利的法则；工业革命以后，设计的市场转向大众化的市民阶层，实用性和批量化要求成为最为重要的评价标准。当然，技术的革新催生出新能源、新材料、新设备以及新的管理手段都是产生新的设计评价规则和标准的基本条件；在进入“消费社会”的今天，人们追求的个性要求，使得“大规模定制”方式成为“后工业化”时代企业发展的方向，满足人们的精神、文化诉求和不断增长的环保意识成为评价设计的重要指标。从中可以看到，不同历史发展阶段有着明显的时代痕迹，设计评价也会随其变化而不断调整方向。

地域不同也是影响商品设计评价的重要因素。由于地理位置、气候、交通、物产、资源等因素的综合影响，形成了明显的地域特征、区域文化、风俗习惯以及人的偏好。北欧人崇尚设计的简约气质，倾向于明确、刚直的产品造型；南欧人则热衷于绚丽的色彩、奔放而自由的形态；东方人则偏重于内敛与相对柔和的表达。尽管全球化的趋势加剧，世界各地在某种程度上变得越来越相似，但差异性是无法否认的，也必将永远存在。这一切都为设计评价营造了一个“外环境”。

对于今天的企业来说，相应的设计政策、法规和行业标准是对“外环境”的具体表述。

与设计相关的法规可分为两大部分：设计知识产权法规和工程技术法规。其中，设计知识产权法规是基于设计活动的知识性特征而适用的相关法规，涉及设计作为无形资产的生产、保护、转化和交易等运作及相关的一系列知识产权问题，如专利法、设计艺术与著作权法、商标法、广告法等；工程技术法规是设计投入生产后所涉及的相关规则，如各种材料、技术、质量的标准化法规、环境保护法、合同法、建筑法等。商品设计评价活动就是在相应的法规、制度约束下进行的。如针对人体尺度制定的“人机工程学”标准，是设计保证产品使用性的基础数据；基于物的因素制定的各种材料、技术、质量的标准化法规，是保证设计性能优越、结构合理、用途适当的可行性条件；专利法是对设计新颖性的强制性规定；环境保护法规是对设计与人类社会可持续发展关系的一种协调和限定；合同法是对设计活动的规范性、合法性以及知识产权的专属性的约束等。

此外，由传统、文化、独特的生活方式以及全球化影响造成的某种消费倾向或潮流趋势同样是“外环境”的体现。

2. 企业“内环境”

所谓“内环境”是由企业发展阶段、规模、经营风格、企业文化等特征共同形成的，它直接影响企业设计策略的制定以及相应设计评价制度的建立。

具体看来，处于“原始积累”阶段的新生企业，迫于生存压力，往往“惟利是图”、“不择手段”地实现资本增值的目的。“设计”是必要但不是必须的。大量资料表明，企业在初创阶段多采用“跟进型”战略，以“拿来主义”为主要手段，略作局部改进，并不关注设计的创新性和品牌建设。此时，设计评价的唯一指标是盈利与否，设计服务于营销。而大量以 OEM 为主的企业更少有设计介入，成为纯粹的生产“车间”。

事实上，没有企业愿意停留在只赚取“血汗钱”的初级阶段。利用设计手段，寻求进一步发展是今天企业的共识。随着自身实力的不断增强，维持住现有的市场份额并继续拓展新的市场领域成为企业战略的重点。产品的质量标准日益显要，围绕商品的服务也不断完善、深化。此时，设计策略开始分化，部分企业继续“跟进”大型企业的产品设计，谋求稳定发展和后发制人；部分企业开始寻求设计创新，以“领导型”姿态快速取得竞争优势和品牌影响力。选择“领导型”还是“跟进型”战略本无优劣之分，全凭企业的实力和经营风格。实际上，市场上的绝大部分商品是对现有商品的不断改良。全新的商品虽然具有极高的市场价值，但同样具有很高的风险。设计战略的选择是设计评价的基础，如何选择要根据企业的设计、技术、生产、设备、资金、人才等具体条件和能力而定。

一旦企业日渐成熟，塑造独特的企业形象就成了设计评价关注的重点。一个成熟企业本身就具有相当的品牌价值，但如果企业不能持续推出具有竞争力并统一形象的商品，其品牌价值就会不断缩水，以致逐渐被新兴品牌所取代。因此，在产品功能日渐完善，质量日益稳定，技术日趋同质化的情况下，商品设计的独特性和可识别性变得至关重要。此时的企业应更多将设计评价的注意力转向前期市场研究和自身潜力挖掘。根据产品的不同特征，部分企业的具体设计工作可以更广泛地借助社会资源，如设计公司或专业院校的设计机构等。企业的设计人员应逐渐转变为具有综合设计、经营、评价能力的设计管理者。

以上只是广泛讨论企业发展阶段特征与设计评价的关系，并不特指任何具体企业。实际上，企业的“内环境”的变换与设计策略制定以及设计评价的关系在实际生活中要复杂得多，其研究的根本目的在于充分了解企业内部的潜在能力，并与企业“外环境”以及其他限定要素综合权衡，从而制定适合的评价策略和创新计划。总之，无论企业“外环境”还是“内环境”都是变幻无常的，企业必须充分考虑上述环境、条件的限制，根据实际状况，有针对性地选择和建立设计评价的策略目标和具体制度体系（表 4–3）。

**评价环境的变换性特征** **表 4–3**

| 企业“外环境” | 企业“内环境” |
| --- | --- |
| 时代变迁的影响；地域不同的影响；政策、法规、行业标准的影响；传统文化、生活方式及全球化趋势的影响 | 基于企业发展阶段、规模、经营风格、企业文化等特征共同形成的环境、条件 |

对上述“外部因素”内容的分别论述并不意味着它们之间没有密切的联系。实际上，评价主体、客体与环境构成一个完整的状态，不仅缺一不可，而且相互影响。从评价主体和客体的角度看，如果缺失任何一方，评价的关系就不复存在了；而评价环境更是评价发生不可或缺的前提条件，因为设计评价不是抽象的数学演算，可以凭借公理、假设并脱离具体的语境存在，评价活动是发生在真实的世界中以及具体的情境之下，环境条件的限制会使评价主体采取完全不同的策略或产生完全不同的评价结果。所以，上述“外部因素”内容融为一体，共同对评价制度的构建产生作用。

总体而言，“外部因素”的考察和研究（可称为“实事”）是企业谋求适合的设计评价制度（可称为“求适”）最为重要的前提条件。以下将分章节逐一讨论设计评价的制度内容也就是“目标系统”中的“内部因素”，即设计评价的标准、组织、程序和方法。

# 第5章　设计评价标准

设计评价的差异化源于评判者所持的价值目标或所取的角度不同，因此，他们衡量设计的标准尺度就是不同的。设计评价作为一种人类活动，就是以一系列“标准”持续不断地衡量评价对象的过程。这些标准可能是来自企业内部的设计规范，也可能是来自企业外部的法律、法规 可能是明确的、条例化的管理文件，也可能是隐含的、潜在的“游戏规则”，但无论如何，一定的“标准”都是评价活动得以进行的逻辑前提。

通常来说，评价标准选择和制定的依据源于设计目标。因此，本章节首先对评价标准与设计目标的关系进行分析，以明确多层次的评价标准对达成设计目标的重要性；继而探讨评价标准的内容分类及其主要特征；进一步考察不同评价标准的发展和演进历程，从中揭示隐含背后的社会、经济、文化等因素的深刻影响；在此基础上，总结出层次化的设计评价标准体系框架；最后以实例阐述什么是所谓“适度”的评价标准。

## 5.1　目标与分类

### 5.1.1　评价标准与目标

所谓评价标准（Evaluation Criterion）是衡量设计有无价值或有多少价值的准则，这是设计评价活动的出发点，是评价组织、程序和方法等其他“制度要素”构建所依据的基本尺度。

评价标准是基于明确的设计目标所建立的。设计的价值在于对目标的表达，评价标准便是对设计结果和过程在表达目标的程度及效率的衡量尺度。如同赶路，我们必须知道自己在什么时间要去什么地方（明确目标），这种期待是我们行动的灯塔，并由此确立了“标准”，来判断是否如期达到了目标。同样道理，椅子高度的标准是为了满足大多数人坐得舒适的目标；产品模数标准是为了生产效率和成本节约的目标；企业图标、文字、色彩的使用标准是为了树立企业形象以及有效识别的目标；绿色设计的标准是为了自然环境和谐与资源可持续利用的目标等。可见，所有评价标准制定的前提都基于一定的目标，“标准”就是“目标”的具体表现形式。

然而，在现实的设计评价中，评价标准的确立要比赶路复杂得多，因为设计目标通常是复杂而模糊的。[①]一般化的目标由单一或少数的标准所界定。比如设计一个金属密封的旅行杯，对于密封这一目标来说，判断其是否达到目标的标准是很容易制定的，可以将旅行杯摇晃或倒置检查是否有水渗出；再变换温度、湿度等环境条件检查其可靠性等。而含糊的目标则缺乏明确标准的界定：“城市应该设计得更加友善”，“茶杯可以设计得更加民族化”，“手机应更加人性化”，“椅子应设计得更加舒适”，“居住空间应该布置得舒适宜人”等。这些目标都是含糊不清的，多运用比较级，制定目标的人并不精确地知道他所期待结果应该是什么样子，只是一种方向性的战略目标，因而在很多情况下难以判断是否真正或在什么程度上达到了目标。

比如“椅子应设计得更加舒适”，这是一个典型的模糊目标，其中包括椅座的高度、椅背的角度、可调节性、材料强度、质感以及造型的美感[②]等。由此可能提供一些线索，即所谓的模糊目标通常是由多个子目标构成的。这种系统化的解读方式有助于我们对模糊目标的理解。由于每一层次的目标都会相应体现为一定的标准，这样使得评价标准有望从含糊、抽象的描述逐渐到具体、清晰的限定。所以在制定设计标准时，最为理想的办法是将模糊目标尽可能地细化并转化为单一目标，再有针对性地建立设计评价的标准尺度。

但是，并非所有的模糊目标都能够被清晰地分解、细化直至精确地表述。“友善”、“民族化”、“人性化”、“更加舒适”——所有这些概念都没有一个固定的所指，它们是许多不同元素和过程的复杂创造。总体看来，商品设计就是如此，它的目标完全不是解决某一个问题，而是一大堆令人绝望地纠缠在一起的问题。在面对“美感”或“价值感”时，尤其在加入了“人的多样化需求”等限定性因素后，设计目标会变得更加复杂而难于界定。

设计的“共赢观”是一种策略化的模糊目标，其中包含了不同层次主体的利益目标以及诸多微妙和含糊的价值尺度。应该承认的是，不存在任何一套完善的评价标准可以作为衡量“共赢”的精确指标。但同时应该看到，为企业建立一个层次化的标准体系，对于尽可能地将模糊的目标转化、理解以至部分地诠释、表达，并有效维护设计评价的策略方向是至关重要的。

### 5.1.2 评价标准的分类

设计领域对于评价标准概念的界定十分宽泛，评价标准一词的使用也通常会有不同的所指，因此对其分类会有多个角度。在实际的设计评价活动中，评价标准可能是对评价对象基本“素质”的衡量，比如设计是否具有的创造性、使用性、美感、经济性、社会价值等，这种标准的尺度比较模糊，评价时具有很高的主观性，在各种设计奖项的评选中以及企业的产品造型设计评价阶段广泛采用，大多是定性的尺度；也可能指设计评价的具体程度指标，比如人机工学中的尺度衡量标准、材料的强度和疲劳度指标、成本指标等，主要使用在企业的工程设计评价阶段，多是一些明确、量化的标准。

---

① 迪特里希 · 德尔纳将“目标”分成积极的或者消极的；一般的或者特殊的；清楚的或者含糊的；简单的或者多重的；隐式的或者显式的。详见［德］迪特里希 · 德尔纳：《失败的逻辑》，王志刚译，上海：上海科技教育出版社，1999 年版，第 46 页。

② 从设计心理学角度看，一把漂亮的椅子看起来比丑陋的椅子更舒适。

站在企业商品设计评价实践的角度上，我们可以简单地将基于目标的评价标准分为"内部标准"和"外部标准"两大类。所谓"内部标准"是指企业为有效从事设计开发活动，根据策略目标、产品类型、技术水平等限定因素所确立的一系列设计规范和准则，包括成本指标、开发计划、材料使用、结构规范、构件模数、产品形象标准以及人员绩效指标等。这些标准一部分是以设计管理文件的形式固定下来，如技术设计规范、标准流程图、成本控制表、企业形象手册等，形成一种"显性标准"；另外部分是一种基于长期经验积累、企业文化以及对市场和企业自身能力认知所形成的内部"共识"，如对某种外在形式的偏好、固定的结构方式等，是一种潜在的、"意会"的企业内部知识，形成一种"隐性标准"。

"外部标准"是指企业为有效从事商品设计活动所必须遵循的一系列国家、地区、行业标准和设计规范，包括人机工学、材料指标、环境保护、专利法规等标准。这些标准一般是以正式文本的形式，由企业外部的相关部门制定并强制企业执行的规范。在 ISO 9000 设计质量管理体系[①]中，对评价企业的设计综合能力设定了详细的考评标准。此外，还有一些不成文的，同样来自企业外部的"隐性标准"，如道德、文化、经济、政治、制度等因素影响所形成的社会"公共知识"、"集体共识"或行为规范等（表 5–1）。

**企业的"内部标准"和"外部标准"　　表 5–1**

| | 内部标准 | 外部标准 |
|---|---|---|
| 显性标准 | 技术设计规范、标准流程图、成本控制表、绩效指标、企业形象手册等 | 人机工学标准、材料指标、安全标准、卫生标准、专利法规、环保指标等 |
| 隐性标准 | 基于长期经验积累、企业文化以及对市场和自身能力认知所形成的内部"共识" | 道德、文化、经济、政治、制度等因素影响所形成的社会"公共知识"、"集体共识"或行为规范等 |

实际上，企业"内部标准"的制定必须充分考虑"外部标准"的制约和限制，并最终将其融入企业综合的标准体系中。如果不能及时、充分地体察各种显性或隐性的"外部标准"，商品设计的价值将难以得到有效地保证和维护。与此相关的例证颇多，比如中国的"玉兔"牌肥皂在澳洲的失败，所触犯的就是一种隐性的文化标准。欧盟于 2006 年再次提高了环境标准，宣布对所有进口家用电器征收"垃圾税"，[②]这是基于环境考量

① ISO 9000 是国际标准化组织（ISO）所确定的一系列质量标准。ISO 9001 是为设计、开发、生产、安装和服务组织设置的质量标准。设计过程的文件记录和一致性的表现是 ISO 评价标准的关键要素。ISO 9000 要求企业通过一个由三个要素组成的循环来达到这点：①计划：所有会影响质量的活动必须事先计划，确保目标、责任、权力被准确定义和理解；②控制：所有会影响质量的活动必须受到控制，确保所有规范得到满足，预测并防止问题的发生，计划纠偏行动并确保其被执行；③文件：所有会影响质量的活动必须记录下来，确保理解质量目标和方法、协调组织内部的相互作用、为计划循环提供反馈，同时作为质量体系性能的客观证据。许多公司采用 ISO 9000 质量标准并不是出于强制要求。他们发现，实施标准的过程和从质量改进中带来的收益十分显著，充分说明了标准对设计管理的促进作用。引自尹定邦、陈汗青、邵宏著：《设计的营销与管理》，长沙：湖南科学技术出版社，2003 年版，第 156–157 页。

② 欧盟近期正式实施《电子垃圾处理法》。中国的家电和电器出口企业将不得不为彩电、冰箱、空调等 10 类电器产品交纳垃圾处理费用。由于国内企业长期不注意在环保方面投入以提高技术水平，势必难以达到标准而必须支付较为高昂的垃圾处理费用，因此，国内家电企业在欧洲市场的竞争力将受到一定影响。

的强制性“外部标准”，同时也是一种国际贸易策略。对此没有任何准备的中国企业将会蒙受相当的损失。可以选择的道路只有两条，要么退出欧洲市场；要么及时调整企业的“内部标准”，以应对随时到来的挑战。

## 5.2 评价标准的特征

无论企业“内部”或“外部”、“显形”或“隐性”的评价标准，除了指向目标这一本质特征外，还具有其他一些共同的特征。总体看来，评价标准具有综合性、全面性、层次性、动态性几个主要特征：

其一，综合性特征。在田径比赛中，标准的确定是绝对的，0.1 秒的差距便决定了选手的成功或失败。在设计评价中，标准的确定是远非如此简单、明确。一方面，设计活动包含着复杂的市场、使用、文化、美学因素和个人的偏好，诸如什么是“美”的造型？什么又是“好”的产品？这些内容是无法用“绝对理性”的标准来衡量、评判的，而更适用于一种程度上的、定性的标准；但同时，设计评价也不同于过分强调个人价值观和感受认同的艺术评价，毕竟，人的“造物”活动很大程度上依赖于技术和材料的可能性，如同金属的韧性、塑料的强度、机电设备性能等因素都有着严格的技术限定，也就不可缺少相应的理性、量化的标准。笔者以为，设计评价更类似艺术体操比赛中的裁判，在动作准确程度及难度系数评定的前提下，站在不同角度的裁判员们会根据自己的理解、经验和感受对运动员的技能和艺术表现力进行综合评价。这样的评价标准必然是定量与定性的融合；是对各种产生影响的因素进行权衡的结果，因而具有综合性的特征。

其二，全面性特征。由于人类主体在设计评价中的利益冲突，评价标准呈现多元化、多角度的特征。但是，这并非意味着评价标准之间的冲突不可调和，而恰恰相反，这些标准从根本上说是一致的。因为一个所谓成功的“商品设计”会给评价主体各方都带来利益，而一个失败的“商品设计”，无论其失败的原因是什么，都会给人类全体带来负面的影响。在广东一些地区，我们随处可以看到大量积压的家用电器和粗制滥造的卫生洁具产品，这些无法实现其使用价值的商品不仅给生产、销售企业带来损失，更为严重地是浪费宝贵的自然资源，给这个世界及全体人类增添更多的环境负担。实际上，任何设计成果一旦经生产投入市场而成为商品，便如同登上了赛场，裁判席后面的是企业、销售商、消费者、维修者以及社会、环境的代表等评价主体，他们都在以各自的方式给这个“商品设计”打分。因此，商品设计的评价标准必定是全面性的、多角度的有机融合。当然，这种全面性特征并非指所有标准内容在所有商品设计的评价环节中都具有同等重要的程度，比如公共汽车设计中乘员的安全性就比舒适性重要得多。这便涉及了标准内容“权值系数”[①]的确定问题。

其三，层次性特征。在商品设计评价中，人类主体的利益“共赢”是终极目标，同

① “权值系数”的确定方法参见本书第 8 章“适当”的评价方法。

时也转译为评价的最高标准。如前文所述，过于模糊、抽象和理想化的标准很难适用于具体的设计评价操作。因此，标准体系必然具有一定的层次化结构，将抽象的标准不断细化、分解。我们可以用“目标和手段”的关系为例来说明评价标准的层次化特征。主体明确了一个目标，为了达到它就得解决手段问题，这时就是以目标为标准来评价各种手段的有效无效、有用无用。就像将“共赢”作为设计评价的标准一样。而在手段不具备或不充分时，寻求手段又成为一个目标，并以此为标准来进行评价，如同寻找各个可以接近总体目标的子目标或阶段目标。拉蒙特曾用基本的目的和派生的目的来概括这种情况。“在这种基本与派生、派生与再派生、基本与更基本之间，就显现出了标准的层次性”。因此，当一个手段与另一个手段，选择这种方式与选择那种方式有了冲突时，评价主体可以根据它们共同服从的层级目标并以此为标准来权衡利弊、决定取舍；在一个目标与另一个目标、一种需要与另一种需要相冲突时，评价主体可以根据它们共同服从的更深层目的和需要来确定孰重孰轻、谁更具有价值。这种关系确定了评价标准的层次性特征。

其四，动态性特征。在商品设计评价中，没有一套标准体系适用于所有商品生产企业或同一企业的不同发展时期，乃至同一企业在同一时期中的不同产品项目。道理似乎不言自明，不同的企业目标、阶段目标或产品目标自然产生不同的评价标准。由于不同的阶段设计目标各异，因此，评价标准的动态性还体现在标准内容“权值系数”的变化上。此外，在同一标准的执行过程中，也可能会因为不适应外部环境的变化，现行标准会障碍商品设计的进展，因此需要根据情况对标准进行修订、调整，做到“与时俱进”。从广泛意义上说，这种动态性不仅适合于认识“内部标准”，也适合于理解“外部标准”。随着时代的变迁，人类意识的进化，生存目标的改变，作为一种公共知识的社会评价标准也在潜移默化地改变着。

总之，商品设计评价标准应是综合了感性和理性的因素；全面体现着不同主体的利益目标；具有层次化的标准结构；以及随着时间、地域、环境、条件的改变而不断变化的动态标准体系（表5–2）。为了更为深入地理解以上特征，并进一步探寻标准建立的内在规律，有必要对不同评价标准发展和演进的历程进行考察。

**评价标准的主要特征**　　　　**表5–2**

| 综合性 | 全面性 | 层次性 | 动态性 |
|---|---|---|---|
| 综合了感性和理性、定量与定性、经验与直觉等因素的标准 | 全面体现着消费者、企业、社会和自然环境利益的评价标准 | 具有层次化结构的评价标准 | 随着时间、地域、环境、条件的改变而不断变化的动态标准 |

## 5.3　评价标准的发展

笔者选取了德国、美国、日本和台湾地区部分有代表性的评价标准（包括企业外部和内部标准）以及一些著名设计奖项的评价标准作为对象进行分析。

### 5.3.1 德国设计评价标准

德国一直是工业设计的一面旗帜。从 20 世纪初的包豪斯时代起，为“大众而设计”就成了主流的设计评价理念和精神标准。此后，虽历经战乱、变故、融合，“功能主义”的核心设计思想并没有多大改变。

德国工业设计评议会在 20 世纪 80 年代末到 90 年代初的设计评价标准（表 5–3）体现了德国设计的一贯精神，也从一个侧面反映了当时国际设计界的发展趋势。其中有些项目（如 2、3、5、6 项）是功能与形式问题的深入和延续，作为德国传统理性的设计准则被保留下来；而有些项目则被特别强调，如将“人机关系”作为首要标准提出，说明当时人与机器间的矛盾日益突出，通过设计活动协调这种冲突成为必要；“保持造型概念的一致性”使我们了解到，迫于市场竞争的压力，德国企业在 20 世纪 80 年代已经开始刻意培育产品形象（PI）了。

**德国工业设计评议会的设计评价标准** 表 5–3

| 序号 | 德国工业设计评议会的设计评价标准（20 世纪 80 年代 –90 年代） |
| --- | --- |
| 1 | 是否充分表明人机间的关系？ |
| 2 | 造型和选用的材质是否合宜？ |
| 3 | 与造型相配是否合宜？ |
| 4 | 与所在环境是否有所关联？ |
| 5 | 造型的目的及使操作者产生的感觉是否相符？ |
| 6 | 表达功能的造型和其结构是否相符？ |
| 7 | 如何保持造型概念的一致性？ |

同样在 20 世纪 80 年代，我们看到德国博朗公司（Braun） 有关“好设计”（Good design）的 10 个标准（表 5–4）。

**德国博朗公司的设计评价标准** 表 5–4

| 序号 | 博朗公司（Braun）的 10 个标准（20 世纪 80 年代） |
| --- | --- |
| 1 | 好设计是创造性的； |
| 2 | 好设计强化产品的使用特征； |
| 3 | 好设计是美的； |
| 4 | 好设计展现合理的结构特征；形式追随功能； |
| 5 | 好设计是不夸耀的； |
| 6 | 好设计是诚实的； |
| 7 | 好设计是耐用的； |
| 8 | 好设计是每个细节的合一； |
| 9 | 好设计具有生态意识； |
| 10 | 好设计就是少设计 |

这是我们看到的最典型的德国设计标准，它对“功能主义”的完美追求没有一丝妥协。对博朗公司来说，“美”与“合理”、“简约”是不可分割的，这是他们的戒律。不仅如此，

博朗公司的首席设计师兰姆斯（Dieter Rams）试图将这一理念推而广之，去评判诸如家具、服装、汽车或其他家用电器等产品的设计。

如果说20世纪70年代到80年代的博朗公司还是德国设计理想主义的经典代表的话，90年代被美国吉列公司收购后的博朗公司，则在强大的商业化潮流中，不再固守自己的设计风格，转而探求与市场更为亲近的、灵活的评价准则。其设计总监彼得·施耐德（Peter Schneider）在谈到设计风格的改变时辩解说：以前那种纯粹的设计的“教条主义”在今天已经“过时”了。博朗公司的转变似乎预示着整个“德国风格”的微妙改变。

从斯图加特（Sturlgart）设计中心所提倡的设计评价标准①（表5-5）中可以看出，自20世纪90年代开始，德国的设计评价标准在保持原有的功能主义内涵外，更显著地倾向对人性的关注（如1、2、3项）；由于世界范围内自然资源的大量消耗与环境污染的不断加剧，设计评价中的环境意识不断增强，表现为对产品废弃后回收的要求以及产品用料的节省（如9、10两项）；与此同时，标准中增加了并不明确的市场化内容（如7、8项），显示德国设计逐步超越了“功能主义”的局限，走向更为务实的道路。

**德国斯图加特设计中心的设计评价标准　　表5-5**

| 序号 | 德国斯图加特设计中心的设计评价标准（20世纪90年代） |
|---|---|
| 1 | 产品设计是否考虑到人性的尺度？ |
| 2 | 造型和其潜在所表现的力量是否一致，亦即产品是否便于操作或使用？ |
| 3 | 操作时使用者是否受到免于受伤和危险的保护？ |
| 4 | 选用的材质是否具有意义？是否达到预期要求？ |
| 5 | 产品色彩是否与它所在的工作环境相合？ |
| 6 | 产品功能是否通过简易的操作就能展现？ |
| 7 | 目的和适用范围可否明确地被认知？ |
| 8 | 标示所运用的色彩是否经过通盘考虑？ |
| 9 | 在达到使用年限后产品的回收处理能否符合环保的要求？ |
| 10 | 是否选用了满足产品自身要求且制作成本较低的材料？ |

此外，在斯图加特设计中心提出的各项评价标准背后还有更为具体的标准细则，用以限定和解释标准的内容。比如，对评价一件产品的人机关系标准上又设定了以下具体标准：

一、产品与人体的尺寸、形状及用力是否配合；

二、产品是否顺手和好使用；

三、是否防止了使用人操作时意外伤害和错用时产生的危险；

四、各操作单元是否实用；各元件在安置上能否使其意义毫无疑问地被辨认；

五、产品是否便于清洗、保养及修理。

这种层次化的设置使得设计评价标准具有更强的操作性，便于在企业和设计组织中推广与应用。

① 沈杰：《从设计评价标准的发展看工业设计的发展》，《江南大学学报——自然科学版》，2002年9月，第1卷第3期，第304-306页。

随着德国设计的深远影响，德国“IF”工业设计大奖也享有了高度的国际知名度，被誉为“设计界的奥斯卡”。[①]其评价标准是对新世纪的德国设计理念最好的诠释，也具有更广泛的代表性。

2004 年，“IF”奖进入中国。以上中国区的评价标准[②]（表 5-6）延承了德国设计的一贯精神，强调卓越的设计品质和工艺性以及在材料使用上的精益求精，而对于全球市场化的经济风潮并不给予过多的关注。从评委们的话语中可以充分感受到“IF”评价标准的意向所归：“设计回归到它应有的专业领域是件好事。很长一段时间中，市场完全操纵了设计，这最终将会使企业自食其果”。对设计评价标准的最本质的阐释为：“是设计，不是营销”（Design，not marketing）。评委之一的卡尔 ·G· 马格努松（Carl G. Magnusson）补充为：“好的设计应该是朴实无华的”。[③]

**德国“IF”工业设计奖中国区的评价标准** **表 5-6**

| 序号 | 德国“IF”工业设计奖中国区的评价标准（2005 年度） |
|---|---|
| 1 | 设计品质（Design Quality） |
| 2 | 工艺（Workmanship） |
| 3 | 材料选择（Choice of materials） |
| 4 | 创新程度（Degree of innovation） |
| 5 | 环境友好（Environmental friendliness） |
| 6 | 功能性，人机工学性（Functionality, ergonomics） |
| 7 | 使用上的视觉明晰性（Visualization of use） |
| 8 | 安全性（Safety） |
| 9 | 品牌价值和品牌营造（Brand value/branding） |
| 10 | 技术的与形式的分离（Technical and formal independence） |

以上我们从几个侧面看到了德国设计评价标准的演变历程。从政府的标准导向与国际性设计奖项的标准趋势看，德国设计基本上还坚守着纯粹专业化的方向与“功能主义”标准；企业的设计评价标准则不可能脱离市场化进程的深刻影响，而固守在设计的风格与理想中。因此，对潮流与经济利益的妥协以及设计传统的内在基因相互作用、反应，塑造着德国设计的新面貌。

### 5.3.2 美国设计评价标准

我们将目光转向 20 世纪末的美国。美国工业设计师协会 IDSA 是国际著名的设计组织机构，它每年设立的工业设计年度奖“IDEA”对世界范围内的工业设计发展起到了积极的

① 德国的“IF”设计大奖始于 1954 年。50 多年后，这个奖项已被公认为是全世界最重要的设计竞赛之一，每年吸引来自 30 国的 1800 余项产品前来参赛。除此之外，基于举办专业设计竞赛而长久累积的经验、知识与网络，“IF”将自己定位为设计界供需间的桥梁，提供一系列与设计相关的服务。参见 http://www.ifdesign.de/awards_china.

② “Evaluation criteria,” http://www. ifdesign.de /awards_ china.

③ Ibid, http://www.ifdesign.de /awards_ china.

推动作用。事实上，从国际性设计奖项的评选标准中可以充分了解设计评价的发展趋势和其所关注的重点。尽管不同奖项对设计主题有所侧重，但总体来说反映了其所处时代的共同特征。

以下（表5–7）是20世纪90年代后期“IDEA”工业设计年度奖的评选标准。[①]相对德国来说，美国的商业化传统由来已久，因此，客户的商业利益指标是相当重要的评价标准，对材料工艺以及产品制造性的要求普遍出现在各类评价标准中；从90年代起增加的社会影响的评估，说明设计不再只是商业化的工具，而需要承载更多的社会价值以及承担更多的社会义务；由于激烈的竞争环境，使得创造性成为企业利用设计活动不断推陈出新，寻求自身发展最为重要的评价因素。

**美国“IDEA”优秀工业设计奖评选标准　　表5–7**

| 美国“IDEA”优秀工业设计奖评选标准（20世纪90年代后期） | |
|---|---|
| 1 | 创造性； |
| 2 | 材料工艺的运用； |
| 3 | 用户利益； |
| 4 | 客户利益； |
| 5 | 外观； |
| 6 | 社会影响（1990年起新增加） |

从新世纪开始，人们对美好未来的向往与对生存环境的担忧更为强烈地混杂在一起，体现在设计评价上就是将环境问题明确为独立的评价指标，并作为判断优良产品设计的必不可少的衡量标准。（表5–8）是美国“IDEA”优秀工业设计奖在2005年和2006年的评奖标准，因为在近两年中，其评选标准没有任何变化：[②]

**美国“IDEA”优秀工业设计奖评选标准　　表5–8**

| IDEA美国优秀工业设计奖评选标准（2005和2006年） | |
|---|---|
| 1 | 创新：设计如何的新颖和独特？<br>Innovation: how is the design new and unique? |
| 2 | 美学：设计如何在形象上强化产品品质？<br>Aesthetics: how does the appearance enhance the product? |
| 3 | 用户：设计如何为用户解决问题？<br>User: how does the design solution benefit the user? |
| 4 | 环境：设计如何承担生态义务？<br>Environment: how is the project environmentally responsible? |
| 5 | 商业：设计如何有助于客户的生意？<br>Business: how did the design improve the client ' s business? |

① 沈杰：《从设计评价标准的发展看工业设计的发展》，《江南大学学报——自然科学版》，2002年9月，第1卷第3期，第304-306页。

② “美国IDEA优秀工业设计奖的评选标准”，http://www.idsa.org/idea2006/guidelines.html.

可以看到，除了上述提到的环境问题成为新的关注焦点以外，创新（Innovation）依然是设计评价标准永恒的主题。在日趋国际化的市场环境中，无论任何企业，离开了新颖而独特的设计恐怕很难获得长期可持续的发展；此外，美学（Aesthetics）一词替代了外观（Appearance），并居于更为重要的地位，反映出评价标准对产品形象与产品内在品质之间联系的强调和追求；而对于用户和商业利益上的考量是美国的设计评价标准中永远不会忽略的因素。

### 5.3.3 日本设计评价标准

日本的"G–Mark"设计奖[①]同样是世界著名的设计大奖之一。在2006年度的"G–Mark"奖评选中，采用三个层次的标准来评价最为优秀的产品设计。第一层次是选择"好的设计"（Good design）；第二层次是选择"优秀的设计"（Superior design）；第三层次是选择"引领未来的设计"（Breaks new ground for the future）（表5–9）。

**日本"G–Mark"优秀设计奖评选标准　　表5–9**

GOOD DESIGN AWARD　　日本"G–Mark"优秀设计奖评选标准（2006年）

| 是好的设计吗？ → | 是优秀的设计吗？ → | 是引领未来的设计吗？ |
|---|---|---|
| 美学表现 | 优秀的设计概念 | 时代前瞻性方式的发掘 |
| 对安全的关怀 | 优秀的设计管理方式 | 引领下一代的全球标准 |
| 实用的 | 令人兴奋的形式表达 | 日本特色的设计引导 |
| 对使用环境的适应 | 整体设计的完美呈现 | 鼓励使用者的创造性 |
| 原创性 | 高质量地解决使用者的问题 | 创造下一代的新生活方式 |
| 满足消费者的需求 | 融入通用性设计的原则 | 促进新技术的发展 |
| 优越的性能价格比 | 呈现新的行为方式 | 引导技术的人性化 |
| 优越的功能性和操作性 | 明晰的功能性表达 | 对创造新产业、新商业的贡献 |
| 使用方便 | 对维护、改进、扩展的关注 | 提升社会价值和文化价值 |
| 具有魅力 | 新技术、新材料的巧妙应用 | 对拓宽社会基础的贡献 |
|  | 系统创新的方式解决问题 | 对实现可持续社会的贡献 |
|  | 善用高水平的技术优势 |  |
|  | 展现新的生产模式 |  |
|  | 体现新的供应和销售途径 |  |
|  | 引导地区产业的发展 |  |
|  | 促进人们交流的新方式 |  |
|  | 耐用的设计 |  |
|  | 体现生态设计原则 |  |
|  | 强调和谐的景象 |  |

① "Design criteria," http://www.g-mark.org/english/whats/judge.html.

这里的评价标准一层比一层有着更加深刻的意味和要求，体现了人们追求设计品质的不同境界。其中对"美学表现"的进一步评价深化为"优秀的设计概念"，并上升到"时代前瞻性方式的发掘"，说明标准制定者对设计的视觉感受、表现形式与设计的内在动机间关系的深刻理解。

第一层次是对一般意义上"好的设计"的诠释。相对其他的评价标准，"G-Mark"设计奖更多地关注了人性化的特征（如优越的性能价格比）以及情感因素（如具有魅力）；在第二层次中，评价标准对"好的设计"进行了更为细腻、深入的解读，全方位地选择出类拔萃的设计作品。其中不仅介入了各种先进的设计理念（如通用性设计、设计管理以及生态设计原则等），还进一步强调了对人类新的行为方式、交流方式的改善和促进作用，并隐约暗示了设计对创造"和谐社会"景象的贡献；第三层次的标准指出了设计理想主义的奋斗方向，即借用设计手段，可以创造新的标准、新的生活方式、弘扬民族文化、提升社会价值并指向人类可持续的社会发展方向。

### 5.3.4　台湾地区设计评价标准

以下是台湾地区"行政院国家科学委员会"基于"铭传大学"商品设计系的研究，所提出的产品设计评价目标体系（表5-10）。[①]

台湾地区的设计评价标准　　表5-10

| 台湾地区"行政院国家科学委员会"（铭传大学商品设计系对产品的评价目标体系） | | | |
|---|---|---|---|
| 设计策略方面 | 设计管理力方面 | 设计分析力方面 | 设计评价方面 |
| 企业识别体系 | 设计目标管理 | 产品分析 | 设计评价组织 |
| 产品形象建立 | 设计企划管理 | 操作界面分析 | 设计评价流程 |
| 设计策略定位 | 设计项目管理 | 市场分析（定位、趋势） | 设计评价方法 |
| 设计策略企划 | 设计成本管理 | 生活形态分析 | 设计评价时机 |
| 设计策略拟定 | 设计工时管理 | 消费者分析 | 设计评价正确率 |
| 产品设计策略 | 设计品质管理 | 使用情境分析 | 设计设备与协力厂方面 |
| 产品系列化策略 | 设计规范建立 | 使用对象分析 | 设计计算机化设备 |
| 产品多元化策略 | 设计审核基准 | 人因分析 | 模型制作设备 |
| 产品线扩张策略 | 设计效应评估 | 造型分析 | 模具厂配合 |
| 产品线纵向策略 | 设计数据建文件 | 构想方向分析 | 材料厂配合 |
| 新市场目标策略 | 设计企划力方面 | 量产可行性分析 | 模型制作厂配合 |
| 新技术创新策略 | 设计企划人员 | SWOT分析 | 经销商配合 |
| 成本降低策略 | 设计企划规格书 | 设计流行趋势分析 | 产品设计实务诊断方面 |
| 模具共享策略 | 设计企划流程 | 设计数据收集分析 | 产品功能诊断 |
| 产品附加价值策略 | 设计企划评估系统 | 设计执行力方面 | 产品技术诊断 |

① 李月恩：《产品设计VTs分析方法的应用》，2005 International Conference on Industrial Design & the 10th China Industrial Design Annual Meeting.2005.China Machine Press.Pan Yunhe.Wuhan:p.126 ~ 131.

续表

台湾地区“行政院国家科学委员会”（铭传大学商品设计系对产品的评价目标体系）

| 设计策略方面 | 设计管理力方面 | 设计分析力方面 | 设计评价方面 |
| --- | --- | --- | --- |
| 造型创意策略 | 设计企划执行情形 | 工业设计之知识与观念 | 产品分析诊断 |
| 造型印象策略 | **设计程序方面** | 设计企划能力 | 产品构想诊断 |
| 产品色彩策略 | 设计流程管理 | 设计方法运用能力 | 产品造型诊断 |
| 绿色设计策略 | 产品开发流程 | 创意（构想）展开方法 | 产品色彩诊断 |
| **设计组织与人力方面** | 工业设计流程 | 造型发展能力 | 产品包装诊断 |
| 工业设计专责部门 | 建立设计检核点 | 构想绘图表现能力 | |
| 采用产品研发设计小组 | 草模型制作 | 模型制作表达能力 | |
| 聘用专业工业设计人员 | 外观模型制作 | 设计评断与筛选能力 | |
| 培训工业设计人员 | 精致模型制作 | 色彩计划能力 | |
| 聘用专业设计公司 | 设计程序引入 CAD | 产品平面视觉规划能力 | |
| 与设计学校建教合作 | | KT 法概念设计方法 | |
| 引进计算机辅助设计 | | | |

以上表格清晰地表明了商品设计评价所涉及的各种要素内容，从而形成了较为完善的，以企业为中心的设计评价目标体系。评价标准正式基于这种目标体系而建立的，其中包括了对企业设计策略、设计组织与人力、设计管理、设计企划能力、执行能力等企业综合“设计力”的评估。该目标体系将绿色设计理念与消费者生活形态分析等内容有机地融入其中，形成了围绕企业经营活动的较为完整的设计评价标准框架。但该体系内容之间缺乏必要的关联，并且内容范围界定不清，虽面面俱到但有重复感，有待进一步梳理。

## 5.4 评价标准体系

以上对不同国家、地区、时代环境下的设计评价标准进行了分析。虽然只是部分地选取了一些国家、行业组织、设计奖项和企业关于“好设计”的评价标准，没有涉及更多的设计法规、行业规范和量化的设计指标，但总体上反映了设计评价标准的面貌及其制定、演进的内在逻辑。对应前文提到的几个特征发现，由于国家或地域间的传统、民族性格、思维方式、工业化背景等因素的不同，以及随着时代变迁所引起的关注焦点的变化，导致设计评价标准呈现明显的动态性特征；同时，各种评价标准都越来越趋于更全面地融入多重评价主体的利益要求，尤其是对消费者需求、社会价值和环境利益的关注。

通过上述分析，并根据“商品设计”评价的基本特征，笔者将评价标准所涉及的主要内容以“标准树”的形式进行了层次划分，希望建立一个较为全面的，对企业的商品设计评价具有指导意义的标准体系框架。基于目标的限定，“共赢”成为第一层标准，也就是商品设计评价的终极标准；第二层是针对“消费人”、“企业人”、“社会人”和“生态人”的相关标准，是“共赢”得以实现的前提和保证；第三层是保证各利益主体目标实现的分支标准。即维护“消费人”利益目标的使用性、安全性、耐用性、可维护性、美学性、象征性以及性价比方面的标准；维护“企业人”利益目标的设计战略、技术、工艺、生产性、创新性、成本、经济性、企业形象和组织人员绩效的标准；维护“社会人”利益目标的社会和谐、文化性、时代感、地域特征、通用性设计的标准；维护　“生态人”利益目标的可回收性、循环使用、减少主义、可拆卸性、可降解性和能耗指标等。按照这一逻辑，以下的标准层次将不断进一步细化、程度化，直至满足不同评价主体在不同的阶段目标下的具体评价需要（图 5–1）。

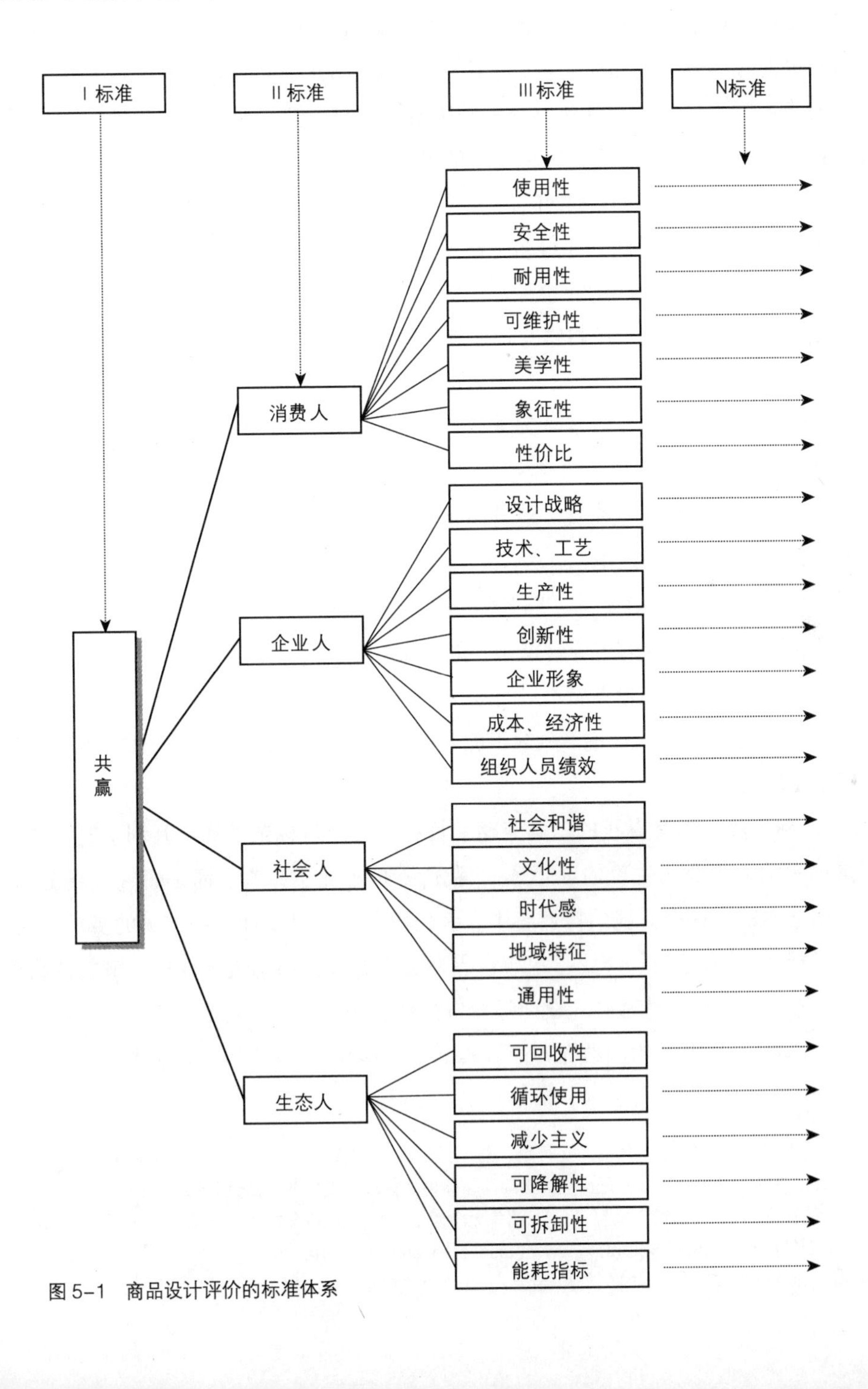


图 5–1　商品设计评价的标准体系

## 5.5 案例研究——“阿莱西”的评价标准

以上明确了设计评价标准体系的内容和层级结构。企业若要建立符合自身需要的评价标准体系，不可能简单套用某种固定模式，而需要“因地制宜”地将其内容具体化，也就是确立一种“适度”的评价标准。

确定“适度”的范围是一种技巧，更是一门艺术。把握事物性质对立的两端，是了解“度”的一个基本途径。所谓“断长续短，损有余，益不足”。①解读“适度”的评价标准同样需要把握极致的两端，一端是标准内容过于严格、数量和层次过于繁复、形式过于理性和量化等；而相反的一端则反映了评价标准的缺失或内容过于宽泛和随意。因此，“适度”的评价标准就是“过”与“不及”之间的一个恰当的位置。

实际上，“适度”也是一个非常模糊的目标，在不同企业中，“适度”的标准千差万别，甚至不完全是客观因素的影响。在很多时候，评价标准体现的是企业决策层的意志和策略导向。判断一个所谓“适度”的评价标准最重要的是考察企业品牌定位的阶段目标以及确定它能够选择的极限位置。下面将结合具体案例探讨“适度”的评价标准。

“阿莱西”（ALESSI）是一家以出产优秀设计而闻名于世的意大利餐具制造商。在分析它与众不同的评价标准以前，有必要探讨一下“阿莱西”独特的经营理念和设计哲学。②

（1）经营理念和设计哲学：简单说来，“阿莱西”的经营理念只有一句话：公司不需要大，但要好。这种理念与依靠规模经营赢得利润的企业有着明显的不同，也不可避免地体现在设计评价标准的差别之中。

“我们没有策略，只有哲学” “阿莱西”的老板阿尔贝托 · 阿莱西（Alberto Alessi）曾经说：“基于统计和逻辑的市场营销学不能解答我们的问题。买我们咖啡壶的人，愈来愈少是为了煮咖啡……我们藉着看不见的方式在传达一些讯息，来满足人们对艺术和诗意的强大需求。工业界并不知道现在的产品趋于愈来愈相似（同质化）用一个标准与版本来看待设计并不是正确的态度。”③

可见，“阿莱西”拥有真正的市场策略和目标，这个目标虽然离不开利润的前提，但已经不是简单的大工业化生产的理想了。“我们不是工业主义者，而是研究发展工作室，或者是应用艺术的实验室，我们扮演着中介者的角色，满足设计师和市场的梦想”。在这样的策略目标下，“阿莱西”广泛寻求与世界最优秀的设计师们进行合作，来创造昂贵的精致商品。不过，众多个性迥异的设计师参与产品设计工作，由此是否会产生企业形象识别（Product Identity）混乱的问题呢？而事实上，“阿莱西”的产品总能使人一眼认出。因

---

① 《荀子 · 礼论》：“礼者断长续短，损有余，益不足，达爱敬之文，而滋成行义之美者也。故文饰、粗恶、声乐、哭泣，恬愉、忧戚，是反也，然而礼兼而用之，时举而代御。”转引自胡飞：《巧适事物——从“金”探究中国古代设计思维方式》，北京：清华大学博士论文，2005 年，第 224 页。

② 有关阿莱西发展历史的资料参见 http://www.alessi.com/azienda/storia.jsp.

③ 林铭煌：《设计师与市场之间的梦工厂》，台北：《设计》，2005 年第 2 期，第 28-33 页。

为企业形象的标准不是僵死的东西，阿莱西确信自身有某种信仰，这信仰——“实现梦想的中间人”会最终形成品牌识别的中心。

（2）“阿莱西”的标准：“阿莱西”的设计评价标准也是一个逐步形成的过程。开始，阿尔贝托依靠自己的直觉评估设计的可行性，后来经过不断的经验积累和对以往案例的分析，他总结出一个行之有效的评价标准体系。在这个体系中有四个基本参数：情感（Sense/Memory/Imaginary）、传达（Communication Language）、价格（Price）及功能（Function）。其中，“功能”和“价格”是一般好商品必备的条件，而“情感”和“传达”则是“阿莱西”特别强调的评价要素。

|  | 功能 | 情感 | 传达 | 价格 |
|---|---|---|---|---|
| 1 |  |  |  |  |
| 2 | ● |  |  |  |
| 3 | ● |  |  | ● |
| 4 | ● | ● | ● | ● |
| 5 | ● | ● | ● | ● |

图 5-2　“阿莱西”评价标准范围

每个评价要素的得分从 1 ～ 5 分为五个等级。评估时，阿尔贝托根据自己的经验和主观感受来给设计方案打分。以“情感”为例，其判断的标准分别与感官、回忆和想象力相关，如果认为这个设计富有吸引力可以给 4 分；如果感到这个设计令人兴奋则给予 5 分；反之，如果设计令人不愉快就给 1 分。计算总分后，超过 12 分则表示在“功能”、“价格”、“情感”、“传达”方面都有一定的水准，才会考虑生产。图 5-2 表示阿莱西可以接受的分值范围。从中可以看出，阿莱西主张产品能带给使用者心灵上的愉悦胜于实际的功能，所以，“情感”和“传达”上一定要得到 4 或 5 分，才符合标准；而对于“功能”和“价格”的要求明显变低了。这意味着即使功能一般且不实用，但造价昂贵的产品设计也是可以接受的。

在一份研究报告中，“阿莱西”依照上述标准对旗下五只咖啡壶进行了评价，[①]对照 1990 年的实际销售量可以大致了解上述评价公式和销售成果的关联性。显然，按照该标准评估的分值与销量成正比，这也是阿尔贝托之所以热衷于这套标准体系的原因所在。

（3）“阿莱西”标准的理由：“阿莱西”的这套标准体系只是一个思考框架，如何打分就是评价者的经验和直觉的问题了。事实上，使用该评价标准而导致失败的产品案例也是经常发生，而“阿莱西”的态度是不怕失败。阿尔贝托称这个评价标准是建立在“可行性”与“不可行性”两个区域的边界上。“可行性”代表大众准备好接受或喜爱的产品；“不可行性”代表大众还没有准备好接受或渴望的产品。“阿莱西”的产品目标是越接近边缘越好，但边缘是模糊的，任何形式的市场调查都不能知道它的位置，只有失败的产品是探寻边缘的唯一方式。因此，“阿莱西”的标准就是在不断寻找那个模糊又变化着的边缘（极致的两端），这也就是在寻找“阿莱西”标准的“度”之所在。

与“阿莱西”不同，以大规模制造为目标的企业极力避免那个边缘，失败的成本一定是太大了，这就意味着产品创新的机率变得愈来愈小，同时设计评价的标准也更加趋于保守和稳定，这也就是这类企业“适度”的评价标准的范围（图 5-3）。

① 林铭煌：《设计师与市场之间的梦工厂》，台北：《设计》杂志，2005 年第 2 期，第 28-33 页。

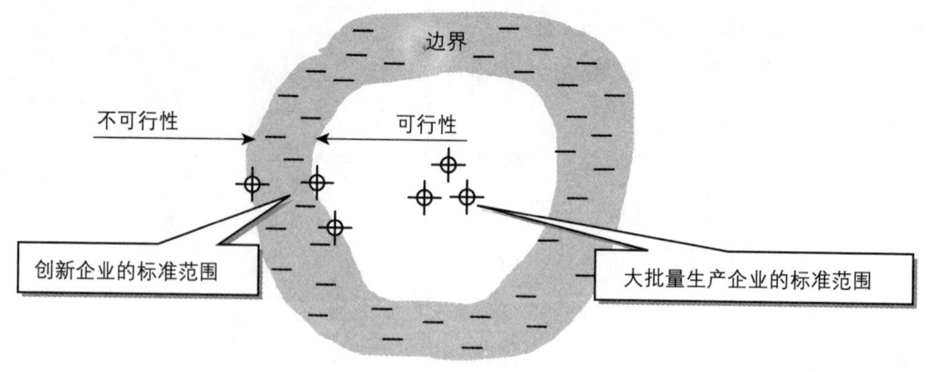


图 5-3 “适度”的评价标准范围

## 5.6 小节

本章节首先对评价标准的概念、分类、特征及其与目标的关系进行讨论，指出评价标准是衡量商品设计的价值尺度，是设计目标的具体表现形式，是一切评价活动的逻辑前提；评价标准有着多种分类形式，站在企业视角看，标准有“内部”与“外部”之分，其中又有“隐性”与“显性”的差异；而无论如何分类，完善的评价标准体系都呈现出一些共同的特征，即综合性、全面性、层次化与动态性特征。

在考察了部分国家、地区、行业组织以及企业的设计评价标准后，发现在不同时代、地域、环境下，对什么是“好的设计”既有诸多共同的认识和标准，也有着广泛不同的观点和尺度。将其梳理，并结合当今的时代特征与商品设计评价的目标指向，提出商品设计评价标准的层次化体系框架。该框架试图充分体现标准所应具备的主要特征，即全面反映各评价主体的利益目标，并将抽象的、模糊的目标层层剖析、具体化直至“程度化”。当然，这里的“程度化”标准综合了“定量”与“定性”的程度，并需要根据特定的语境和条件进行确立以及动态的调整。

实际上，不存在任何一套绝对完善的标准体系可以作为衡量“共赢”的精确指标。因此，最好不要抱持着“工具理性”的态度，以固定不变的标准或原封不动地搬用他人的标准体系去衡量一切未知的设计结果。所谓构建“适度”的评价标准正是在主体间的利益博弈中，在自身的能力范围内，不断摸索、寻找“过”与“不及”之间那个恰当位置的过程。

# 第6章　设计评价程序

相对来说，设计评价程序似乎更为稳定、缺乏变化和选择的余地，企业中的设计管理者们也一再强调评价程序的通用性。但如果仔细分析不同企业以及同一企业不同产品项目的评价操作过程后就会发现，评价程序并非只是一系列永远固定的步骤，而是会根据企业自身条件、产品特点等因素适当地强调某些评价环节或忽略某些评价项目。这样看来，选择和制定评价程序就有了所谓“适用”或“不适用”的问题。

从理论上讲，评价程序“是评价活动中的各种要素动态组合、相互作用的实际过程，是评价主体运用、调控各种观念、手段要素使之有序地趋向系统目标的一系列活动”。[①]简言之，评价程序就是评价活动的步骤或先后次序。错误的程序会导致做事的效率低下，事倍功半，甚至无法达到预定目标。因此，设计评价程序可以理解为保证评价活动的客观、准确、高效而采取的一系列行动步骤。

我们在谈论“设计评价程序”一词时，经常会有不同“所指”，也就是说，我们可能在不同的意义上使用这个词语，因此，对其概念范畴的界定就成了首要问题。本文对设计评价程序会有三层不同的解读：首先，它是指设计进程中的评价活动，即与设计程序相互融合、并行的评价过程；其次是指设计评价的一般步骤，具有一定的普遍性；最后是指某个单独的评价活动或具体评价方法从始到终的运行过程。由于最后一项与下面章节中评价方法的内容多有重复，所以本章节将重点围绕前两项内容进行讨论。

## 6.1　设计程序中的评价

从某种意义上说，设计是一个持续评价、决策的进程，那么，设计评价程序与设计程序就交织在一起，很难分开讨论。在这个进程中，设计评价是对已经完成设计工作的评断以及对未来前景的预测，同时提供是否继续或如何继续下去的决策依据。英国的设计管理专家巴里·特纳（Barry Turner）曾经提到：合理和制度化的运用设计评价是一个设计组织在设计方面成熟的标志。

---

① 马俊峰：《中国人民大学博士文库——评价活动论》，北京：中国人民大学出版社，1994年版，第243页。

### 6.1.1 设计的程序

我们首先了解一下一般意义上的产品设计的程序。美国学者卡尔 · T · 犹里齐，斯蒂芬 · D · 埃平格认为：“程序乃是一套将输入转换成输出的一连串步骤。产品开发的程序是指企业用来构思产品、设计产品及产品商品化的一连串步骤或活动。这些步骤与活动有许多是智能性与组织性的，而非实质性的。” 他们将开发程序分为六个阶段：计划、概念开发、系统层次设计、细部设计、测试和改进、产品推出。①实际上，设计评价就存在于不同阶段的转换过程中。

琼斯（Jones）将完整的设计过程分化为“信息的输入、方案的输出与综合评估”，即由外到内再到外的三个阶段，这三个阶段分别被琼斯称为“分析（Analysis）”、“综合（Synthesis）”、“评价（Evaluation）”②这种经典的设计程序属于线型模式，强调理性的分析和思考。

柳冠中教授将设计的工作程序划分为：问题描述、现状分析、问题定义、概念设计、评价、工作程序、设计、评价、制造监督和指导、导入市场等。③

王明旨教授在《产品设计》一书中将产品开发设计程序分为：产品设计的立案阶段；设计阶段；决定设计方案阶段；生产准备阶段。④

台湾学者陈文印的理解是：“设计程序通常是非线型的，有些步骤可重叠、可重复、可循环（如探索—选择—修正）之反复的过程。”⑤

为了凸显设计工作程序与一般工作程序的不同之处，奥克利（Oakley）在他的《设计与设计管理》一文中强调设计是一个动态发展的过程，提出了螺旋式发展的设计模式。即：形成阶段、发展阶段、转移阶段和反馈阶段。形成阶段是对设计问题的调查和分析，制定设计标准和计划，属于设计执行前的准备工作；发展阶段是对设计问题的深化，即设计概念的完成、评估、模型制作及设计完善；转移阶段是指设计方案转向生产的阶段，包括工程设计、信息汇总分析、生产准备、试制、批量化生产、投放市场等环节；反馈阶段指产品进入市场后的售后服务与信息分析，包括消费者意见汇集、设计问题调查等，是展开下一轮设计工作的基础（图 6–1）。⑥

基于不同的设计思想和理念，产品开发程序也有不同的倾向。如由美国工业设计专家兰德尔（Randall Sword）基于确保全面设计效率，降低开发新产品的风险与开发成本提出的整合产品定义程序（Integrated Product Definition Process），分别是研究调查、确认需求、

---

① [美] 卡尔 · T · 犹里齐、斯蒂芬 · D · 埃平格著：《产品设计与开发》，杨德林主译，大连：东北财经大学出版社，2001 年版，第 14–16 页。

② Nigel Cross, *Development in Design Methodology*, (John Wiley & Sons Ltd., 1984), p. vii.

③ 柳冠中：《工业设计学概论》，哈尔滨：黑龙江科学技术出版社，1997 年版，第 60–62 页。

④ 王明旨：《产品设计》，杭州：中国美术学院出版社，1999 年版，第 117–120 页。

⑤ 陈文印：《设计解读工业设计专业知能之探索》，台北：亚太图书出版社，2003 年版，第 6 页，转引自刘瑞芬《以人为本 – 设计程序与管理研究》，北京：清华大学博士论文，2005 年，第 19 页。

⑥ 刘国余：《设计管理》，上海：上海交通大学出版社，2003 年版，第 91 页。

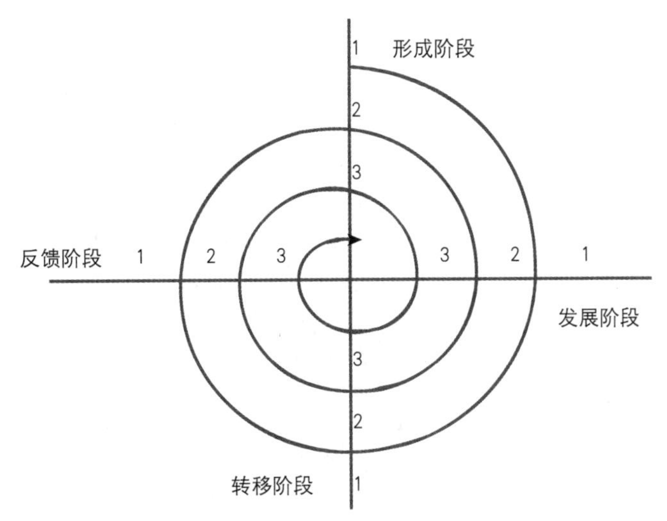


图 6-1　螺旋式发展的设计模式

产生产品概念、产品定义；由美国的设计管理学会（DMI）在 1989 年所提出的产品开发程序（Product Development Process）包含九个过程步骤，分别为确认、分析、定义、探索、选择、修正、规范、完成、导入；还有迈克 · 兰德格拉夫（Mike Landgraf）提出的使用者中心的设计程序（User–Centered Process）； M. R. Dubreuil 和 J.R. 哈金斯（J.R.Harkins）结合了同步工程与前端 3D CAD 软件，发展出一套整合数据库设计程序：Roche Harkins 产品开发设计程序。[①]此外还有 1991 年 6 月由 IDEO 设计顾问公司提出的设计创新策略程序，程序包括理解、观察、可视化、评估与修正。等等。

总之，设计评价程序的划分和选择因设计理念、设计方法、企业性质、特征、商品类型等因素而具有较大的差异性。

### 6.1.2　设计程序与设计评价

无论理论家们如何划分设计的程序，也不管“评价”是否被作为一个必要环节而独立划分出来，在或简单或繁复的设计阶段转换中，评价活动始终都发挥着不可替代的重要作用。

结合以上提到的各类设计程序，我们可以归纳出设计过程的几个基本步骤，这些基本步骤将尽可能地适用于各类商品的设计开发活动：即设计策略、创新计划、概念设计、深入设计、商品化以及后商品阶段的反馈和使用调查。设计评价活动有机地融入其中，成为设计程序不可分割的一部分。图 6–2 描述了商品设计程序的基本特征。

（1）设计策略与评价：策略是企业根据内外部环境限定所采取的一系列指导方针和计划。设计策略的制定是企业设计活动实施的前提条件，也是企业寻求以设计创新求发展的基本保证。这个阶段是设计评价程序应用于企业商品设计的起点，是对设计策略是否符合企业自身的能力、市场的需要以及竞争环境作出现实性的评判。实际上，这个阶段的评价

① 刘瑞芬：《以人为本 – 设计程序与管理研究》，清华大学博士论文，2005 年，第 20 页。

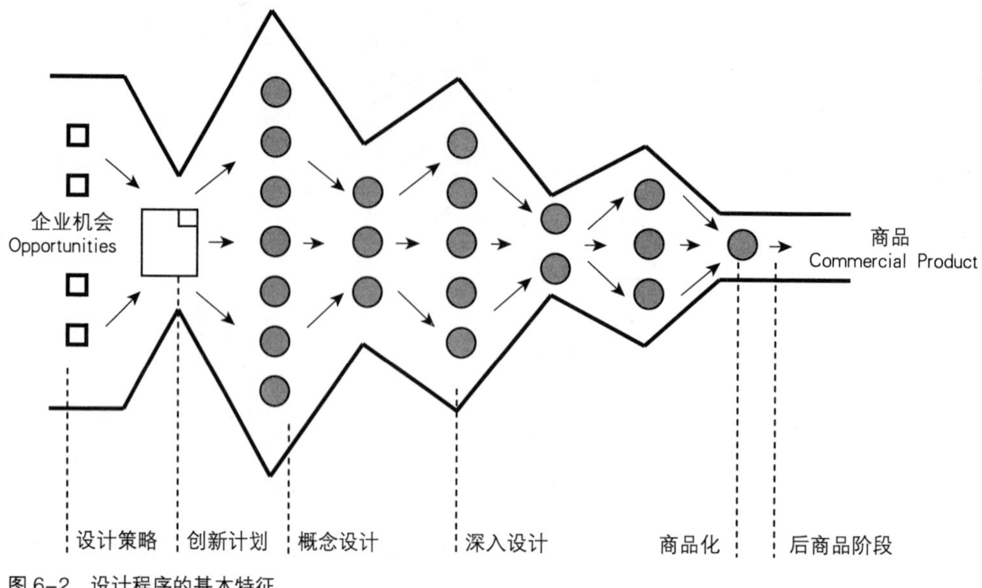


图 6-2 设计程序的基本特征

主要围绕着企业的机会（市场机会、技术机会和竞争机会等）展开，由此意味着企业明确了战略重点、界定了创新范围、规划了企业的未来。

（2）创新计划与评价：创新计划是依据企业设计策略制定的具体设计规划和安排，具体来说“是对项目任务的陈述，即定义产品的目标市场、商业目标、关键假设和限制条件”。[①]因此，创新计划必须明确以下问题：从事什么项目设计开发？如何描述具体的产品（全新产品、改良产品、平台产品、派生产品）？不同设计项目之间如何联系以传达企业的整体策略？具体项目的时间安排以及开发顺序？创新计划的意义在于，将企业的抽象的战略目标变为现实的行动方针，用以指导和规范具体的设计开发活动。该阶段的设计评价就是基于企业的设计策略以及市场目标，对计划的可行性进行全面地预测性评估。

（3）概念设计与评价：概念设计是整个设计项目的关键阶段，需要提出创意理念，并将其视觉化；初步探讨材料和工艺的可行性，并将设计师的艺术感受、流行趋势与产品的功能性有机结合。从本质上看，对创意概念的评价是一个持续地组织、激励和管理过程，其目的是更好地保证创意的丰富和流畅，并最终导向表达设计策略的方向。所以，概念设计的评价包含几个层次：首先是对设计理念的评价，追求限定下的奇思妙想；其次是对功能性与外观感受的评判；最后是对生产可行性的判定。综合考察上述几个因素，方能作出概念设计的方向性评价。值得注意的是，概念设计通常需要经过不止一轮的评价活动才能确定，是一个反复斟酌的过程。本阶段难于得到有关技术、成本等方面的定量信息，因此应多从定性的角度考虑。并且在有效信息不足的情况下，制定评价标准时不要急于确定“加权系数”，应该比较平均地看待各种要素的重要性。从经验上看，为了保证日后的设计决

---

① ［美］卡尔 · T · 犹里齐、斯蒂芬 · D · 埃平格著：《产品设计与开发》，杨德林主译，大连：东北财经大学出版社，2001 年版，第 15 页。

策有更大的余地，会选择多套概念设计方案进行深化。

（4）深入设计与评价：深入设计是将选定的概念方案精细化的过程。在该阶段中，所有产品要素都将得到深入表达与评价，具体到产品的人机尺度、操作界面、使用性以及形状的细微变化、色彩的搭配、材料的质地、结构件的配合等。该阶段的评价活动不同于上述主要依靠定性方式的评价阶段，将更多地依赖于各种现行的工艺、结构设计标准、规范和实验评价法对产品进行全面评测。最终输出的设计结果应该深入到与批量化生产相衔接的状态。

（5）商品化与评价：商品化阶段是设计开发的最后环节，但对于设计评价来说，这远远不是结束。商品化阶段要思考产品推向市场的所有工作，包括综合测试、技术验证、成本评估、包装设计、广告设计、营销计划、价格策略、商品试销等。其目的是全面评估产品的可行性和预测市场对该产品的接受程度，并为其全面进入市场做好技术与策略准备。

（6）后商品阶段与评价：在商品化之后，设计评价的工作是持续观察市场、商家、消费者和相关维修服务人员的反馈，以及商品在使用、废弃、回收等过程中给社会、环境带来的影响，并对照现实情景与商品的综合市场反应对设计评价过程进行回顾和反思。所有这些信息都将成为企业不断改进产品，以及调整设计策略和制定新一轮设计开发计划的重要依据。

图 6–3 表达了设计进程与设计评价程序之间的过程关系。其中，左列表示设计的进程；中列表示的设计评价的主要任务；右列表示评价可能使用的相关技术。

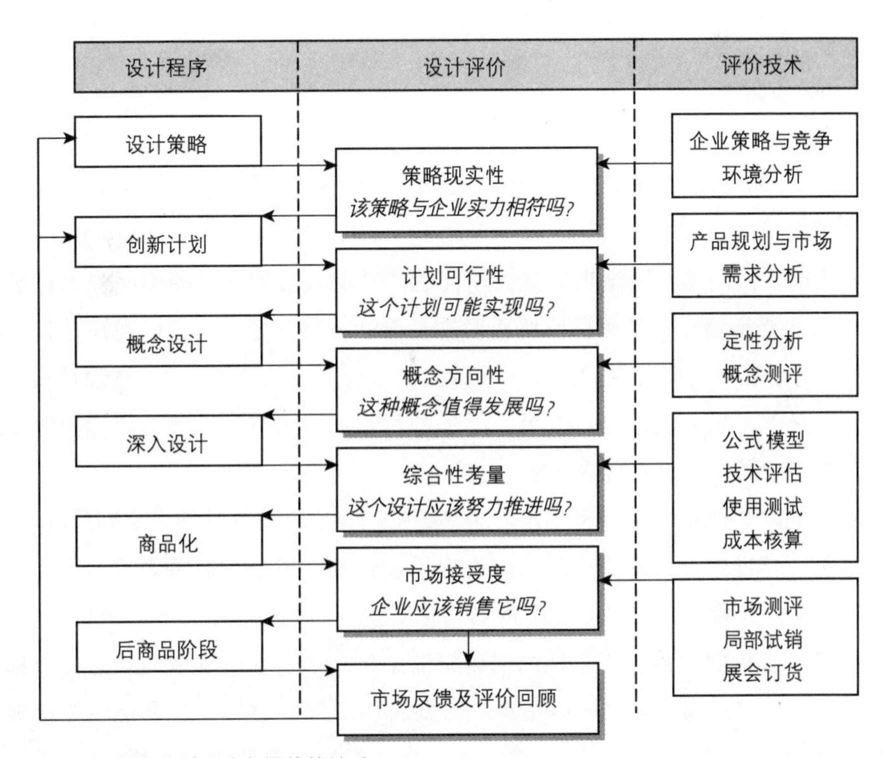


图 6–3　商品设计程序与评价的关系

商品设计程序与评价之间的关系图反映了几个重要的思想。其一，无论是“技术驱动型”还是“顾客驱动型”商品，设计评价活动都开始于企业设计策略的制定，而不仅限于对设计结果的评价；其二，评价过程与设计过程构成一个完整的链状结构，彼此交织，不可分割，任何环节缺失了评价，都会影响整个设计项目的顺利进行；其三，设计评价并非止步于商品化阶段，而是延续到“后商品阶段”的市场信息反馈，包括商品的购买、使用、废弃和回收全过程的评价。同时，评价组织应主动回顾评价及决策的过程，总结经验教训，不断完善设计评价机制；最后需要注意的是，上述设计程序的阶段划分是相对的，其界限十分模糊。实际上，一个阶段的设计活动也可能延伸到另一阶段之中，它们之间相互联结又彼此渗透。如制定设计策略的市场调研活动，在以后的设计进程中，由于构思或情报资料的不足仍需重复进行该方面的工作。所以，设计评价的程序也不是僵化的模式，而需要根据动态的设计发展进程而不断进行相应地调整。

## 6.2 设计评价的一般步骤

设计评价的一般步骤是指脱离开设计进程，单独地面对一个设计评价任务的过程。即无论存在于设计进程的哪一个环节当中，设计评价活动都具有一般的基本步骤。这样的讨论可以细化到每一个评价阶段，如对“概念设计”的评价或对“工程设计”的评价等。而一旦深入到具体的、单一目标的操作流程，所谓“程序”就超出了本章节的内容，接近“具体方法”研究的领域了。下面将分别对评价活动的一般步骤和实施评价的具体步骤进行分析。

### 6.2.1 一般步骤

总体来说，商品设计评价遵循这样的步骤：即明确评价问题、确定评价标准、组建评价组织、选择评价方法、实施评价活动、处理评价观点和数据、作出判断、评价结果输出、评价信息反馈（图 6-4）。

（1）明确评价问题：清晰地界定评价问题的范畴、性质，并明确相应的评价目标是评价程序的首要步骤。即了解评价所面对的是设计策略问题、组织问题还是具体的项目问题；是项目进程中的概念设计、技术设计、成本规划还是营销问题；该设计项目是“技术驱动型”还是“顾客驱动型”产品；具体的目标消费人群定位等。评价问题范畴和性质的探讨是确定具体评价目标的前提。

（2）确定评价标准：（参见第 5 章）这里所指的评价标准是基于目标制定的标准体系。之所以称为“标准体系”有几个层次的内容需要说明：一是指体系内有多项指标，且指向同一目的；二是指它是一个多层级的结构化系统，如总体标准、一级指标、二级指标、三级指标等。指标层次的排列呈现由简到繁的趋势。如一级指标取向较之二级指标取向简单、抽象，而二级指标较之一级指标复杂而具体，以此类推；三是指各个指标根据其在评价体系中与目的的关系，有权重之别，每一指标应有适当的“权值系数”。评价标

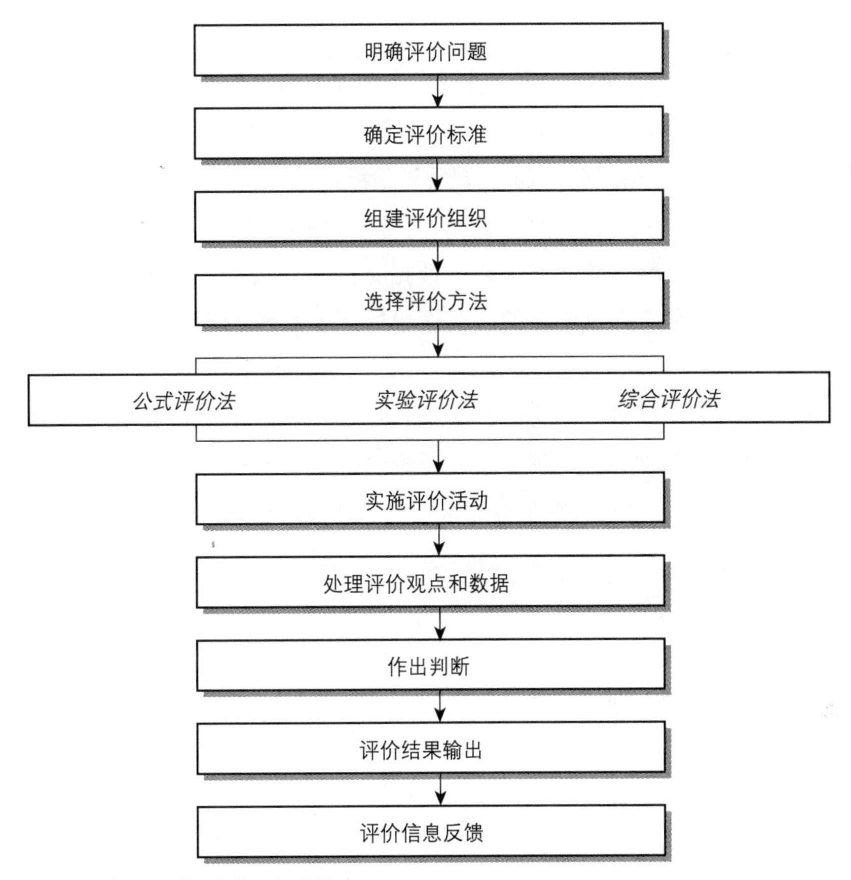


图 6-4　商品设计评价的一般步骤

准体系是进行评价的关键和基本依据。评价标准体系的确定与其是否恰当、"适度"将直接影响评价的结论输出。因此，在设计评价程序中，尽早确定评价的标准是最为重要的程序步骤。

(3) 组建评价组织：(参见第 7 章) 在一定标准体系前提下，根据评价问题的范畴和性质选择参与评价的不同职能人员，即组建评价组织。对于有些企业来说，在项目的初始阶段就已经完成了评价组织的构建与制度化运行，所以，这个程序步骤只是针对一般性评价过程所设立的。

(4) 选用评价方法：(参见第 8 章) 在具体实施评价之前，还需要根据具体情况分析来选用适当的评价方法。设计评价的方法是广泛借鉴了管理学、运筹学、市场学、系统科学、决策理论、计算机虚拟技术、机械制造和通常的产品设计领域的评价方法而综合形成的。对于不同的评价问题范畴和性质以及不同的设计开发阶段，其方法的选用会有很大差异，并且有可能创造新的方法。

(5) 实施评价活动：有了对具体评价问题的清晰界定和以上评价标准、组织及方法上的保证，设计评价工作便可以进入具体的实施阶段了。这包括一系列的执行程序，即将"问题"(策略、计划、方案、原型等) 有效地输入到评价活动中，然后获取评价组织的观点和数据信息。越是接近具体的操作步骤，其过程的差异性越大，也就越依赖于所选择方法的特征。

(6) 处理评价观点和数据：对从评价活动中获取的观点和数据信息进行归纳、整理。在这一环节中各种定量的数据处理方法得到广泛使用，其目的是，将评价组织的评审意见，客观、明确、图表化地表达出来，以利于最终评价结论地产生。

(7) 评价结论输出：根据评价数据分析结果，评价组织作出评价结论。值得注意的是，评价组织的最终判断不是完全依赖于数据化的统计结果，而是结合感性、直觉的经验与各种相关因素作出的综合评价。其输出的评价结论将作为企业领导层决策的重要依据。

(8) 评价信息反馈：评价结论的输出并非评价程序结束。在完成实质性的设计评价后，还应结合下一步设计工作的效果对整个设计评价程序以及所采用的标准、方法、组织等要素进行全面反思和评价，以不断修正与完善企业的评价机制。任何评价体系都是动态的、开放的，当限定因素改变时，制度本身必然要“与时俱进”。

### 6.2.2 具体实施

评价的具体实施步骤与所选用的评价方法有着密切关系。不过，程序与方法还是有一定的分别。程序更强调工作执行的过程和先后步骤，相对方法来说，弱化了目标的逻辑。或者说程序可能面对多个目标。

我们选择某种使用“专家意见法”进行设计评价活动的过程进行分析。可以将具体评价过程分为三个步骤，即：评价项目陈述、专家质询和研讨、形成评价意见（表 6–1）。[①] 在企业现实的设计评价活动中，这是最为常见的一种设计项目评价方式。首先，我们设想一个由多名专家参与的设计方案评价会议。这些专家是企业指定的或临时召集的设计评价组织成员。会议由一评价负责人主持，通常来说负责人是该项目经理。

**实施评价的具体步骤** **表 6–1**

| 步骤 | 程序内容 | 方式 |
|---|---|---|
| 第一步<br>评价项目陈述 | 评价负责人介绍项目背景及评价目标；<br>设计师介绍方案的构想和进展情况 | 汇报文件 |
| 第二步<br>专家质询和研讨 | 设计师系统介绍方案的具体构想，提供方案图纸、模型或样机、测试数据和实验报告等资料；<br>与会专家对设计的细节进行深入研讨；<br>评价负责人对照评价提纲控制研讨的方向和进程 | 会议讨论 |
| 第三步<br>形成评价意见 | 评价组织作出评价结论 | 设计评估表 |

第一步是评价项目陈述：这是评价程序的第一个环节，由评价负责人向与会者介绍该项目的背景情况与评价的目标。比如，该项目可能是一款面向儿童的外语学习机，当下的

① 参考刘国余：《设计管理》，上海：上海交通大学出版社，2003 年版，第 123 页。根据调研情况略有修改。

评价工作是从功能、使用、技术、成本和趣味性等角度对设计部提出的设计方案进行评估等。然后，由设计部的负责人或该项目的设计师具体介绍方案的构想和进展情况，其介绍应该包括如下内容：

（1）设计项目开发的原因，消费者需求与目标市场定位分析；

（2）设计项目要达到的基本要求和市场目标；

（3）设计项目的设计理念，及其在企业设计战略中的位置；

（4）与现有的产品或项目比较，该设计项目有何特点或变化？为什么需要保持这些特征；

（5）各种概念设计方案演示；

（6）选择最终方案的理由；

（7）在设计中考虑到的潜在问题和危险因素；

（8）在设计中所参照的一些设计标准、法规、指导和规则等。

第二步是专家质询和研讨：这一阶段是由设计师系统介绍方案的具体构想，与会专家对设计的细节进行深入研讨，并可以提出一些新的设想。特别是针对一些引发争议的环节要进行反复论证。由此看来，评价者的知识结构和经验水平是影响评价结论的关键因素。

在设计评价的整个过程之中，评价负责人要不断对问题引发的争论进行及时协调，同时要不断强化目标意识，避免研讨偏离评价的主题。

为了保证效率，设计师对评价会议要有充分的准备，随时向专家提供设计的方案图纸、模型或样机、测试数据和实验报告等资料；评价负责人也应对评价过程中可能出现的问题进行全面的分析和系统的梳理，并事先准备一份包括以下要点的评价会议提纲：

（1）设计方案是否具有合理性？

（2）设计方案是否已经满足了消费者的基本诉求？

（3）设计所提供的机能是否为消费者所接受？

（4）使用的方法是否得当？

（5）设计的可行性、操作性和维修性是否经过了有效验证或测试？

（6）测试或实验数据是否能够支持设计的结论？

（7）在设计的某些方面是否存在着比以往更高的风险？

（8）设计满足了部分要求还是整体要求？

（9）哪些问题在设计中尚未解决？

（10）　这些问题是否能在既定的时间内得到有效解决？

（11）设计图纸是否齐全、准确？以及是否进行过有效审核？

（12）设计能否符合进入下一步生产的要求？

第三步是形成评价意见：前两步的评价活动使设计的概念和所有细节得到了充分的论证。本阶段将对该项目作出评价结论，以便对下一步的设计决策提供依据。例如，哪些问题还需要进一步测试或研究，哪些信息或数据还需要进一步收集或测算，设计方案是否需要改动或修改哪些具体内容等。

从上述分析中可以看出，设计评价是有组织的应用一定标准与方法，对设计问题及成果所进行的价值分析、评估活动。而评价程序则是评价活动运作的时间次序的标志。设计及其评价的系统运作，总体上是一种由抽象到具象、由观念到行为的螺旋式上升与发展的进程。可见，评价程序具有如下特点：（1）它是非线性的进展。程序之间可以反复、重叠、渗透；（2）它既与设计程序相交互、融合，同时又具有相对的独立性和一般特征，自成系统；（3）它既受设计进程的引领和制约，又反作用于设计程序的内容或走向；（4）它以阶段性推进的方式，逐渐接近并达到预设目标。

总体来看，评价程序的制定和执行应具有一定的目的性、计划性、组织性和灵活性。评价程序是依据目标而启动，为解决特定的问题而设置的；每种程序的执行都需要一定的资源，如人力、物力、时间等。而如何充分利用这些资源发挥最大效益，就需要视问题的轻重、大小、主次、缓急、繁简，来有效调度和管理程序；在何时、何种状况下，由哪个部门来执行何种程序等，都必须作出周密的组织安排；而在系统程序的进展中又必须适当灵活机动地掌握和变通。

## 6.3 案例研究——“康佳”的设计评价程序①

所谓“适用”的评价程序是指根据具体的评价对象以及企业的设计战略要求，斟酌评价环节的重点所在，对上述设计进程中和一般意义上的评价程序步骤予以适当地强调或弱化的过程。

大多数受访企业都声称拥有“规范”的设计评价程序。然而事实并非如此。在日益开放的大环境下，并经过了多年的产业化发展，企业并不缺乏获取相关管理知识的渠道和途径，企业管理者也普遍对这种规范化的设计评价步骤持积极的态度。问题是，由于种种原因，诸如项目开发时间紧迫、设计经费不足或是缺乏相关专业人员等，导致企业经常采用非正常的程序进行设计评价活动，如省略一些可能是十分关键的评价步骤。实际上，这种现象是普遍存在的。企业面对的是瞬息万变的竞争环境，任何人都不可能规定出广泛适用的、固定的评价程序。灵活应对环境变化，适当调整程序步骤是设计管理者的基本任务。一个成熟的设计企业应该不断摸索一套适用于自身特点的评价程序，来提高设计管理的效率并积累制度建设的经验。

企业何时采用所谓“规范”的设计评价程序？何时又应该果断地简化步骤，抢占市场先机？这是一门管理和决策的艺术，本文并不能给出一个标准答案，而是希望尽可能地发掘与设计评价程序相关的各种线索和制约因素，以帮助企业认识所谓“适用”评价程序的含义。

下面将以深圳康佳集团为案例，介绍企业如何建构符合自身特点的设计评价程序以及其中可能存在的问题。

（1）背景：康佳集团成立于20世纪80年代初，是中国首家中外合资电子企业，现有

① 本案例研究参照作者于2005年在“深圳康佳集团”的调查数据。

总资产100多亿元，净资产40亿元，已被列为国家300家重点企业，连续4年位居中国电子百强企业第4位。经过20多年的发展，康佳集团已形成消费多媒体、移动通信、信息网络和相关配套器件四大主导产业。在集团的展厅中，陈列的主要产品包括彩电、移动电话、平板电脑、液晶显示器等。此外康佳的产品还兼及冰箱、精密模具、注塑件、高频头、印制板、FBT等相关领域。[①]从展厅的陈列品可以清楚地看到，多媒体事业部和通信科技有限公司的业务是集团最为重要的产品领域，也是此次笔者调研的重点内容。

(2) 程序调查分析：在与企业高层设计管理人员[②]的访谈中了解到，康佳多媒体事业部和通信科技有限公司各有一个开发中心，负责本领域的产品研发项目。从程序上看，设计研发可分为两个阶段："预立项阶段"和"立项阶段"。"预立项阶段"包括从市场机会的发掘、设计规划的制定直到产品完整概念的表达（手板模型）。经过市场测评满意后，设计程序进入"立项阶段"，即正式的生产准备和市场推广活动（商品化阶段）（图6–5）。

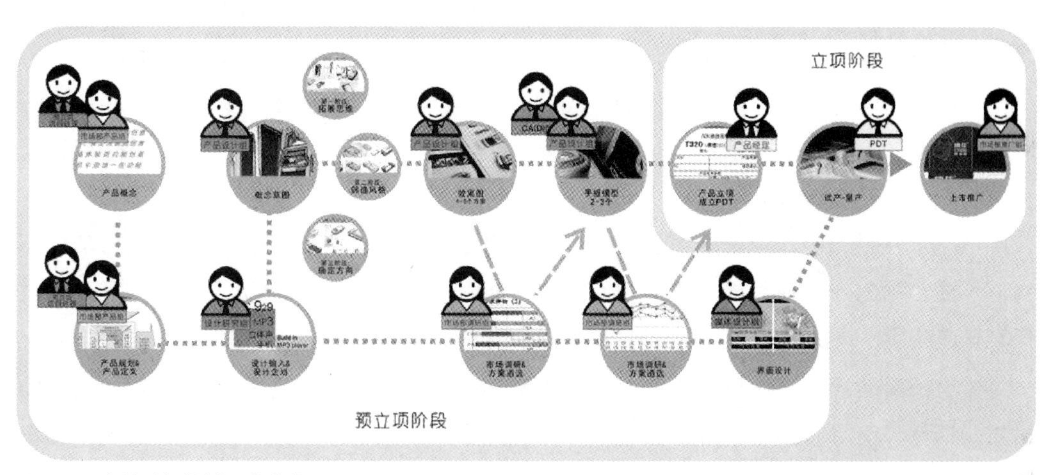

图6–5　康佳手机设计开发流程

"预立项阶段"的详细步骤：设计项目的提出大多源自市场部。由于设计评价涉及整体产品策略，是一个持续的过程，所以我格外关注企业研发项目提出的根据和步骤。"市场部"是当今企业最为重要、最为敏感的"器官"之一。竞争的日趋激烈使它必须察觉市场的任何蛛丝马迹，由此向决策者提出相应的产品研发计划，直至从事新产品的全面推广。在康佳，企业对手机产品采取的是"跟进型"设计策略，因此，市场部由三个分部组成："调研部"、"产品规划部"、"推广部"。"调研部"的工作是对市场进行现状和趋势的调查、分析。大量的市场数据的获取源于两种渠道：一是花大把银子购买专业调研公司的报告；二是查阅行业组织及相关部门的统计数据。基于这些数据，"调研部"要分析、整理，使之变成可明确新产品研发方向的有意义的信息。"产品规划部"则根据"调研部"的信息，结合企业自身能力，负责产品研发计划的制定，并任命多名产品经理具体负责不同产品线

① 康佳集团简介，引自http://www.konka.com/about/about_corp.jsp.

② 访谈时间为2005年，访谈的主要对象是康佳集团通信科技有限公司产品开发中心造型研究所所长姚远和副所长汪鉴。

的研发工作。至于产品计划的周期问题，汪峯介绍说："大部分在半年左右；少量是一年；也有应急的设计任务，完全看市场的情况"。实际上，市场部有相对长期的产品规划，只是下达到设计部的就是中、短期的项目。（说明设计人员没有参与到产品计划、策略的制定层面，只是接受任务）"推广部"的工作与营销密切相关，是直接创造经济效益的部门。

明确了总体规划以后，产品项目从"市场部"进入"设计部"。首先由设计研究组将产品规划细分、消化并制定周详的设计计划，然后分配给具体的产品设计组，如MP3组或手机组等，进行大量概念方案设计工作。对概念方案的评价要经过至少三个阶段：第一阶段的目的是拓展思维；第二阶段的目标是筛选风格；第三阶段的目标是稳定方向。

而后，进入细化设计和效果图绘制阶段。通常要将选定的概念方案进行多种变体设计，以获得更丰富的视觉元素搭配、组合效果。经由技术、营销、财务部门专家和领导评审，保留下来的方案不会超过5套。再将这些以三维数据形式表达的、效果逼真的图纸交由"市场部"委托的专业调研公司进行市场评价，以消费者的眼光来遴选设计方案。

无论多么逼真的平面效果，多少都会影响人们的判断。所以，制作原尺寸的手板模型是不可忽略的程序。通常要将选定的若干方案制作2–3个模型，并再度回到市场进行测评。对测评的结果进行最终的技术可行性分析之后，该项目结束"预立项阶段"的设计工作，转而进入正式"立项阶段"。

"立项阶段"的步骤："立项阶段"主要围绕生产准备以及市场推广开展工作。首先，针对正式立项的产品项目成立PDT（Product Development Team），然后再进入到具体的试产和量产阶段。与此同时，"市场部"进行推广策划以及相应的市场宣传活动。

以上是康佳集团设计研发及评价的基本程序，在产品推向市场后，"市场部"还要随时监测销售、使用、维修等相关信息，综合评价后，对产品改良以及新产品设计开发作出新一轮规划安排。

（3）总结和建议：由于评价对象是紧随时尚的通信科技产品（如手机、PDA等），而企业采取的又是"跟进型"的设计策略，因而在设计评价时，设计管理者格外重视"市场测评"方法的运用，并在效果图和模型阶段的方案遴选中都重复了这种"委外调研"的过程。企业希望借助这种直接面对消费者的方式，获取对未来市场前景的准确评估。这种方式与其他机电产品（如机床、电动工具等）的评价程序中更侧重于专家意见与技术评价的步骤有着明显的不同。但"市场测评"的信度严重依赖于调研公司获取的样本量、目标人群的准确定位以及具体调研技巧的运用，因此，企业在实施测评前需充分做好准备工作，其测评结果也需慎重对待。

另外，从总体的设计进程和评价程序中看到，"市场部"是设计评价围绕的核心，处于设计项目发起以及最终效果评价的重要地位。而设计人员并未广泛介入到评价程序的各个环节中，所发挥的作用相当有限。评价的重点过于集中在对市场"过去时"的信息反馈上，缺乏对"将来时"的设计预测性评估的制度准备。因而，建议企业的设计部门更多地参与到前期市场研究和设计策略的制定中，并在一定程度上参与到产品售后的综合评价中。

上述康佳集团的设计评价程序还在不断摸索并根据各种反馈进行调整，相信企业的设计管理者们会逐渐构建出更为“适用”并可灵活调控的设计评价程序和步骤。

## 6.4　小节

评价程序就是处理评价问题的先后次序，是在评价标准的前提下，按照一定步骤，有计划地实施评价的过程。设计评价程序具有两个明显特征，其一，评价程序与设计程序相互交融，形成完整的程序链条。在产品设计进程中，处于各个阶段转换“结点”上的设计评价是承前启后的重要环节。已完成的设计工作必须经由阶段性的评价步骤来判定其设计品质、过程效率以及对设计目标的忠诚度，以此作为设计项目是否继续以及如何继续的决策依据。企业的产品设计过程因此可以理解为一连串、不间断的创新、评价和决策的过程。所以，评价程序与设计程序是难以分开讨论的。其二，无论处于哪一设计阶段的评价活动都应遵循一定的计划和步骤执行。科学的程序管理可以有效保证设计评价的效率和效果，避免不必要的金钱、时间、精力的浪费。这些步骤包括一般的评价活动步骤和具体的评价实施步骤。一般步骤是评价活动普遍具有的共性，是一种相对抽象的对评价过程的描述和理解；而对于具体的评价实施步骤来说，不同企业具有一定的差异性，这主要取决于产品特性以及所采用的具体评价方法。

# 第7章　设计评价组织

在设计评价中，一切标准、程序和方法都需要具体的人员或机构来管理和执行，这就是设计评价组织的基本功能。组织是由人构成的，人要制定并解释标准、创造和运用方法、选择并执行程序；人使得这些僵死的条例、准则、计划、步骤和程式等理性工具变得生动而富有意义；所有这些“制度安排”只有在人的手中才能实现其存在的价值。可以看出，评价组织是设计评价活动最为基本的执行力量，也是核心的制度要素之一。

本章节首先认识评价组织的概念、意义和基本结构特征；讨论评价组织的核心职能以及不同组织成员在设计进程中的具体职能；后以实际案例来分析企业如何根据自身状况采取“适合”的评价组织形式。

## 7.1　什么是评价组织

组织是某种目标、人员和一定结构方式的复合体。依照罗宾斯（Robbins, S.P）广义的概念，组织是由两个以上的个体，为达成共同的目标而组成，且在有意识的合作下持续运作的社会单位。[①]这样看来，一个组织应该具有下列基本要素：一个特定目标、组织成员和相应的结构方式。

设计评价组织是一个专门从事设计评价的机构或委员会，由各种不同专业和职能的人，按照一定的结构方式组成。首先，评价组织的目标就是最有效地执行设计评价活动，这也是评价组织形成的基本条件；组织成员是构成组织的基本分子。由于设计评价所涉及的专业领域众多，所以参与评价的人员也会随着设计进程的发展而越来越复杂，并不断变化；结构方式的意义在于使评价组织更具凝聚力和工作效率，在设计评价组织中，一定的结构方式可保证合理分配与运用组织资源；在成员间提供适当的权利分配；确保组织活动的良好协调；提升组织内信息传达的品质；并有效应对因外部环境变化所引起的各种机制调整和组织危机。

---

① Robbins, S.P, *Organizational Behavior: Concept, Controversies and Culture Dynamics,* (New York: John Wiley). 转引自邓成连著：《设计管理——产品设计之组织、沟通与运作》，台北：亚太图书出版社，1999年版，第55页。

组织的形成与规模的演进源于人们对效率的追求。换句话说，组织的优势在于它比个体拥有更高的行动效率和综合效力。按照这个逻辑，如果个体可以更有效地执行设计评价活动时，一个制度化的组织似乎就是多余的了。事实确是如此，最初作为一种管理手段存在的设计评价一定是由企业的决策者（老板）独立完成的，这从大量的企业发展案例中可以清楚看到。由个体进行的评价活动显然不会存在目标分歧，更避免了必要的成员沟通和权利分配问题。然而，随着企业所面临市场环境的日渐复杂，消费需求的日益多样化，产品技术的日趋专业化，任何人类个体已不再可能拥有足够的知识、经验和判断力来应付这样一项极具复杂性的工作——对一件商品价值的全面衡量和判定。仅仅依赖个人能力的设计评价与决策往往会将企业带入危险境地。实际上，像史蒂夫 · 乔布斯（Steven Jobs）这样的管理者也并非只是凭借自己的经验和直觉来评估 iMac 的未来市场，苹果公司中的众多技术、设计、市场等领域的专家们为其作出正确的决策提供了充足的理由和依据。因此，在当今企业的设计管理过程中，决策者明智的判断力和“评价组织”的有效运作与职能行使是密不可分的。

## 7.2 评价组织的构成

一般来说，设计评价组织的成员由企业内部不同职能部门的人员和企业外部的专家以及消费者代表等组成，具体包括：企业领导（决策者）、财务人员、市场人员、技术人员（如结构、电器、材料工程师等）、设计部人员、生产人员、宣传策划人员以及企业外部的营销学、心理学、人类学、社会学、环境等专业领域的专家和目标消费群体代表等。所有成员在评价组织中都按照一定的组织结构行使自身的职能。

通常来说，大部分企业的设计评价组织是“临时性”的，针对某一个具体项目或议程组建，并在项目研发的各个不同阶段，评价组织成员也会根据角色需要，而在人数、参与程度上有所变化。这种组织形式类似于管理学中的“无边界组织”（Boundary-less organization）。[①]对于持续拥有大量的产品开发项目，采用“主导型”市场战略的大型企业来说，应该组建相对稳定的评价组织，如此可以对企业总体设计战略进行统一管理，并且便于组织成员内部的沟通和协调。当然，对于产品开发项目较少，采用“跟进型”市场战略的企业，选择临时组建评价组织的形式可以有效地节约管理成本，并提高设计评价的针对性和效率。但无论如何，一个相对稳定的组织结构都是不可或缺的。

在综合了部分企业经验和研究成果后，笔者认为，一个适用性较强的评价组织结构应该包括三个层次：组织负责人、核心成员和动态参与者（图 7–1）。

（1）首先，评价组织需要一位负责人，他的职责是召集、主持设计评价的具体活动以及负责组织内部的沟通和协调。从该职务的责任范围和部分企业以往的经验来看，企业领

① “无边界组织”即具有一定的组织架构并行使组织职能，但与外界环境有更多的联系和交互，并使一直以来环绕组织的历史边界趋于模糊。引自［美］斯蒂芬 · 罗宾斯、大卫 · 德森佐：《管理学原理》，毛蕴诗译，大连：东北财经大学出版社，2004 年版，第 160 页。

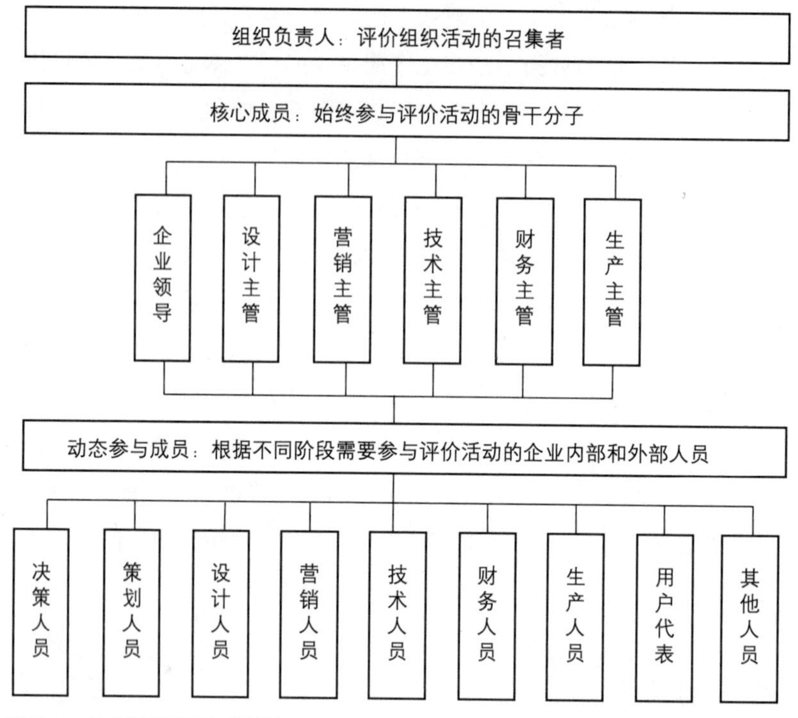


图 7-1 商品设计评价组织结构图

导并非合适的人选。企业领导层的人员有必要全程地参与到设计评价活动中，但不可能承担过多事务性的工作，并且，由领导亲自管理设计评价活动会造成对评审话语权的垄断，不利于全面、客观地征询专业群体的意见，发现各种潜在的设计问题。一般来说，评价组织的负责人应是一个熟悉具体设计项目，了解设计的一般操作程序，具有一定管理经验，并具有较强责任心的人。产品经理(Product Manager)是最合适的人选之一。此外，技术主管、营销主管或设计主管也可担当这一职务。但是，该负责人应该与被评审项目没有直接的联系，以保证评价的客观、公正。当然，如在企业内部无法找到合适人选的时候，也可雇佣企业外部的设计管理公司或较有声誉的职业经理人。

(2) 核心成员是评价组织中的骨干分子，并应始终参与设计评价的具体活动。虽然核心成员在评价过程中的职能各有不同，但从理论上讲，其在组织中地位是相同的，也就是说，没有哪一位成员在评价环节中拥有比其他成员更大的话语权利。核心成员的具体构成并没有固定的规范，但对一个中等规模的企业来说，企业领导层的人员与设计、营销、技术、生产、财务等部门的主管应该共同成为其设计评价组织的核心成员。

(3) 所谓动态的参与人员是指：根据项目进程的不同阶段，除核心成员外，参与设计评价的企业内部和外部人员。其参与成员的职能、人数、参与程度要视设计评价所处阶段的特征而定。比如在前期的设计策略制定中，企业领导层的人员会更多的参与到预测性评价中；在早期的概念设计评价中，设计部和市场部的人员要有更多参与机会；而在技术、工艺评价中，工程技术人员显然更具权威性，并成为评价中的主要角色。

邓成连先生对台湾地区部分企业在产品设计研发不同阶段的参与人员进行了统计（表

产品开发设计过程中的参与人员 表7–1

| 阶段参与人员 | 工设 | 企划 | 结构 | 营销 | 管理 | 生产 | 质量 | 项目 | 其他 |
|---|---|---|---|---|---|---|---|---|---|
| 1. 设计企划 | 40 | 53 | 26 | 38 | 48 | 3 | 1 | 38 | 8 |
| 企划评估 | 35 | 41 | 23 | 27 | 51 | 3 | 3 | 42 | 6 |
| 2. 工业设计 | 64 | 26 | 34 | 29 | 30 | 4 | 1 | 37 | 5 |
| 设计评估 | 56 | 35 | 38 | 38 | 48 | 9 | 4 | 37 | 4 |
| 3. 结构设计 | 42 | 10 | 57 | 2 | 24 | 10 | 4 | 29 | 3 |
| 结构评估 | 32 | 20 | 52 | 9 | 39 | 24 | 14 | 35 | 6 |
| 4. 制造生产 | 22 | 12 | 41 | 5 | 24 | 59 | 42 | 39 | 3 |
| 5. 质量管理 | 13 | 8 | 23 | 5 | 26 | 38 | 58 | 34 | 3 |
| 6. 营销企划 | 5 | 38 | 3 | 55 | 37 | 4 | 5 | 29 | 4 |
| 总计 | 309 | 243 | 297 | 208 | 327 | 154 | 132 | 320 | 42 |
| 排名 | （三） | （五） | （四） | （六） | （一） | （七） | （八） | （二） | （九） |

7–1）。①其中，工业设计人员主要参与中前期的设计相关阶段，而后则呈现出递减状态；企划人员以参与设计企划、企划评估以及营销企划为主；结构设计人员除参与结构设计、结构评估和制造生产环节外，还较为深入地参与到工业设计阶段中；营销人员以营销策划为主，参与前期企划与设计评估阶段；管理人员除工业设计环节外，对以上各阶段工作都有极大的参与度；质量人员主要参与后期的质量管理和生产阶段；项目管理人员除了结构设计和营销企划介入程度不高外，其余阶段均呈现较为均衡的参与状况。整体来说，管理人员似乎是整个设计研发及评价过程中参与程度最高的角色，其次是项目管理、工业设计和结构人员，企划和营销人员属于第三等级，参与程度最低的是生产和质量管理人员。

尽管台湾地区与大陆之间的企业状况有一定差异，但从显示的数据中还是可以找到一些规律性的因素，并发现设计评价各阶段中主要参与角色的变化。总体上看，以下几类人员应该在不同评价阶段，根据需要参与到评价组织中来：即企业领导层人员、策划人员、营销人员、设计人员、技术人员、生产人员、财务人员、用户代表以及其他企业内外的专家、顾问等。

商品设计评价组织结构图是对部分成熟企业经验的总结，具有较为广泛的代表性，但并不等于可以适用于所有商品生产企业。对该结构的深入理解有待我们对评价组织职能的考察和研究。

## 7.3 评价组织的职能

评价组织的职能是指该机构本身具有的功能或应起的作用。首先要明确的是，设计评

① 邓成连著：《设计管理——产品设计之组织、沟通与运作》，台北：亚太图书出版社，1999年版，第98页。笔者对表中的习惯用词做了适当修改。

价组织并非决策机构，而只是决策者的“参议”机构。我们之所以容易混同“评价”与“决策”的关系，原因有两点：一是早期的企业管理者既是评价者又是决策者；二是评价的直接目的就是决策。对于大部分企业来说，尽管评价组织可以提供内容详实、论据充分的评价结论，作为企业风险的承担者，只有老板（Boss）或总经理（General manager）才是设计方案的最终决策者。在某些情况下，产品经理或设计经理成为某创新项目的总负责人，并直接承担项目成败的风险，那么他就受命成为了最终决策者。

下面将从评价组织的核心职能以及组织成员在不同设计评价阶段的职能分工两个角度进行探讨。

### 7.3.1 有效沟通——评价组织的核心职能

作为企业重要的设计管理机构，评价组织的主要任务是设计评价活动的执行。在这个过程中，设计评价组织既要贯彻企业决策层的战略思想，维护产品计划的实施；又要规范设计发展的方向，协调设计进程中可能出现的各种危机和问题。因此，一个设计评价组织既有监督和控制的职能，又有协调部门关系以及调动设计人员积极性的职能。而这一切职能行使的基本保证就是企业上下、部门之间以及人与人之间充分、有效的信息和观念沟通。所以，笔者以为“有效沟通”是评价组织最为核心的职能。

所谓沟通（Communicate）可以简单地理解为信息或想法的交换。邓成连先生在《设计管理——产品设计之组织、沟通与运作》一书中系统考证了有关学者们从不同角度为沟通下的定义。[①]其中罗森布拉特（Rosenblatt）等人对企业组织内的沟通定义更为符合本文讨论的范畴：“企业沟通是有目的之构想、意见、资讯、知识和嗜好等的交换，借由符码或信号呈现出个人或非个人之沟通，以达成组织的目标。”可见，组织中的沟通具有极为明确的目标指向。该目标不仅符合企业短期的现实目标，如制定营销计划或某产品项目的设计方案遴选，而且支持企业长远的经营理念和发展战略，如营造交流顺畅、氛围融洽的企业环境以及增强企业整体的凝聚力和竞争力等。

所谓“有效沟通”是指组织内外成员之间可以顺利地进行信息、观念或想法的相互交换。要达到这个目标，评价组织必须尽可能地创造机会、提供条件并保证沟通渠道的顺畅和效率。一般来说，评价组织可以通过正式和非正式的渠道完成相互沟通的职能。正式渠道是评价组织依赖一定的组织结构和程序，进行向下、向上以及横向的沟通。组织通过评价标准的确定与执行以及一系列评价会议的形式，将企业的战略意图和思想渗透到每一个设计单元，同时协调设计部门之间的专业信息交换，并向决策层反馈在执行中发生的主要问题和新的资讯。组织学家们认为，正式的渠道可以保证沟通途径的具体化，但在一定程度上也限制了沟通的形式，影响资讯传导的品质。对于任何组织来说，非正式的渠道是广

---

① 英国的文学批评家兼作家 Richard, I. A. 认为，沟通是两个不同意识间经由经验的发生而产生互动（Interaction），他解释：“沟通的发生是在环境中一想法影响另一想法，并使得另一想法产生如原想法般的经验，而此经验是由部分原想法的经验所引起的。”Timm 则精辟的阐释为“沟通是建立普遍性了解的过程。”转引自邓成连：《设计管理——产品设计之组织、沟通与运作》，台北：亚太图书出版社，1999 年版，第 163-164 页。

泛存在的，并对达成有效沟通起到至关重要的作用。戴维斯（Davis, K.）在“管理沟通与葡萄藤”（Management Communication and Grapevine）一文中用葡萄藤式的信息传播作为非正式沟通的典型特征。他认为个人是沟通网络中的基本单元，并界定了四种沟通途径形式：单线链（Single-Strand Chain）、传言链（Gossip Chain）、概率链（Probability）及群集链（Cluster）。①实际上，很多企业都可以根据长期积累的人际经验，来发展一种非正式的沟通形式。本文无意于全面评价各种沟通形式的利弊，只是说明组织要达成有效沟通可以通过正式与非正式的多种途径。

以往大量的企业案例研究说明，产品设计项目的失败很大程度上归咎于评价组织内外缺乏足够的沟通以及对设计、生产、市场等环节的统合。影响有效沟通的因素可以总结为主客观两方面。主观方面包括评价组织的结构、规模、层级划分、工作程序以及成员的教育背景和职能行使；客观方面包括评价组织的影响力、企业环境和文化氛围等。实际上，客观因素可以通过组织的有效活动得到逐步改善，而本文关注的是评价组织主观因素的积极建构和改变，尤其是明确评价组织成员在设计评价的不同阶段中应当行使的职能。

### 7.3.2 评价组织成员的不同阶段职能

评价组织的职能是依靠组织成员在设计评价进程中的职能行使而实现的。如前所述，我们将商品设计评价的进程划分为六个阶段，即设计策略评价、创新计划评价、概念设计评价、深入设计评价、商品化评价以及后商品阶段评价。下面将分别讨论评价组织成员在整个设计评价过程中以及在各个不同的评价阶段中所应行使的职能。这里的组织成员包含了上述框架结构中的核心成员以及动态参与人员（表 7-2）。

**评价组织成员的主要职能及主要参与阶段** 表 7-2

| 组织成员 | 主要职能 | 主要参与阶段 | | | | | |
|---|---|---|---|---|---|---|---|
| | | 设计策略 | 创新计划 | 概念设计 | 深入设计 | 商品化 | 后商品 |
| 决策人员 | 保证设计方向与企业战略的一致性 | √ | √ | √ | √ | √ | √ |
| 营销人员 | 从市场和用户需求角度评价设计 | √ | √ | √ | √ | √ | √ |
| 设计人员 | 综合评价设计在使用、美学、潮流、成本、社会、环境等方面的表现 | √ | √ | √ | √ | √ | √ |
| 技术人员 | 评价设计的技术、结构、工艺；并提供相关标准数据资料 | √ | √ | √ | √ | √ | |
| 生产人员 | 批量化生产和制造成本角度评价设计 | | | √ | √ | √ | |
| 用户代表 | 从广义的使用、安装、维护、回收等方面评价设计 | √ | | √ | √ | √ | √ |
| 财务人员 | 依据财务计划，控制综合成本 | √ | √ | √ | √ | √ | √ |
| 其他相关人员 | 竞争环境、社会效益、环保要求等 | √ | | √ | √ | √ | √ |

① 邓成连：《设计管理——产品设计之组织、沟通与运作》，台北：亚太图书出版社，1999 年版，第 169 页。

（1）决策人员：所谓决策人员是指企业的高层管理者、领导者。总体来说，决策人员在设计评价中主要把握设计策略制定及设计概念发展方向与企业整体战略的关系。因此，决策人员除了结构、工艺深入设计阶段外，应始终参与到评价活动中。尤其是前期的设计策略、创新计划和后期的商品化决策评价阶段，决策人员的观点具有相当重要的作用。问题是，在评价组织中，决策人员经常混淆一个评价者与决策者的角色关系，过度的话语权力会在一定程度上压制不同的声音，使得评价组织不能兼听多方面的意见，而难以取得客观、公正的结论。在评价会议中，决策人员首先发言是最不明智的举动之一。如果一个缺乏明确设计管理职责分工的企业，不止一位企业领导对评审过程超越职能范畴的干涉，会严重影响设计评价的进行和有效沟通目标的达成。实际上，在具备清晰的设计策略思想与评价标准的企业中，高超的决策人员总是尽量避免过分个人化的设计导向。作为评价组织的一员，决策人员需要适时地表述自己的观点，以引导产品设计的发展指向企业整体的战略目标，并能够随时接收动态中的反馈和信息，以敏锐地调整计划、标准和企业前进的方向。

（2）设计人员：对于设计评价来说，设计人员无疑是自始至终最重要的参与者，毕竟所有的设计结果都直接出自他们的头脑和智慧。从以往的经验看，设计人员的工作主要集中于概念设计到深入设计过程中，只是按照企业领导层下达的项目设计任务书，按部就班地完成造型设计工作，因而，设计人员很少关注生产实施和实现商品化后的评价环节，更谈不上前期的企业战略研究以及相应设计策略制定的评价。实际上，设计人员的教育背景和工作特点决定了他们肯定比其他人员更有创新的欲望和更敏感的审美洞察力，而这一点正是企业依靠设计创新赢得市场优势的关键要素之一。设计人员的问题是，由于长期形成的习惯，他们一般不愿为顾及其他因素而对自己喜欢的设计方案作出妥协，其想法容易偏离设计定位的方向与技术、工艺、成本方面的限制，甚至违背使用者的真实需要。而这一切问题恰恰是由于设计人员缺乏对企业整体战略和市场需求的认识所造成的。因此，企业应重视和鼓励设计人员参与到设计评价的完整过程中，尤其是前期设计策略的预测性评价以及后商品阶段的跟踪评价中，使设计人员全面把握商品设计评价所涉及的各种因素，由此充分发挥和挖掘设计人员的自身优势，行使其设计评价的职能，使之从一个被动的“工具”转变为积极的协调人之一。

（3）营销人员：市场是企业商品设计、制造围绕的中心；企业的设计策略和创新计划也是基于市场需求制定的。常年处于产品销售第一线，使得营销人员直接掌握第一手的市场销售信息，洞察当前消费者的喜好与时尚潮流的走向。所有这些资讯都无疑是设计评价最为重要的依据，因而，营销人员在评价组织中具有极高的权值。但营销人员的职业特点使其过于关注当前市场的需求状态，而通常会忽略或不关心未来市场的发展变化，尤其是在社会经济环境迅速变化的情况下，由消费者的潜在诉求所蕴涵的巨大市场机会。而设计评价所面对的既有“短线”的产品改良项目；也有“长线”的产品开发项目，所以要求评价组织成员既要考虑“现在时”的直接市场需求，又要考虑“将来时”的市场发展潜力。因此，营销人员应特别注意前期设计策略的研究，针对不同产品项目的特点，灵活把握设计评价的阶段目标。此外，营销人员应与设计人员以及其他组织成员配合，将抽象的市场需求信息转化为具体的、指导性的设计任务书，并制定明确的设计评价标准。

（4）技术人员：技术人员通常从技术可行性角度对产品设计方案进行评估，以保证设计创意得到顺利实施。任何产品设计所表现出的使用方式、形态、色彩、质感以及文化内涵等要素内容都要依赖于一定的技术、结构、工艺、材料、表面处理等技术手段。因此，技术人员应在项目任务启动的一刻便参与到设计评价中。由于教育背景、专业领域和工作特性的不同，技术人员与设计人员地有效沟通和配合始终是产品研发过程中企业经常性遇到的问题之一。大多数技术人员并非设计创新的积极倡导者。原因在于，技术人员是设计创意方案的具体实现者，对现有工艺技术和设备条件的充分利用以及尽量减少技术环节的风险是技术人员的愿望，而这在一定程度上会造成对产品创新的限制。尤其是在早期的概念设计评价阶段，过分强调技术可行性会削弱设计人员探讨多种设计可能性的热情，以至产品设计方案趋于保守，缺乏应有的市场竞争力。如何客观地、具有前瞻性地评价一个设计方案的技术可行性，保证设计创新的成果并有效控制设计人员不切实际的臆想是技术人员在早期评价阶段的重要职能。而在中后期的深入设计与技术、工艺评价阶段，技术人员必须是各种设计标准、规范的捍卫者，并成为评审会的主要角色。

（5）生产人员：生产人员主要从批量化生产工艺和制造成本角度考察产品设计的可行性和经济性，也就是通常所说的DFM（Design for manufacturing）①评价。生产人员在行使评价职能时同样会遇到一个综合权衡的问题，即面对生产工艺的合理性与消费需求、设计创新以及新技术应用之间的矛盾。标准化程度的提高是满足产品工艺性，减少规模化生产成本的有利保证，但过于统一和标准的工业化产品又无法满足今天市场多样化的需求。因此，生产人员要同财务人员以及其他评价组织成员密切沟通、配合，在对产品技术性能充分了解的基础上，详细分析和评估产品的生产装配过程，不断探索一种“大规模定制”的产品设计思路。一般来说，生产人员从技术设计阶段开始广泛介入设计评价活动，而实际上，对批量化生产的成本估计早在产品计划阶段就已经开始，只不过比较粗糙和简单；而在后期的深入设计和商品化设计环节，产品的综合成本可以相对准确地计算出来，这时，许多设计决策是依据生产人员的评估结论作出的。

（6）财务人员：按照最初制定的财务计划，对产品设计进行综合财务评估是财务人员的职责。换句话说，财务人员在设计评价中的职能是对成本的监管和控制。一个处于市场领导地位的产品，其价格是由“成本累加法”制定的，即企业愿望中的制造成本加上预期利润；而由于竞争的严酷性，今天市场中的价格大多是由市场和顾客因素来驱动的，即“目标成本”，它的逻辑是“基于企业希望顾客最终支付产品的价格和分销渠道

---

① DFM是DFX（Design for X）方法的一部分。在根据设计策略方向完成了概念设计后，设计人员需要将这些成果转化为具体的产品，也就需要考虑到诸多的品质标准，如可靠性、耐久性、操作性、环境影响和生产工艺等。“X”就是与上述标准对应的概念。而其中，DFM（Design for manufacturing）是直接影响产品制造成本的重要因素。［美］卡尔·T·犹里齐、斯蒂芬·D·埃平格著：《产品设计与开发》，杨德林主译，大连：东北财经大学出版社，2001年版，第218页。

各环节所需净边际利润率来确定制造成本规格的价值”。[①]这样一来，对产品开发和制造过程中的成本控制就成了项目成功与否的关键所在。传统的管理经验认为，产品的成本主要发生在生产阶段，因而一些成本控制的手段主要集中在提高设备利用率和提高生产率上。事实上，设计是决定产品的形态、结构、材料、加工方式、外协配套等内容的主导因素，自然也是影响产品成本的关键因素。同样的使用功能，如果其结构复杂程度、加工方式或材料选择不同，其成本就会发生巨大的差异。从图 7–2 显示的产品开发阶段与成本关系可以看出，设计阶段的成本决定因素占据了总成本的大部分比例。[②]因此，财务人员在设计进程中的成本评估和控制是保证产品项目成功的重要内容。另外，财务人员还应不断灌输一种成本意识给评价组织成员，尤其是设计人员。财务计划是一种成本预测，一般是根据企业生产经营状况，运用科学的方法进行成本指标的测算而成。正如上一段落所述，由于财务计划是对未发生的成本及收益情况的预测，所以并非完全不可改变，在评价组织成员共同权衡了投入、产出的效益后，如为某个极具创造性的设计概念适当增加一定成本投入，并可能带来超值的利润时，显然可以调整原有的财务计划。

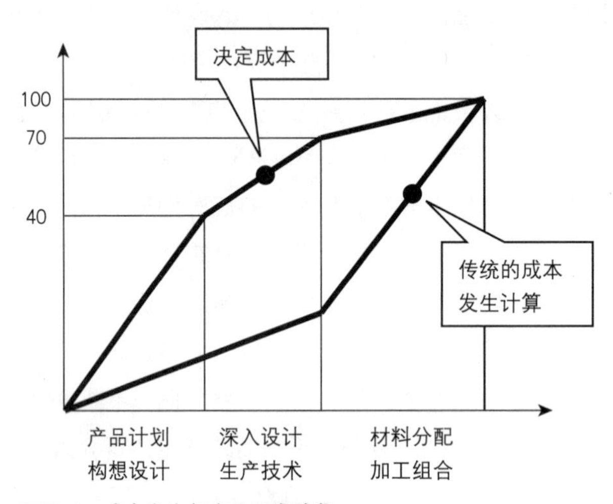


图 7–2　成本发生与产品开发阶段

（7）用户代表：产品设计的目标是服务于它的广义使用者，因此，用户代表越来越成为设计评价组织中的重要角色。用户代表的选择应是目标群体中不同阶层、职业、年龄、性别等类型的“正态分布”，[③]以便真正代表使用者的广泛需求。用户代表在评价组织中的职能是充分反映使用者的需求和偏好，他们通常会从产品的功能性、使用性、安全性、美观程度、身份价值感、维修性和价格等角度来评价一个产品。所有这些指标都是设计评价中最为重要，而且难于从企业内部获得准确依据的评价要素。用户代表是特殊的评价组织

① [美] 卡尔 ·T· 犹里齐、斯蒂芬 ·D· 埃平格著：《产品设计与开发》，杨德林主译，大连：东北财经大学出版社，2001 年版，第 95 页。

② 刘国余：《设计管理》，上海：上海交通大学出版社，2003 年版，第 113 页。

③ “正态分布”是统计学中的术语。一般来说，客观世界中有许多随机现象都服从或近似服从正态分布；并且正态分布具有很好的数学性质，便于统计和计算；尽管日常活动中的有些变量是正偏斜的，但这丝毫不影响正态分布在抽样调查应用中的地位。

成员，他们可能正式参与到设计方案的评审会议中，直接提出对设计方案的看法和意见；也可能通过电话、网络等媒介或在家中、产品销售地等环节间接地参与评价活动，比如接受设计调研、访谈与测评，参加产品“实验评价”活动等。一般来说，用户代表大多在前期的设计策略研究阶段就参与到评价组织中来，由他们参与的设计访谈、形象测评以及生活形态分析等研究资料是企业具体的设计策略制定的主要依据；随着设计进程的发展，由于项目保密的需要，企业外部人员将采用间接的方式参与评价组织的活动；而到后期的商品化试销环节，用户代表将成为最终设计评价的最主要的角色。

(8) 其他相关人员：主要指与该设计项目有关的企业内外的专家、顾问，包括心理学家、人类学家、市场营销专家、社会学家、环境人士等。产品经由市场途径成为商品，从而脱离企业进入了广泛的社会环境，这时的商品不仅仅是作为某种功能性的用品，而是作为一种人类创造的“文化现象”受到广泛的关注和评价，而这种评价必然与企业的品牌形象以及未来的发展密切相关。能够有效预测这种社会评价的结果，正是以上各类专家参与到评价组织中的目的所在。在设计评价中，相关专家、学者的职能是从企业经常忽略的角度来全面评估产品的综合效益，如社会伦理、家庭关系、使用者的精神及心理健康、绿色环保和废旧产品回收等领域，这不仅对某个产品项目的成功至关重要，而且对企业长期、可持续的发展具有重要意义。从参与阶段上看，在前期的设计策略研究中，相关人员可以为企业确立设计策略方向和设计定位提供积极的建议和咨询；在决策评价中考察和评估该设计策略实施的成果；而在后商品化的评价阶段中，以上各类专家需要随时监控和反馈产品设计所引发的各种社会、文化以及环境影响，为企业调整设计策略和产品计划出谋划策。

从一定程度上讲，组织成员及其阶段职能的行使应该代表广泛的评价主体利益；“有效沟通”的核心职能正是为了充分体现和满足各种利益观念和专业意见的交互，以达成组织成员间的共识；而一定的组织结构正是保证设计评价活动有效实施的前提条件。

## 7.4 案例研究——“美的工业设计公司”的评价组织[①]

评价组织是一种制度手段，它的目标指向设计评价活动的有效实施，因此，认识所谓“适合”的评价组织就是通过在实现目标过程中，对其组织职能所发挥的作用进行深入分析和理解。

从企业案例研究中了解到，评价组织的人员构成、结构方式以及运作方式等因素在不同类型的企业中有着明显的差异。一个“适合”的评价组织必定要根据上述组织结构模型以及组织成员特征和职能分工，并结合企业的具体情况而构建。一般而言，对于技术主导型产品，工程技术人员参与程度高，并拥有相对权威的评价地位；而对于市场或顾客主导型产品，营销人员的意见会更有影响力，也因此在评价组织中拥有更大的权值；

① 本案例研究参照作者于2005年在“美的工业设计公司”的调查数据。

对于像“阿莱西”这种以创新设计为企业特征的制造商来说，设计人员则拥有更广阔的空间去表达观念和自由创造。“美的工业设计公司”是近年来活跃在珠三角地区依托大型企业集团的专业设计机构，以下将针对其设计评价组织进行分析，以进一步认识“适合”的评价组织特征。

(1)“美的设计”的企业背景、特征及理念分析：“美的设计”始建于 1995 年，隶属于广东美的集团，原为企业的工业设计部。1998 年以 1800 万的雄厚资金为本钱正式另立门户，被认为是中国首家由企业投资成立的专业工业设计服务机构。设计总监欧杰先生介绍说，“美的设计”可以提供从市场调查、消费者研究、产品策划、工业设计、结构设计、快速模型制作、模具制造、设计培训、设计管理顾问等一系列设计服务项目。虽说是参与市场竞争的独立设计机构，但其根深蒂固的大企业背景，使之占有着其他设计公司所不具备的综合资源优势。至今为止，约有 80%的设计业务量来源于美的集团下属的各个分公司或事业部。因此，在一定程度上，我们依然可以将其视为美的集团自身的工业设计职能部门。

美的集团的产品线极为丰富，其下属各个“事业部”的主要产品有家用与商用空调、风扇、电饭煲、冰箱、微波炉、饮水机、洗衣机、电暖器、洗碗机、电磁炉、热水器、灶具、消毒柜、电火锅、电烤箱、吸尘器、小型日用电器等大小家电和压缩机、电机、磁控管、变压器、漆包线等家电配套产品。①尽管并非所有产品都需要工业设计机构的参与，并且各个事业部也经常采用招标的形式寻求广泛的设计合作，但就“美的设计”先天的资源条件来说，获得大部分的合同项目也是理所应当的事。因此，设计评价的对象是极为广泛的，这就要求其设计评价组织成员具备极为丰富的专业知识和经验来管理设计项目的进程和结果。

“美的设计”所有工作的核心是围绕“大市场”②的概念展开的，包括现有市场研究与消费者需求分析。其工作范围涉及产品策划、工业设计、平面设计以及整体传播的各个环节，并以市场研究的结果为目标方向，将各环节的内容有机地整合在一起（图 7–3）。

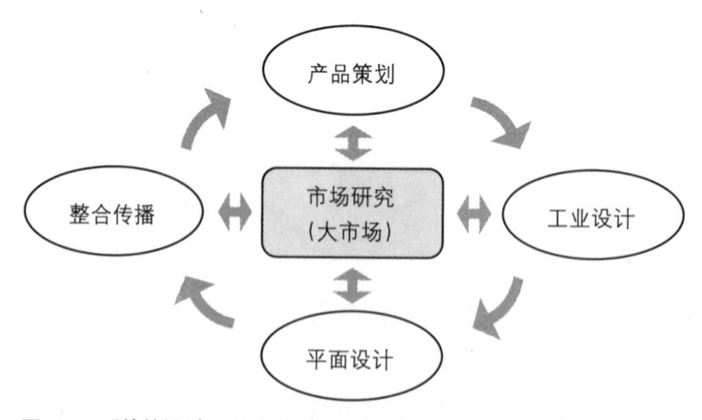


图 7–3 “美的设计”的工作范围

① “美的工业设计公司简介”，http://www.mddesign.com.cn/index.asp.

② 按照“美的设计”欧杰先生的解释，所谓“大市场”是指超越一般意义上的现有市场（商场）调研，而包括了消费者潜在需求的研究。

“美的设计”提出“激情、创新、服务”的设计理念以激励自身；同时“客户成功，才是我们的成功”作为“美的设计”的信条，显示出与一般企业内部设计中心不同的，作为一个独立设计服务机构的设计哲学。同时，“美的设计”特别强调团队协作的精神和企业整体的形象，并将这种理念贯彻到评价组织的构建和设计评价的过程中。

（2）“美的设计”的评价组织：基于上述的企业背景、特征和设计理念，“美的设计”组建了一套适合于自身特点的组织架构（图 7–4），从中可以看出，两个核心的委员会成为评价组织运作的重要管理机构。

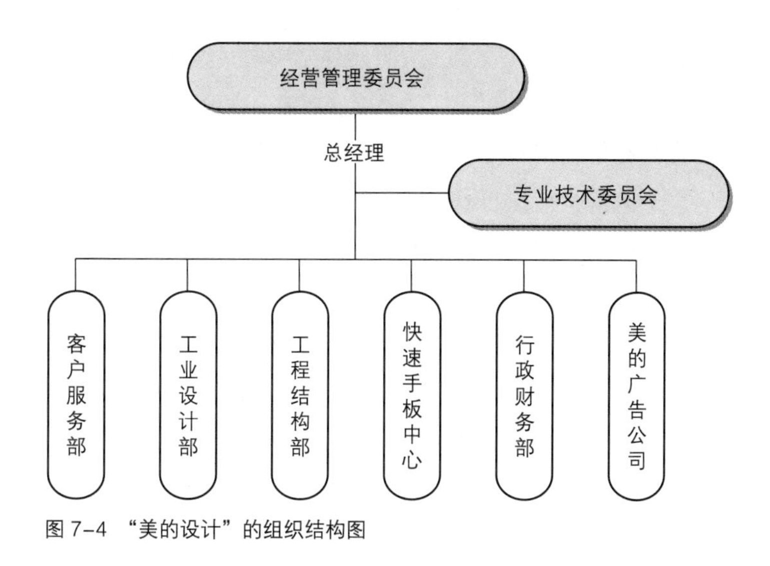


图 7–4　“美的设计”的组织结构图

1）经营管理委员会：是企业最高的决策机构，也是经营策略制定、管理的核心机构。在设计评价活动中，“经营管理委员会”更侧重于对企业设计发展大政方针的策略性把握和评估，并不介入到具体设计方案的评审和遴选中。

2）专业技术委员会：全面负责产品创意设计、品牌传播、结构、模型等技术攻关和技术指导；负责各个部门的技术培训工作；负责公司产品设计业务的整体协调工作；负责设计项目运作流程的优化及项目评价和管理工作。

可以看出，“专业技术委员会”是行使设计评价组织职能的具体执行机构。该委员会的负责人由设计总监担任；企业领导层人员与技术、市场等部门负责人成为组织的核心成员；不同项目涉及的专业技术人员以及客户代表成为动态的评价组织成员。实际上，由于一些核心管理人员的重要作用，上述两个委员会的成员可能是重复的。

（3）小结：从企业经营管理的总体状况上看，“美的设计”组建了一套“适合”自身特征的评价组织机构。其特征可以归纳为以下两点：

1）强调团队合作理念，并有效建立起制度化的设计评价组织机构，即组建了两个核心的设计评价与管理委员会。这种设置使得“专业技术委员会”更加专注于设计项目的组织、管理和评估，在一定程度上提高了设计评价的效率，也符合“美的设计”既要完成集团内部的设计项目，又要为其他企业提供内容广泛的设计服务的企业特征。

2）工业设计人员参与全方位的市场和消费者研究，并在评价组织中占据重要地位，这将有利于企业围绕设计创新的市场战略目标。

## 7.5 小结

本章节重点讨论了评价组织的人员构成、结构方式以及组织应具备的主要职能，并借助企业案例对“适合”的评价组织进行了具体分析。

一般认为，评价组织就是企业内部的一个专门从事设计评价和管理的机构，根据企业规模、产品性质、竞争环境等因素限定，按照某种结构方式组建而成。评价组织可能是固定的机构，但大部分情况下是临时组建的委员会，并在不同阶段人员的组成也呈动态性的特征。总体上看，评价组织的成员是由企业领导、策划人员、营销人员、设计人员、技术人员、生产人员、财务人员、用户代表以及其他企业内外的专家、顾问等组成。这些组织成员在设计评价的不同阶段发挥着不同的职能，因此，一个适用性较强的评价组织结构应该包括三个层次：组织负责人、核心成员和动态参与者。

从传统的管理学角度上看，评价组织的职能主要是监督、控制和提供决策依据，而实际上，评价组织最为重要的核心职能是“有效沟通”，它将企业决策层的意志和观念传达给设计执行部门，又将设计部门的创意、灵感、解决问题的方案以及可能存在问题反馈给决策人员，以达成企业上下层在设计理念和实现目标方式上的共识；同时协调各个设计职能部门的信息和观念交互，以保证执行部门间的有效合作。由此可见，评价组织是通过建立“有效沟通”的机制和平台，来贯彻企业的战略思想并保证设计评价活动的顺利实施。

# 第8章　设计评价方法

前几章较为详尽地探讨了设计评价的标准、程序和组织等制度内容。打个比方，设计评价活动好比是做饭，组织研究明确了谁来做的问题；程序研究了解了烹调的大致步骤；标准则规定做什么以及衡量饭菜品质的尺度；而方法就是做饭的具体技巧、经验和相关知识的总和，也就是"巧妇"之所以"巧"的关键所在。

方法从来不是一些固定不变的步骤，方法研究的本质就是在充分探讨现有方法的基础上，根据实际目标选择、修正或创造新的方法。方法是个软系统，并不局限在某个具体环节，而是广泛地存在于设计评价的整体过程之中，自然也包括了评价标准的制定和确立。

本章节试图将现有的主要设计评价方法进行系统地梳理、评述，探究其基本特征和适用条件，为设计评价组织根据实际需要选用、修正并创造"适当"的评价方法打下基础。

## 8.1　设计评价方法综述

### 8.1.1　关于方法

方法是人们为了达到某种目的而采取的行为方式、步骤和手段的总和。最初的方法是建立在朴素经验基础上的。人们经由不断的"试错"，将实践活动中那部分成功的经验、行为方式、步骤、手段积累起来，作为指导以后行动的依据，这样便逐渐形成了"方法"。随着人类生产力的发展、技术的进步、知识的积累，方法越来越趋向于规范化和"体系化"的表达，渐渐地演变成后来所谓的"科学方法"。亚里士多德的"逻辑学"和阿基米德的"几何学"被认为是"科学方法"的源起。到了16世纪、17世纪，培根运用"经验归纳法"充分探讨了人类认识世界的基本过程，从而彻底确立了方法的"工具"属性。培根曾说："没有一个正确的方法，犹如在黑暗中摸索行走"。可见，方法对于人类认识世界、改造世界的活动具有何等重要的意义。此后，分析哲学与数理逻辑对"科学方法"的发展作出了巨大贡献。19世纪中叶以来，随着自然科学研究疆域的不断拓展，逐渐完成了宏观领域的学科分化，对方法的探讨也随之细化到科学研究以至人类活动的每一个细微角落。可以说，无论我们从事什么研究和实践工作，离开"适当"的方法都寸步难行。

方法同样依赖目标而存在。由于目标不断变化，方法自然也是动态的，并处于不断调整和完善的过程之中。因此，我们在文献资料中看到的、学到的只是关于方法的知识，而不是方法本身。如果没有结合实际，亲身实践，就不能说是掌握了方法。本文探讨的就限于设计学科领域内，有关评价活动的行为方式、步骤和相应途径、手段的知识。

### 8.1.2 设计评价方法

设计评价的方法是人们在设计实践中不断“试错”，总结经验，后又借助管理学、运筹学、数学等相关学科的知识逐渐发展和积累起来的。到目前为止，国内外理论界从不同角度提出了几十种设计评价的方法。如：经济、技术评价法、价值分析法、评分法、模糊评价法、层次分析法（AHP）、群体决策法（NGT）、德尔菲法（Delphi）、语意区分法（SD）、决策学的非定性评价法，还有实验心理学的ME法等。归纳起来无外乎定量、定性两种思路。“定量方法”强调运用数学公式，通过计算获取量化的评价数据，从而得到客观、准确的评价结果。适合技术指标、材料性能、经济指标等因素（准确性和难度系数）的评价。然而，在实际的设计评价中有很多无法量化的因素，如设计美感、文化、使用性上（艺术表现力）以及竞争环境等，强调主观感受的“定性方法”则更适用于此类因素的评价。

从定量与定性的两种思路出发，评价方法可分为“公式评价法”、“实验评价法”和“综合评价法”三大类（表8–1）。在这三类内容中，定量与定性的方法并非截然分开，部分“定量方法”中需要借助从主观感受给定的初始“分值”；而大多“定性方法”又总是需要最终的数据统计和权重的换算。所以，上述分类是依据该评价方法的主要倾向而确定的。

所谓“公式评价法”主要属于定量的思路，是利用某种公式，通过统计或计算求出指数，得到客观的、量化的判断，多适用于“技术驱动型”产品或针对设计中的技术、工艺、成本因素的评价。虽然该方法也力求将诸如美感、舒适性等因素诉诸更为精确的量化表达，但在实际应用中对上述各种感性因素的判断还缺乏说服力；“实验评价法”是通过材料测试、使用测试以及商品试销等手段进行实效性评估，兼具定量与定性的成分。这种方法通常是在项目进程的后期进行，所得到的评价参数较之公式的数据更具“信度”。存在的问题是，

设计评价方法种类及特征分析　　表8–1

| 方法类型 | 公式评价法 | 实验评价法 | 综合评价法 |
|---|---|---|---|
| 方法名称 | · 经济、技术评价法<br>· 价值分析法<br>· 评分法<br>· 模糊评价法<br>· 层次分析法<br>…… | · 技术实验评价法<br>· 功能实验评价法<br>（试用评价、感性工学）<br>· 市场实验评价法<br>（实物测评、商品试销）<br>…… | · NGT 评价法<br>· 德尔菲法<br>· SD 法<br>· 不定性评价法<br>· 计算机专家系统<br>…… |
| 方法特征 | 客观、量化 | 实效性 | 主观感受+综合因素 |
| 主要适用范围 | 技术、工艺、成本等定量因素 | 各种商品的定量和定性因素 | 美学特征、符号价值、竞争环境等定性因素 |
| 主要问题 | 感性评价失效问题 | 操作难度大、成本高 | 结果的不确定性 |

所花费的时间和资金成本较高；“综合评价法”则是主要依靠评价主体的经验、直觉并结合量化的手段进行综合判断的方法，更适合于“顾客驱动型”产品或对某些难于量化因素的评价。这类方法更多地依靠专家群体的主观判断，存在一定的结果不确定性问题。

文中没有专门涉及对依靠“纯粹直觉”进行判断、评价与决策活动的讨论。事实上，对于初创时期的中小企业来说，依靠决策者对市场趋势的领悟能力作出权威的定性评价未必不是一种权宜之计。从大量的案例上看，许多成功企业都经历了这种“朴素”的评价阶段，并经常能够取得意想不到的效果。当然，这种成功具有偶然性，严重依赖于决策者的个人素质和判断能力。西方有些学者认为，价值具有一种“完形”的性质，对它的把握只能用直觉和直观。这种说法虽然有些极端，但直觉在各种评价活动中的重要作用是不能被忽视的。由于这种定性判断的“方法”（如果可以称之为方法的话）包含了太多隐性的、无法言传的经验、悟性、灵感的因素和信息，远远超出了本书讨论的范畴。

几点说明：其一，以下讨论的方法并非是工业设计评价领域所独有的，而是在系统理论研究、管理学、运筹学以及机械设计等领域通用的方法，应该称为“共法”，本文只是着重讨论它们在工业设计评价中的作用；其二，由于篇幅和笔者的研究视野有限，文中不可能逐一介绍所有的评价方法，也不可能将所述评价方法的全部细节充分地展开讨论，而只是对其目的、应用程序、适用范围等主要特征进行分析，并根据其性质进行分类、梳理，便于大家根据实际需要进行选用；其三，为适应工业设计评价的特点，笔者对部分方法进行了修改、补充。

## 8.2　公式评价法

“公式评价法”主要是运用数学工具进行分析、推导和计算，从而获取定量的评价参数以供决策参考。这种方法早期多应用在工程设计和机械设计的评价和决策中。以后随着模糊评价理论的发展和应用，对各种原来属于定性评价的问题进行定量化分析的方法备受瞩目，因此，“公式评价法”所包含的范围和内容也越来越丰富。以下将选取几个典型的方法进行介绍。

### 8.2.1　评分法

“评分法”就是基于一定的评价目标，由评价组织成员依靠经验、直觉为设计方案打分，而后利用数学公式进行定量评价的方法。通常对一个设计项目的评价有多项标准，因此需要分别打分，再进行统计处理以获取所有标准的总分值。其基本操作程序可分为如下四步：

（1）确定评分标准：一般使用10分制或5分制作为评分标准（表8–2）。①

（2）评分：大多采用评价组织成员集体评分的方式，以避免过分个人化的倾向。理想状态为满分10分（或5分），最差的为0分，其他则根据情况取中间的某个分值。如果是

---

① 黄纯颖主编：《设计方法学》，北京：机械工业出版社，1992年版，第113页。

**评分标准** **表 8-2**

| 标准尺度 | | | | | | | | | | | |
|---|---|---|---|---|---|---|---|---|---|---|---|
| 10 分制 | 0<br>不能用 | 1<br>缺陷多 | 2<br>较差 | 3<br>勉强可用 | 4<br>可用 | 5<br>基本满意 | 6<br>良 | 7<br>好 | 8<br>很好 | 9<br>超目标 | 10<br>理想 |

| 5 分制 | 0<br>不能用 | 1<br>勉强可用 | 2<br>可用 | 3<br>良好 | 4<br>很好 | 5<br>理想 |
|---|---|---|---|---|---|---|

对有定量参数的项目进行评价，其性能数值就成为了评分的依据；如果是对非计量性项目进行评价（如美感、色彩、舒适度等），在没有定量参数的情况下，只有依靠专家的经验和直觉来给定分值了。

（3）加权系数：加权系数是各项标准重要程度的量化系数。权值数大，意味着重要程度高。为了计算方便，一般取 1 为各项标准的加权系数总和。

加权系数可以由经验而定，也可以使用“判别表法”计算。也就是将各评价目标的重要性一对一地进行比较计算。比较时，如同等重要就各给 2 分；其中一项比另一项重要则给 3 分和 1 分；一项较另一项重要得多时，则分别给 4 分和 0 分。最后将分值代入判别表中，便可以计算出各项标准的加权系数了。[①]

（4）总分统计：有多种方法用于统计总分，可以简单地将专家给各个方案打的分值相加、相乘等。其中综合考虑各目标分值与加权系数的“有效值法”是应用最多，且相对准确的方法。

总之，“评分法”是相对简单、合理，而且应用极为广泛的定量化设计评价方法。其主要存在的问题并不在于公式的运用与计算方法的选择，而是专家所给定的初始数值的客观性和准确性。这显然是所有期望用量化方式评价感性问题的方法所遇到的最大问题。因此，对评价组织人员的素质、经验以及数量的要求就成为评价活动的关键。

### 8.2.2 经济、技术评价法

经济、技术评价法的特点是对方案进行技术经济综合评价时，不但考虑到各评价目标的加权系数，而且所取的“技术价”、“经济价”都是相对于理想状态的相对值，这样便于决策时的判断和选择，也有利于设计方案的改进。该种方法被列入德国工程师协会规范 VDI2225 中。[②]

（1）求“经济价”：就是计算理想生产成本与实际生产成本之间的比值。所谓的“经济价”（$W_w$）的值越大，经济效果越好。理想状态的 $W_w$ 数值为 1，表示实际生产成本等于理想成本。$W_w$ 的允许值为 0.7，如果 $W_w<0.7$ 意味着实际生产成本高于允许成本，在经济上就是不合格的。

① 廖林清编著：《现代设计法》，重庆：重庆大学出版社，2000 年版，第 45 页。
② 简召全编著：《设计评价》，北京：中国科学技术出版社，1994 年版，第 21-24 页。

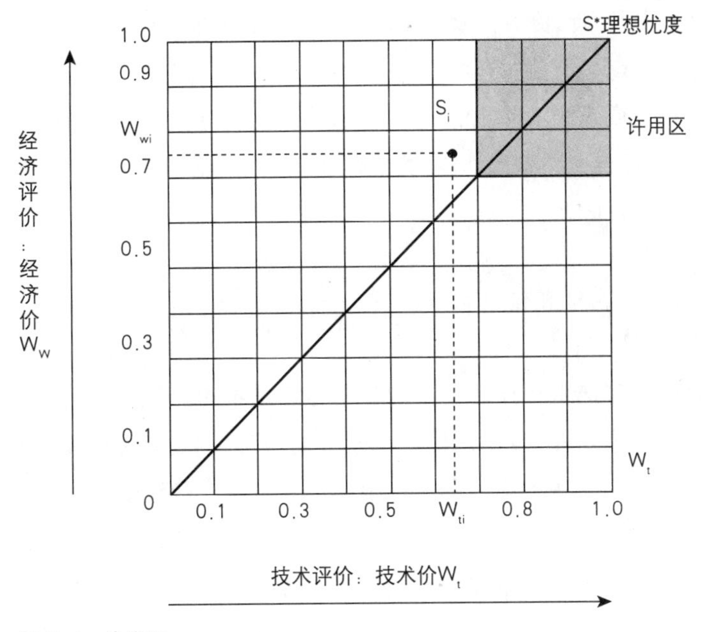


图 8-1　优度图

（2）求“技术价”：即各技术性能评价指标的评分值与加权系数乘积之和再与最高分值的比较。“技术价”（$W_t$）的值越高，说明方案的技术性越好。理想的“技术价”为 1，$W_t$ 数值如果小于 0.6 表示技术不合格，必须加以改进。

（3）综合评价：在求出了“经济价”和“技术价”之后，便可以利用公式计算或图形方法进行综合评价。如利用“优度图”可以直观地反映评价结果（图 8-1）。在“经济价”$W_w$ 和“技术价”$W_t$ 构成的平面坐标系中，每个方案的 $W_{wi}$ 和 $W_{ti}$ 值所交成的 $S_i$ 点便反映了该方案的优良程度（优度）。$S^*$ 点是最为理想的优度。对比每个方案的 $S_i$ 点与理想位置的距离，便可以非常直观地评选出最佳设计方案。

总体来说，经济、技术评价法是利用量化手段，对设计方案中的经济成本与技术可行性进行综合评估的方法。但在当今复杂的商品经济社会中，顾客满意度以及产品的社会、环境影响问题日益成为设计评价中最为关键的因素，仅站在企业角度就经济和技术环节进行的设计评价显然不够全面和客观。

### 8.2.3　价值分析法

“价值分析法”（Value Analysis）是美国通用电器公司的设计工程师麦尔斯（L.D.Miles）于 1946 年创立的。20 世纪 60 年代在西欧、日本、东欧先后得到广泛采用，收到了显著效果，被公认是一种相当成熟的管理技术。我国在 20 世纪 80 年代末才开始引入这一方法。该方法是一种旨在提高企业“提供物”价值的产品开发和企业管理的有效手段，后被推广到任何涉及“技术”和“经济”两方面内容的活动之中。总体看来，价值分析是一种设计开发与评价决策的技术，“是研究产品或服务如何以最低的寿命周期费用，来可靠地实现用户所需的必要功能（提升‘价值’），取得更好的技术经济效益的有组织的活动。”[①]

与前文讨论的“商品价值”有所不同，价值分析中所谈到的“价值”是事物的效用与得到这种效用所投入资源的一种比值，是评价事物有益程度的标准。对于传统的产品设计来说，其效用就是产品自身具备的功能，投入的资源可以看作是产品的寿命周期费用，因此，产品的价值可以表示为：

$$\text{价值（V）}=\frac{\text{产品的功能（F）}}{\text{产品的寿命周期费用（C）}}$$

运用价值分析的方法进行设计评价的基本思路是将功能与成本结合起来看待，产品价值的“高低”取决于功能、成本之比。一般来说，产品的功能性指数愈高，则价值愈大，那么便是好产品；成本费用愈高，则价值愈小，那么该产品需要改进。由此可以演变出五种评判产品价值的模型[②]。

近半个多世纪来，“价值分析法”在许多行业都发挥了非常重要的作用，但也存在着各种的问题和不足。尽管人们不断对麦尔斯的理论进行修订和补充，但在新的形势下，尤其是对于商品设计评价来说，“价值分析法”还存在着以下问题[③]：

（1）价值分析大多是以现有产品或服务为研究对象，更适用于改良型产品设计；缺乏对市场趋势以及社会、环境影响等内容的预测性评估手段，在新产品开发和设计创新的评价和决策活动中具有一定的局限性。

（2）价值分析以产品或服务的功能和实现该功能所花的费用为研究内容，这样就有可能忽略其他当代社会和不同文化人群需求的特殊因素。

（3）价值分析是以如何用最低的寿命周期费用，来可靠地实现用户所需的必要功能为目标，这样会存在必要功能的可获得性和需求的全面性问题，以及最低成本的不可预知性。

（4）价值分析是以提高产品或服务的价值，并以获得较好的技术经济效益为目的的有组织活动。而价值分析中的“价值”，尽管整合了企业价值和用户价值，但忽略了价值主体的利益冲突和价值观的多元化问题，使得“价值”的内涵过于简单化和局限化。

（5）价值分析以功能分析为核心，但功能分析对现有功能实现方式的依赖性以及功能评价的模糊性是其无法回避的问题。

总之，在日益复杂的社会、市场、企业环境中，“价值分析法”需要进一步地完善和发展才能有效应用于商品设计评价中。

### 8.2.4 模糊评价法

使用“公式评价法”的前提条件是具有一个明确的可以量化的评价标准，但在商品设

---

① 刘吉昆：《产品价值分析》，哈尔滨：黑龙江科技出版社，1997年版，第8页。

② 刘吉昆：《产品价值分析》，哈尔滨：黑龙江科技出版社，1997年版，第15页。

③ 参见刘吉昆的博士研究课题选题报告：《从价值分析到价值创新》，北京：清华大学美术学院，2005年，略有改动。

计评价中有很多评价要素，如使用性、安全性、加工性、美学特性等都是很难用传统的数学方法描述并进行定量分析的，只能用好、差、非常、受欢迎等很"模糊"的概念进行描述，"模糊评价法"就是利用集合与模糊数学的方法将模糊的信息数值化，以得到定量分析结果的评价方法。

模糊数学是20世纪60年代美国的控制论科学家扎德（L.A.Zadeh）教授创立的，是针对现实中大量的经济现象具有模糊性而设计的一种数学分析模型和方法，并在实际应用中得到各领域专家的不断发展和完善。我们可以通过对几个基本概念的解读来认识"模糊评价法"：[①]

（1）模糊关系：在数学中，描述客观事物之间联系的数学模型称为关系。事物间除了清晰的关系和没有关系之外，还存在大量不清晰的关系，叫做模糊关系，比如：关系挺好、感情疏远、价格适中等。

（2）模糊子集：扎德教授发表的第一篇关于模糊数学的论文就题为《模糊集合》（Fuzzy Sets），首次提出了模糊子集的概念。普通集合是描述非此即彼的明确状态，而模糊集合是对处于亦此亦彼的中间状态概念的描述。因此，将特征函数的取值范围从集合{0，1}扩展到[0.1]区间连续取值，便可以定量地描述函数集合。模糊集合通常是特定论域的一个子集，所以称为模糊子集。

（3）隶属度与隶属函数：对于模糊的评价目标不是简单的肯定"1"或否定"0"，而是0—1之间的任何一个实数去衡量，这就是隶属度。比如对一辆汽车外形的评审，其感受值难以用绝对"好"或"不好"来描述。绝对的理想值是1，如果有八成好感，那么，这辆车外形好的隶属度是0.8；如果觉得根本不能接受，那么这辆车外形好的隶属度就是0。用函数表示不同条件下隶属度变化规律为"隶属函数"。

通常来说，设计评价项目会有多个目标。应用"模糊评价法"的程序与上述的评分法相似，首先是确定各个目标与加权系数的评价矩阵，再运用模糊关系运算的合成方法求解。由于具体的运算过程并非本文的重点所在，所以在此省略了对数学公式的介绍。

总之，"模糊评价法"较之传统的定量分析法更深入、准确、客观地描述了设计评价中的复杂因素，并建立了可操作性的数学分析模型。尽管专家主观因素的影响是所有量化评价方法中无法回避的问题，但从目前的发展看，"模糊评价法"是各种公式评价法中最为全面、合理的评价理论模型之一。

### 8.2.5 层次分析法（AHP）

"层次分析法"（Analytic Hierarchical Process）是美国数学家萨蒂（T.L.Saaty）在1980年提出的一种简易、实用的评价、决策方法。1982年被介绍到我国后，得到了极为广泛的重视和应用。该方法通过整理和综合人们的主观判断，将定量分析与定性分析结合起来，较为有效地应用于那些难以完全用定量方法解决的评价课题。该方法根植于系统理论的思

---

① 对模糊评价法中基本概念的解读参见简召全编著：《设计评价》，北京：中国科学技术出版社，1994年版，第25页。

想方法之中，评价者通过将复杂问题分解为若干层次和若干要素，并在同一层次的各要素之间简单地进行比较、判断和计算，得出不同可替代方案的权重系数，从而为选择最优方案提供决策依据。运用“层次分析法”进行设计评价可以分为以下几个步骤：

（1）建立层次结构模型。首先要把评价问题条理化、层次化，构建出一个有层次的结构模型。在这个模型下，复杂问题被分解为各个元素部分，这些元素又按其属性及关系形成若干层次，上一层次的元素作为准则对下一层次有关元素起支配作用。通常来说，可以分为三大层次，首先是最高层（目标层），是评价问题的预定目标或理想结果；其次是中间层（准则层），是实现目标的中间环节，也可由若干个层次组成，包括准则、子准则等；最后是最底层（措施层或方案层），是实现目标可供选择的各种具体措施和设计方案等。上述层次可用图标形式将其从属关系表达出来。

层次结构模型中的层次数与评价问题的复杂程度及需要分析的详尽程度有关，一般来说层次数不受限制。但每一层次中各元素所支配的子元素不要超过 9 个，这是因为支配的元素过多会给后来的两两比较判断带来困难。

（2）构造判断矩阵。层次结构模型反映了元素之间的关系，但准则层中的各准则在实现目标中所占的比重并不一定相同，因而评价者需要对每一层次中各因素的相对重要性进行比较、判断。这是“层次分析法”的关键环节所在。

（3）层次单排序及其一致性检验。经比较、判断后，得到同一层次中各个因素对于上一层次某因素相对重要性的排序权值，这一过程便称为层次单排序。

上述两两比较判断矩阵的办法虽能减少其他因素的干扰，相对客观地反映出一对元素影响力的差别，但综合全部比较结果时，难免包含一定程度的非一致性。这就需要进行结果一致性检验。

（4）层次总排序。以上我们得到的是一组元素对其上一层中某元素的权重值，我们最终要得到各元素，特别是最底层中各方案对于目标的排序权重，以便进行方案选择，这就是层次总排序。这一过程是从最高层到最底层次逐层进行的。

（5）层次总排序的一致性检验。检验仍像层次总排序中由高层到底层逐层进行。尽管各层次均已经过层次单排序的一致性检验，各判断矩阵都已具有较为满意的一致性，但当综合考察时，仍有可能存在积累误差，引起最终评价结果的非一致性错误。最终的检验可以保证构建一个相对完善的评价模型。此后，将评价组织成员给定的分值纳入到该模型中，进行计算分析，即可得到最终的评价结果。

在“层次分析法”的实施过程中有两个重要环节需要格外关注，一是如何根据实际情况抽象出较为贴切的层次结构；二是如何将某些感觉度转化为比较接近客观的量化数值。

总之，“层次分析法”的特点是将人们的思维过程数学化、系统化，以取得相应的量化数值，来进行评价和决策活动。但这种方法还是很大程度上依赖于人们的经验和主观因素，它至多只能排除思维过程中的严重非一致性，却无法排除评价者个人可能存在的偏见和片面性；同时，在抽象出评价问题的层次结构模型时，不可能借助任何数学计算公式，而是要求评价者对评价问题的本质、所含要素及其相互之间的逻辑关系能够十分透彻地了解和掌握，因此，这种方法至多只能算是一种半定量的方法。

在近些年的实践中，“层次分析法”正越来越紧密地与其他的评价方法进行融合，以求得相互完善。如“层次模糊分析法”就是将“层次分析法”的系统性和逻辑性与“模糊评价法”对感性问题的量化取值方法进行结合的典型范例。这也正是公式评价法在总体上的发展趋势所在。

## 8.3　实验评价法

实验是通过人为的设计，来检验一个理论或证实一种假设而进行的一系列操作或活动。所谓“实验评价法”是对一切采用实验手段获取评价数据、信息、资料方法的总称。“实验评价法”的分类主要是为了区分以抽象的公式计算和一般的专家决策为主的评价方法，但并不排斥适当运用上述方法。比如，在“实验评价法”中，需要专家来定性地确定实验对象人群以及解释被测试者的感性随机反应等；同时也需要运用定量的公式来统计、整理实验的结果，以得到准确的评价数据。

从评价内容的角度出发，可以将“实验评价法”分为三种类型：“技术实验评价法”、“功能实验评价法”和“市场实验评价法”。

### 8.3.1　技术实验评价法

“技术实验评价法”主要是指在设计开发进程中，通过实验手段，对诸如材料性能、强度、结构合理性、工艺性等技术指标的评测活动。也就是利用各种实验设备对产品模型或样机进行测试，以得到现有的各种技术手段能否保证产品达到设计目标的性能指标。这部分内容在机械设计以及一般工程设计的文献资料中有大量的介绍，因此不再赘述。

### 8.3.2　功能实验评价法

所谓“功能实验评价法”是通过实验手段，对产品是否满足了功能性需求所进行的评测。实际上，在日常生活中有很多简易、直观的方法用于对产品功能性指标的评价，比如提供给消费者新产品的样品进行试用，或对比试用其他品牌的产品，然后让其说出感受等。这种方式通常可以得到明确的反馈意见，但问题是，人对某种产品的感觉经常受到环境的干扰和他人观点的影响，同时有许多微妙的感受差异是难以言传的，这样便导致了主观评测的极大不确定性。

从目前的发展趋势看，越来越多的研究指向用实验的方法去评价定性的问题。相关的“功能实验评价法”有很多，如日本、韩国利用先进的科学仪器对使用者的使用状态进行监察，或在产品测试中直接监测使用者部分器官，以具体的生理反应（如血压、心跳、眼球的运转方向和频率等）所提供的实验数据为依据，对使用者的“满意度”进行判断，对产品的功能性指标实现程度进行评价。对人的视觉注意力的测量是目前比较常用的方式，如使用“眼迹追踪仪”（图 8–2），通过记录人们在使用产品或选择路径时眼球运动的轨迹

图 8-2 使用“眼迹追踪仪”进行“功能实验评价”

就可以判断出，哪些部分是最先进入视觉感知的，哪些部分是容易被忽视的等，由此可以评价广泛的人机交互界面设计的合理性[①]；“声障实验室”可以测量声音的衰减与人的听觉感受，了解及判断声音与人的感知之间的关系，从而评价发声或语音产品的功能性指标；触觉与材质肌理实验室可测量人对不同材质的感受，比如制作不同材质、肌理、质地或变换不同材料搭配形式的产品样品，让被试者蒙上眼睛用手触摸，同时用仪器监测被试者的生理反应，来评测人们难以言表的心理感受。

日本筑波大学原田昭教授所从事的“感性工学”（Kansei—Engineering）研究，为“功能实验评价法”提供了相当充足的理论依据和案例支持。原田昭教授所定义的“感性工学”是一个包含了广泛意义的专业词汇，是对美感、情感、敏感度等感性因素的理性考察。在筑波大学的研究所里，来自 6 个领域的专家组成了跨学科研究机构，包括：艺术科学、心理学、残疾研究、基础医学、临床医学以及运动生理学。他们采用了多种高科技手段，通过设计一系列的实验，将测试数据累计、统计后，得出一个理论模型的假设，用以指导设计创新或设计评价。[②]

---

① 眼球跟踪仪是利用某种无源设备（Passive Device）跟踪被试者目光移动的轨迹，研究其目光的去向及其在某个特定点上停留的时间，从而测量一个产品界面引发人们注意的能力（Notice Ability），并由此评价其合理性。邝贤锋编译：《包装设计的评价方法》，《中国包装工业》，2004 年 10 期，第 26-28 页。

② 感性工学理论认为，对于人类生理上的“感觉量值”如视觉、听觉、触觉、痛觉、温觉、味觉、嗅觉、平衡感、时间感等，在生理学中都有对应的测量技术。人们能够感觉到的最小量值称之为“刺激阈”，最小差值则称之为“辨别阈”。这些“感觉量值”中的舒适性（Amenity），与人体生理上的变化量，在理论上可以被视同一致。当人们受到外在刺激后，通过测量生理上反应值的变化，如血压、呼吸、心跳、心电图、肾上腺素分泌、排汗等，将这些数值转化为舒适度的值，就可以定量地评价各种事物给人带来的感受。对上述理论的应用研究可以参见原田昭教授在 1997 年 7 月主持的一个超大型特别研究项目“感性评价构造模式之构筑”（Modeling the Evaluation Structure of Kansei）。该计划历时三年，集中了约五十位各国研究人员，包括工业设计、机械人工程、控制工程、资讯工程、信息管理、认知科学、美学、艺术等众多领域的专家团队，分为“感性评价”、“程序与感性数据库”、“机械人系统”等三组。该项目方法的核心内容是，使用计算机网络技术和远距离遥控机械人，全程监测受试者欣赏艺术品的运动轨迹，从而了解观赏者在鉴赏艺术品时，如何建立其感性评价的心理机制。黄崇彬，“日本感性工学发展近况与其在远隔控制接口设计上应用的可能性”，http://www.product.tuad.ac.jp/robin/ Research/kein.htm.

我国从近几年开始对“感性工学”以及其他“功能实验评价方法”进行引进和尝试。但相关研究更多集中在计算机或网络通信产品界面设计领域。对于在商品设计评价中的广泛应用，还有待资金、设备、技术的支持和相关人才、研究经验的积累。另外，“功能实验评价法”并不涉及对商品价格以及潜在市场需求等因素的评估，无法反映市场对于新产品的直接态度，因此，对于企业来说，最为实际的评价活动不是发生在实验室里，而是在市场上。

### 8.3.3 市场实验评价法

“市场实验评价法”就是通过市场实物测评或商品试销等途径来评价商品设计效果的一种最为有效的方法。它直接反映了商品在市场上的接受程度，是企业作出设计决策与相应生产计划的最为重要的依据。由于此类方法需要详尽、周密的策划和专业人员来具体执行，所以，“市场实验评价法”的运用越来越多地集中在专业调研公司和市场研究机构中。以下将分“实物测评法”和“商品试销法”两个部分进行分析：

1. 实物测评法

所谓“实物测评法”就是将最终商品或模型样品拿到市场环境中，听取消费者对其形态、色彩、图案、材料、质地、使用、价格以及维修等因素的综合性评价。通常来说，实物测评阶段与生产准备阶段是同步进行的。产品虽然已经设计完成，但并未批量化地投入生产，评价反馈的市场信息，可以有效帮助企业及时地调整部分未尽人意的设计元素或营销策略，从而增加商品成功的机率。

在实物测评中还可以具体结合其他评价方法的应用，如 SD 法（见 8.4.3）的运用，即将消费者对实物的感受通过语意转换为量化的数值，对照语意区分图表，可以有效评价商品设计对预设目标的忠诚度，也就是评价商品设计与前期制定的设计策略的一致性。因此，实物测评的意义在于，它不仅可以实效性地预测市场需求，还可以反观、评价设计策略的正确性，从而不断调整企业整体的战略目标，保持企业的活力和竞争优势。

实物测评属于一种“态度调查”，并不涉及实际的购买行动，因此，在测评中要格外重视与目标消费人群的沟通和交流，避免过分依赖量化的数值。事实上，许多过度热心、碍于情面或敷衍了事的被测者会给出较高的评分，这经常会误导研究者对商品实际效果的正确评估。

“实物测评法”在实际应用中同样有一些变体方案。如在设计过程中，为了准确评价设计方向的正确性，采用效果图测评的方式。这样做的意义是，随时以市场的标准评价设计的阶段成果，最大程度地跟进消费需求，以保证商品开发的成功。但图面表达的效果会明显地干扰被测者的感受，并对测评结果造成影响，研究者应谨慎使用。

2. 商品试销法

“商品试销法”的真正目的是“得到可靠需求量的预测，而不是那些能指导早期计划决策的一般性市场数据和可能的市场份额。计划者在此时要做一个正式和最终的经济分析，但产品销售量是企业收益表中最基本的未知量。试销正是为解决这一问题而进行的工作”[①]。显然，运用试销的方法是对商品设计所引起的市场反应作出最后的评估，并以此作为制定大批量生产计划的最终依据。试销的方法还可以有益于营销计划的完善，并对商品化的细节设计作出前期诊断和预测。比如包装的方式和效果、推广的重点、商品陈列的方式等。

实际上，由于试销的结果对商品销售前景的真实影响，企业在试销方式的尝试中积累了相当丰富的经验，创造了多种方法。比如销售波动测试、实验室试销、商品目录、售货车、控制试销、单一城镇试销、多城镇试销、展销等。下面将分析几个主要的方法。

（1）销售波动测试：这种方法更适用于消费类商品的评价，比如一款新型的牙刷或签字笔。基本的方法步骤是这样的：首先是通过各种渠道与那些潜在的用户建立联系，然后向他们解释新型商品的用途和使用方法，并慷慨地提供一些免费的试用品。一定时间后，再次同这些人联系，这时，用户可以选择购买这种商品，也可以不购买。随后，这些信息被收集起来，用于进一步分析。对不再持续购买的用户要进行调查，发现根本原因，从而完成新品试销波动测试工作。

在家用电器或其他类型商品测试中也有类似的做法。比如销售人员在商场里“捕获”或专门去拜访一些用户，向他们介绍新型商品，并请他们“试用”（有时是让用户拿回家去试用）。不久后，向这些用户征求订单。如果不愿继续使用该商品，企业将其收回，并详细征询用户意见，以便大批量生产时改进相应设计或价格策略。

这种评价的方法超越了简单的“态度调查”，不再是针对购买动机的研究，而是真实的交易行为，从中可以相当有效地评估商品设计的市场效果。但是，采用这种方法需要较长的周期，并且管理成本和风险较大。尽管如此，很多企业还是热衷于该方法，因为它不仅是测评，更是一种推销手段。

（2）实验室试销：所谓实验室试销是一个以商场为实验场所的一系列营销测试活动。之所以用实验室一词是为了强调它是一种控制下的测试活动，与一般的市场调查和试销有所区分。其操作程序可以借用美国的杨 · 斯 · 怀（YS&W）公司的案例[②]进行说明，他们将这种方法称为“LTM”（Laboratory Test Market）。该公司在全国各地都设立了自己的或租赁的实验室设备，有些是在商场中的流动实验室。在那里，公司将新型商品（有时只是构想）向消费者公开，以获得他们的反应，来完成商品设计的测试评价。其具体步骤是：选择在商场购物的人作为受试者，取得他们的同意后，将正在研究的商品设想告诉他们，并征询意见；然后请这些人单独观看半个小时关于新商品的录像资料，并要求事后作出回忆；接着将他们引入一个简易的、陈列着那些新型商品的小型商店，并给受试者一些现金，让他们任意购买想要的商品，当然，超出的部分要自己掏腰包了；购物结束后，举行一个焦点访谈会议或只是填写一张问卷，了解他们对新型商品的反应，并做详细记录；测试完毕，

① MBA 必修核心课程编译组编译：《新产品开发》，北京：中国国际广播出版社，1999 年版，第 310 页。
② MBA 必修核心课程编译组编译：《新产品开发》，北京：中国国际广播出版社，1999 年版，第 315 页。

受试者离开时，要赠送那些没有购买任何测试商品的受试者一个样品，表示感谢；事后还要登门拜访这些受试者（或通过电话访问），了解他们的使用状况。该环节工作要重复两到三次；对得到的数据进行分析，作出预测性评价：（遵循以下公式作出预测）

销售量 = 市场规模 × 试用比例 × 重复购买次数

获得数据后，再对不同的战略、价格等因素进行测试。每一系列商品要对 300 个以上的受试者进行研究。杨 · 斯 · 怀公司声称，他们用这种方法对 200 种新型商品进行预测评价，成功率为 92%。

显然，实验室试销同样需要相当的时间周期和成本支出，但相对大规模的波动试销法来说，费用还是要低一些。值得注意的是，实验室试销需要受试者的密切配合，依赖于市场环境的相对稳定和人们之间的充分信任感。在今天中国市场环境中，人们饱受过度推销之苦，企业、设计研究者与消费者之间的这种信任与真正的配合变得越来越少见。因此，在具体执行实验室试销法中需要不断变换手法，补充内容，才能得到更为准确和有价值的评价数据。

（3）控制销售：在以上销售波动测试和实验室试销中，用户的购买活动在一定程度上都是模拟的与被引导的，缺乏在真正市场环境下的随机购买的真实性。控制销售则采用了真正的购买行为，顾客完全是按照正常的价格在“市场”中自由购买商品，只不过附加了一些限制条件或需要顾客提供一些个人信息。这些“市场”是有选择的某个固定商店或跨地区的连锁店。其中所有的销售数据都被有效地控制，甚至顾客的购买活动都被监视器所记录，用于观察顾客在挑选产品时的一举一动，分析其在选择不同商品时的心理反应以及竞争对手产品对消费者的影响。这是一种收集购买、重复购买数据以及用户态度和产品使用性方面数据的可靠性很高的方法。

上面提到的大多是针对一般消费品或家用电器产品的试销法，相对来说，工业产品的测试有其特殊性。因为有些工业产品的制造成本太高，不可能将其投放到市场中去观察它们的销售情况；工业产品用户也不会去购买没有服务和零件保证的商品。因此，工业产品的市场测试必须采用适合其产品和客户特点的方法进行，一般来说有两条途径：其一，采用新产品使用测试。工业产品用户对产品的选择更注重其性能指标和可靠性。让客户在实际环境中使用一段时间是最好的“实验评价法”。如，中国一家机床公司在加拿大销售一种新型机床，首先请用户试用，之后公司根据用户的建议和要求，对新机床进行改进，使用户很快接受了这个新产品。因此，在工业产品的市场测试中，企业可有针对性地选择一定客户，让他们在限定的时间内使用新产品，通过使用状况来观察客户对新产品的综合满意度，以致掌握他们愿意或不愿意购买的理由，从而有效预测产品的市场前景；其二，通过各类贸易展销会。在展销会上介绍新产品可吸引大量客户对产品的关注和兴趣，还可进一步了解客户对新产品特点、价格等因素的反应。但遗憾的是，竞争对手也获得了新产品的信息。

总之，以上各种形式的“实验评价法”在“预测评价”、“过程评价”以及“结果评价”中得到了广泛的运用，可以说是商品设计评价中最为重要的方法类型之一。总结起来，其共同优势就是可以较为直观、真实、综合地评价商品设计的功能性特征和市场效果，为企业的设计改进和最终生产决策提供最为直接、可靠的依据。其缺陷在于，实验评价结果的客观性和准确性依赖于足够的样本数量，而大量测试所需的周期较长，并且操作成本和管理成本也相当高。所以，企业需要根据商品特性、市场规模、竞争态势等因素来综合考虑是否采用或在哪一环节采用某种特定的“实验评价法”。

## 8.4 综合评价法

这是一种结合了个人感受、经验、群体判断以及部分公式计算等综合因素的评价方法，广泛适用于对那些无法量化的感性因素的评价活动。

### 8.4.1 NGT 法（Nominal Group Technique）

“NGT 法”是由 A．L．Delbecq 以及 A．H．Van de Ven 两人于 1968 年提出的一种群体决策方法。这是一种按照规范化的程序，利用“群”的意见作出决策判断的方法。所谓“群”是指根据评价对象的性质，所选择的一组专家。通常来说，“群”的规模不应太大，以 5～9 人为宜；评价活动的进程限制在两个小时左右。“NGT 法”具有以下的特点：“首先是在 NGT 的会议中，当个体成员在提出个人意见时，较不会受到其他成员的影响；另一个特点，则是每个成员所提出的意见都会得到重视，如此将可避免传统的会议只受少数人意见引导的缺点”[①]。笔者结合商品设计评价的特点，将“NGT 法”分作六个步骤：

（1）评价组织的负责人在“NGT 法”的实施过程中发挥着重要作用。首先，负责人分发给到会专家成员评测问题或方案的卡片，或统一宣布评价的主题和内容。每个成员在安静的环境写出自己的意见；

（2）负责人按照顺序听取成员的意见，并以成员自己的语句简洁地记录下来。在这一环节不讨论任何观点；

（3）每条意见都平等地、顺序地提交集体讨论。这个环节的主要目的是明确成员的观点，增进相互了解。负责人的作用非常关键，他要保持公正和客观，不致使某条意见受到过分关注；也不可使某条意见受到冷落，更为重要的是要避免讨论变为争论；

（4）对归纳出来的意见条目的重要性作初步投票，即每个人按照自己的观点和偏好将条目排序，然后取其平均值作为群体的判断。具体操作的过程是这样的：负责人发给每个成员 5 ～ 9 张卡片，以列出 5 ～ 9 个成员认为最重要的优选条目清单。之所以确定 5 ～ 9 的数目，是因为经验证明，这个数目范围使得排序更为准确、客观[②]。成员将最为重要的卡片放在前面，并把排好顺序的全部清单交给负责人进行计票，求得平均值；

（5）讨论初步投票的结果。某些成员可能比他人了解更多的背景信息，或更能把握评审的目标和设计方向，所以，短暂的讨论对于统一认识、弥合分歧非常必要；

① 丘宏昌、林能白：《以需求理论为基础所建立之服务品质分类》，《管理学报》，第十八卷，第二期，第 231-253 页。

② 陈晓剑、梁梁：《系统评价方法及应用》，北京：中国科学技术大学出版社，1993 年版，第 41 页。

（6）重复第 4 步的内容，获得最终的评价结果，从而结束了“NGT 法”的全部过程。

总体来说，“NGT 法”是一种定性的评价方法。它充分利用群体的智慧，获取相对客观的评价结果，在一定程度上避免了个人“拍板”所带来的偏执和方向性错误。但也存在一些问题，比如：对于一般的产品设计项目来说程序过于繁复；在会议中还是难免会受到领导或权威人士的言论影响，以致评价的结论倾向一种集体的“偏执”；从理论上讲，专家成员越多，讨论越激烈，评价的结果越能接近真实与客观，但众多专家人员的组织和召集以及会议的效率都是难以解决的实际问题。

### 8.4.2 德尔菲法（Delphi）

“德尔菲法”是在 20 世纪 40 年代由 O· 赫尔姆和 N· 达尔克首创，经过 T·J· 戈尔登和兰德公司进一步发展而成的。“德尔菲”这一名称起源于古希腊有关太阳神阿波罗的神话，传说中阿波罗具有预见未来的能力，因此，这种预测、评价的方法被命名为“德尔菲法”。1946 年，美国的兰德公司首次系统地运用这种方法，取得了良好的效果，从此，德尔菲法被公认为是评价、预测、决策以及咨询的一种非常有效的“科学”方法。由于影响相当广泛，以后又派生出了若干具有不同使用价值和应用范围的“德尔菲法”。

“德尔菲法”也被称为“函询集智”之法[①]，它的本质特征是在面对复杂的决策问题时，通过征求和集结“群”中专家成员的意见，得到群体的判断。这里的“群”中成员人数要求 20～50 人为宜。过程中，成员并不见面，评价意见也不署名，并只与组织管理人员发生联络关系。各专家之间通过多轮次对项目方案的判断，经反复征询、归纳、修改，最后汇总成专家基本一致的看法，作为评价的结果。这种匿名发表意见的方式具有广泛的代表性，较为可靠。在面对设计评价问题时，“德尔菲法”的具体实施步骤如下：

（1）组建专家“群”。按照项目所需要的知识范围，确定各类专家。专家人数的多少可根据课题的大小和涉及面的宽窄而定，一般设计项目不超过 20 人；

（2）向所有专家提出所要评价的问题或方案及有关要求，并附上相关问题的所有背景材料，同时请专家提出还需要什么材料。然后，由专家做书面答复；

（3）各个专家根据他们所收到的材料，提出自己的评价意见，并尽可能地说明自己的理由；

（4）将各位专家第一轮的评价意见汇总，并列成图表，以便对比、分析。然后再将统计、整理的结果反馈给各位专家，使专家可以比较自己同他人的不同意见，从而修改自己的意见和判断；

（5）将所有专家的修改意见收集起来，整理、汇总，再次反馈给各位专家，以便做第二轮修改。逐轮收集意见并为专家反馈信息是“德尔菲法”的主要环节。收集意见和信息反馈一般要经过三、四轮。这一过程重复进行，直到每一个专家不再改变自己的意见为止；

（6）最后，对专家的意见进行综合处理，形成最终的评价结论。

---

① 余俊主编：《现代设计方法及应用》，北京：中国标准出版社，2002 年版，第 43 页。

由此可见，“德尔菲法”的实质就是利用信函的方式将众多专家成员的意见处理、归纳、综合，再经多次反馈，使其观点集中、明确，从而作出相对正确的判断。该方法不仅可以用于具体方案的评价，还可以用于评价标准的制定。

“德尔菲法”同前述的“NGT 法”既有联系又有区别。首先，“德尔菲法”能发挥专家会议的优点，集思广益，准确性高；其次，能把各位专家意见的分歧点表达出来，取人所长，避人所短。“德尔菲法”又能避免专家会议法的某些缺点：其一，由于不受时间、环境、条件的限制，可以广泛组织全球范围内不同领域的专家参与评价活动，极大地增加了评价的权威性和信度；其二，信函方式有效避免了权威人士和企业领导意见对他人的影响，也避免了有些专家碍于情面，不愿意发表与其他人不同意见的做法。

“德尔菲法”主要存在的问题是，因为缺乏面对面的交流，信息传达的质量会有衰减；此外，成员间信息传递的延迟会使整个评价活动持续数周甚至更长时间，在企业面向市场的商品设计评价中，研发周期日益成为企业间竞争的关键因素，因此，基于对快速决策的迫切要求，使得很少有商品生产企业系统地采取“德尔菲法”进行设计评价活动。不过，随着网络技术的日益发达，这个问题将会得到有效解决；最后，过于广泛地召集评价组织成员会增加泄露企业设计研发机密的风险，因此，要慎重选择专家成员。

### 8.4.3 语意区分评价法（SD）

在国内，“SD 法”（Method of Semantic Differential）有多种翻译，如语义学解析法、语言区分法、语意区分评价法等。“SD 法”原是奥斯克德（C · E · Osgood）于 1957 年在《The Measurement of Meaning》一书中提出的针对事物“意义”（Meaning）的测量方法。早期用在色彩心理学研究中，近年来广泛应用于包括社会问题研究、城市环境评估、建筑综合评价、产品开发等领域中。该方法的实质是寻求对诸如美感、舒适感、使用性、满意度等非量化指标进行量化的表述，即通过语义处理过程获取人们对某个事物的感受量值，而后借助因子分析法等数学公式的计算获得准确的评价结果。尽管“SD 法”应用了大量的公式计算，但其主要特征是借助语义描述来评测事物的意义，这也是笔者将其归入综合评价法的原因所在。

笔者结合商品设计评价的特点，对“SD 法”实施的步骤进行分析如下：首先是明确评价的具体目标和定位方向。在“SD 法”中，需要尽量将评价目标明确化、形象化，可使用文字描述或直接使用系列图片表达；其次是根据市场研究与专家经验选定适当的评价尺度。这个尺度是将评价标准转化为相应的语汇，并进行语意程度上区分。一般来说可以分为 5 或 7 的等级，比如极好（2 分）、好（1 分）、一般（0 分）、差（–1 分）、极差（–2 分）（图 8–3）。应注意评价项目与相应语汇的对应关系，可以从顺序尺度、比例尺度、等距尺度、名义尺度等角度入手，如简洁、稳重、精致、感性、纯洁等；而后根据上述评价尺度的范畴拟定一系列对比强烈的形容词或副词作为“评价量表”。在商品设计评价中，常用的评价量表词汇如：感性—理性、繁琐—简洁、分散—集中、古典—流行、协调—冲突、保守—创新、重—轻、大—小、强—弱、冷—暖、软—硬、明确—暧昧、宁静—躁动、夸张—收敛、精致—粗俗、危险—安全等。这样，每组语汇都一一对应、反差强烈，按程度分成等级并对

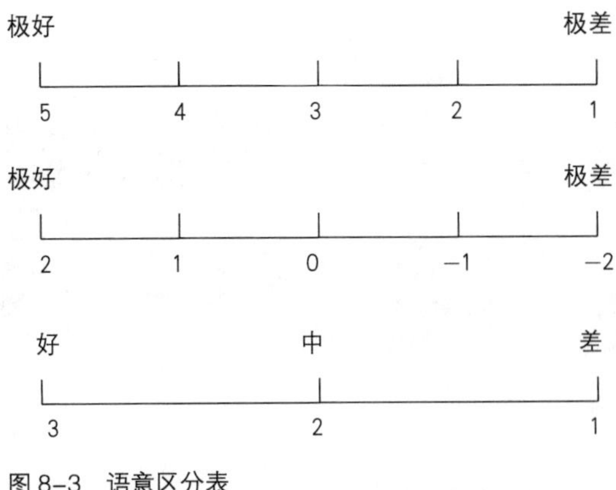


图 8-3　语意区分表

应不同的数值。下面的工作就是具体选定测试对象并发放调研表。评测后，对问卷进行统计，再利用公式法并结合加权值进行解析、量化分析，最后按评价项目数算出各个方案的总分即可得出评价结果。"SD 法"的具体操作程序如图 8—4 所示：

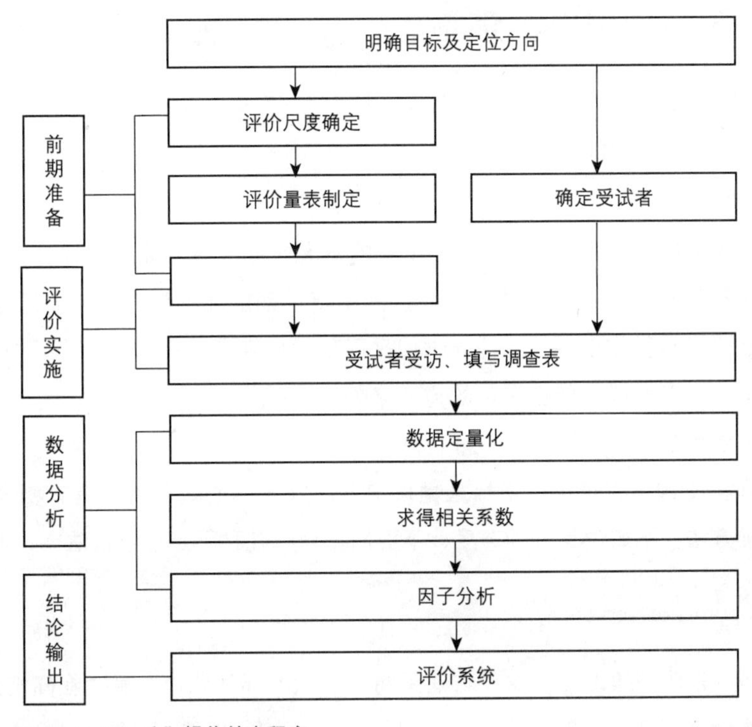


图 8-4　"SD 法"操作基本程序

由于应用的范围和领域不断拓展，"SD 法"的操作方式日益丰富，评价结果更为真实、客观，同时还产生了许多变体方法。如清华大学美术学院系统设计工作室就将"SD 法"运用在消费者"生活形态"的调查（图 8—5）、研究中，作为评测目标消费人群的品位、偏好和潜在需求的重要方法手段。[①]其应用过程基本遵循上述的操作程序。

① 参见清华大学美术学院系统设计工作室研究报告：《"雅筑家居"目标消费人群生活形态研究》，2003 年。笔者为主要参与人之一。

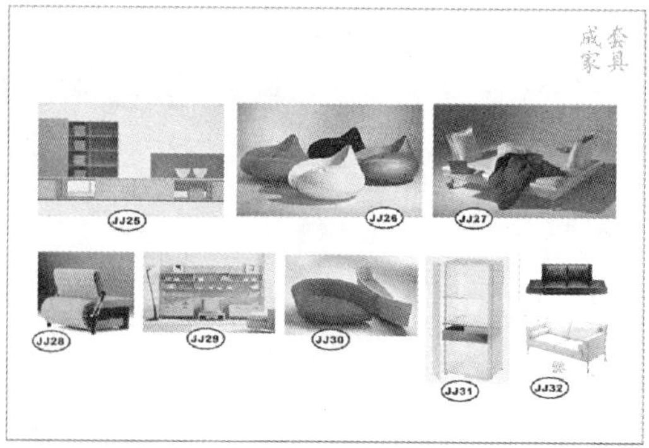

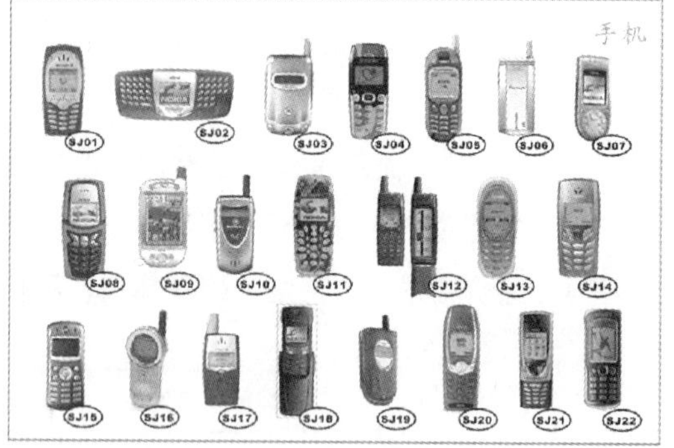


图 8-5　清华大学美术学院系统设计工作室在应用“SD 法”进行消费者“生活形态”研究时使用的部分图片

### 8.4.4　不定性评价法

不定性决策[①]是指在面对自然状态下发生的概率未知，或不能作出估计情况下的评价和决策活动。在设计评价中，这是时有发生的事情。不定性不等于“完全无知”，决策者还可以依靠经验和直觉作出评价结论，这似乎回到了本章节开篇时提到的“纯粹直觉”的讨论。迄今为止，还不存在什么有效的方法来处理这类评价问题，不过，在系统科学评价方法的研究中还是给这类知识留了一席之地。[②]

现有的几种所谓不定性评价法极大地取决于决策者的心理状态，具有相当的主观性。与其说是一种方法，不如说是一种态度。下面简单介绍几种不定性评价法：

1. 乐观法（Optimistic approach）

乐观法也叫乐观决策准则。这种方法是将对现状的评估和决策建立在高度乐观的前提上。其客观基础是拥有“天时、地利、人和”的条件，因此，决策者对产品未来具有充分的信心，以极为乐观的态度进行预测性评价。在商品设计评价中，一些极具“前卫”特征的设计方案有可能脱颖而出。

显然，企业的经济实力、决策者的性格倾向以及所处的竞争环境都是促使其采取该方法的主要原因。但这种方法的风险性是显而易见的。

---

① 决策依赖于评价，同样也依赖于认知。决策的过程就是认知与评价共同作用的过程。本文侧重于从评价的角度来看待决策过程，并不意味着评价等于决策。

② 陈晓剑、梁梁，《系统评价方法及应用》，北京：中国科学技术大学出版社，1993 年版，第 50 页。

### 2. 悲观法

悲观法也叫华尔得决策法，又称小中取大决策准则或悲观决策准则，是一种十分保守的方法。其客观基础是形势对决策者不利，决策系统功能欠佳。因此，决策者认为没有希望获得最理想的结果。为了保险起见，必须从每一方案的最坏处着眼，选择一个相对的最佳值，即在所有最不利的收益中，企图选取一个收益最大的方案作为决策方案。在这样的态度和方法指导下，商品设计评价经常趋于最为保守的选择。

这种方法的基本逻辑是：收益大的则风险也大。其基本思路是这样的：决策者面对两种或两种以上的可行设计方案，每一种方案都对应着几种不同的未来状态，每一种方案在每一种状态下的收益值或损失值各不相同，且每一种损益值都可以在一定程度下通过科学的方法预测出来。决策者将每一种方案在各种状态下的收益值中的最小值选出，然后比较各种方案在不同的状态下所可能取得的最小收益，从各个最小收益中选出最大者，那么这个最小收益当中的最大者所对应的方案就是采用悲观决策法所要选用的方案。采用悲观法通常要放弃可能的最大利益，但由于决策者是从每一方案最坏处着眼进行评估，因此风险也较小。

当面对某个相同的设计评价问题时，利用乐观法和悲观法所得到的评价结论其差距是很大的。

### 3. 乐观系数法

又称赫威斯决策准则（Hurwitz Decision Criterion）。这种方法既不像乐观法那样在所有的方案中选择效益最大的方案，也不像悲观法那样，从每一方案的最坏处着眼进行决策，而是在极端乐观和极端悲观之间，通过乐观系数确定一个适当的值作为决策依据。这是一种折衷主义的想法，其基本逻辑是：成功了虽不会获得最大利益，但失败了也不会有太大损失。在商品设计评价中，这是在原有产品基础上略作调整的改良主义的想法。

### 4. 等可能性法

该方法的宗旨是“一视同仁”地看待所有可能发生的事情。既然无法肯定哪一种状态会出现，那么，我们宁可判断其可能性均等，这称之为“理由不充分原理”。如果有n个设计方案，则每个方案成功的概率是1/n。然后，按照收益最大的或损失最小的期望值（或矩阵法）进行评价和决策。这个想法是法国数学家拉普拉斯（Lap lace）首先提出的，所以又叫做“拉普拉斯法”。

以上各种的不定性评价方法更多地是描述决策者在面对“未知”的市场状况下，实施评价、决策活动的心理模式。无论是乐观的、悲观的，还是折中的方法，都具有一定的盲目性。在实际的商品设计评价中，通过对市场流行趋势以及消费生活形态的前期研究，企业可以有效地把握商品设计的方向，并制定正确的设计策略和市场目标，避免经常性地采用“不定性评价法”，而是广泛利用各种公式、实验和综合评价方法，不断尝试、积累和创造适合企业特征的设计评价和管理的制度手段。

## 8.5 选用“适当”的评价方法

“适当”可以表达一种程度，也可以表示一种状态。“适当”的评价方法便是方法与目标以及环境、条件之间关系的一种相对满足状态。因此，不可能孤立地评判某种方法对某个企业适用与否，事实上也没有任何一种方法可以被抽象地贴上“适当”这个标签，而广泛用于企业的设计评价活动。

总体上看，国内企业一直缺乏设计管理的意识和管理方法的创新以及相应制度的积累，很多企业还停留在根据个人经验来判断、评价设计的优劣。随着市场竞争的日趋激烈，一些企业开始专注于市场流行趋势的观察，希望借助营销反馈的信息，制定快速响应的设计评价策略。而另外一些更具长远眼光的设计型企业，则将设计评价的重点转向了前期消费者需求的研究领域，力求从根本上把握竞争的主动权。在不同企业策略和经营思想的指导下，对设计评价方法的关注重点具有明显的差异。不过，对于任何一类企业来说，评价活动都贯穿于商品设计的整个历程中，因此要根据不同阶段、不同产品线的需要采用“适当”的评价方法。

尽管不同企业对“适当”的评价方法的要求各异，但总体遵循着经济性的原则。从某种意义上讲，企业中的任何活动，包括设计评价都是一种经济活动，都存在投入与产出、成本与收益的问题。“成本”就是投入到评价中所有财力、人力和时间等要素的成本，也就是各种“实际成本”与“机会成本”的总和；收益则是评价活动为主体（企业）带来的好处、效益等。在企业初期发展阶段，运用朴素的、直观的、经验性的评价方法或许是最为“经济”的一种选择；但随着企业的发展以及评价因素的日趋复杂化，由于过于随意和任性的设计评价活动所造成的经营风险和效益损失问题日益严重，原本的评价方法已经不再是最“经济”的了，企业必然要主动寻求一种更有效的制度保证，以提高评价的效益。而提高评价效益最直接、最重要的途径除了调整评价活动的重点环节之外，就是加强对科学的评价方法的研究和应用。因此，研究各种评价方法的特点，并将其融入到设计评价的制度体系中，是企业寻求可持续发展的必由之路。

下面将结合设计评价的程序步骤与上述评价方法核心特征的研究对各类评价方法的应用范围和目的进行总结。首先，在设计策略的制定阶段，对市场信息、消费需求、竞争环境以及企业自身实力的认识和分析是最为重要的内容，而对这些因素的综合判断主要依靠专家经验分析以及消费者研究的“综合评价法”和“实验评价法”获得；在创新计划制定环节中，利用“层次分析法”可以有效将企业的设计策略目标转化为具体的评价标准体系，从而制定可操作性的创新计划；在概念设计以及深入设计的初始阶段，详细、准确的量化数据是很难获取的，因此，设计评价仍然主要依赖于综合评价中的定性方法。部分定量的评价内容也是在一定的“容差”范畴之内，只是给出设计方案的大致选择路径和理想的发展方向；随着项目进程的深入，方案呈现出更多的细节和实质性的要素内容，设计评价也就趋于更精细的“公式评价法”的量化评测以及“实验评价法”的应用；在商品化阶段中，各种实物测评和试销手段成为设计评价的主流方法；到了后商品化阶段，对于商品市场效果的最终检验是为了制定新一轮产品开发的策略和计划，因而"综合评价法"和"实验评价法"依然是主要方法（表 8–3）。

各类设计评价方法的适用范围和目的　　　　表 8–3

| | 主要方法 | 内容和目的 |
|---|---|---|
| 设计策略 | 综合评价法<br>实验评价法 | · 利用"SD 法"可获取消费者潜在需求的重要信息<br>· "NGT 法"和"德尔菲法"是制定企业设计策略等大政方针的重要方法之一 |
| 创新计划 | 综合评价法<br>公式评价法 | · 利用"层次分析法"可以有效地将企业的设计目标转化为具体的评价标准体系，从而制定可操作性的创新计划 |
| 概念设计 | 综合评价法 | · 利用各种专家评价法获得设计概念发展方向的定性评价意见 |
| 深入设计 | 公式评价法<br>实验评价法 | · 利用各种"技术实验评价法"和"功能实验评价法"测试产品的性能指标和用户满意度指标<br>· 利用"评分法"、"模糊评价法"等公式评价方法获得客观、全面的评价数据 |
| 商品化 | 实验评价法 | · 利用"市场实验评价法"获取直接、准确的商品市场前景评估，为批量化生产提供决策依据 |
| 后商品化 | 综合评价法<br>实验评价法 | · 与设计策略阶段应用的评价方法相同 |

由此可以看出，所谓"适当"的评价方法是企业根据需要选择的一系列方法组合，它们可能是原有方法的调整或重组，也可能是全新的方法。

## 8.6　小结

本章节对现有的各种评价方法进行了较为系统的梳理和分析，力求从本质上把握其方法的核心特征、适用范围以及基本的操作步骤，从而为企业选用和创造"适当"的评价方法奠定理论基础。

各种类型的评价方法只是经由不同手段和途径，来处理评价问题的一系列操作方式和流程。由于设计评价问题所涉及的因素日趋复杂，评价方法改进、创新以及融合的过程也日渐加快，简单的定量与定性的分类已经很难准确刻画各种评价方法的特征了。因此将各类评价方法具体分为"公式评价法"、"实验评价法"和"综合评价法"三大类，而定量与定性、理性与感性、经验与直觉的因素有机地融入其中。

实际上，方法研究的本质就在于整合既有方法，创造新方法。设计评价是个极为复杂的综合性的课题，评价组织需要深入学习和充分理解各种现有方法的知识，并结合实际情况加以运用，才算是真正掌握了方法，也才有可能去创造新的方法。

# 第9章　案例研究

设计评价研究的根本目的在于应用。由于研究的深度、广度以及侧重点的不同，这种应用可能是直接的、具有操作性的；也可能是间接的、基础性的。作者并未奢望创造一个工业设计评价的操作模式，或提供一套具体的、普遍适用的评价制度体系，而旨在确立一种客观的、科学的、兼顾多方主体利益的“商品设计”评价观念，进而提出如何在复杂的外部条件下，为企业建构实事求“适”的设计评价体系的思想方法以及相应的实现途径。在这种方法论的指导下，设计管理者们既可以根据现实的态势，采取“拿来主义”的策略，组织和综合已有的制度成果，也可以因地制宜地创造更适于自身条件的制度内容。

本章节将以国内某家电生产企业（以下简称为H企业）为例，[①]尝试性地对上述理论成果进行应用。首先对该企业的设计战略、产品特征、市场定位以及企业发展阶段、竞争环境等限定性要素进行分析、研究，进而提出一系列设计评价制度的构建方案。

由于全方位的设计评价内容涉及企业的设计策略、设计组织和设计项目多个层次；又包括了“前商品阶段”、“商品阶段”以及“后商品阶段”的完整过程，因此，建立一个全面的、完善的、适合的设计评价制度体系是企业管理者和设计研究者长期努力的结果和不断探索和积累的过程。基于这一认识，本章节内容将仅仅涉及企业产品造型设计方案的评价，即探讨在H企业内部建立科学的、可操作性的产品造型设计评价制度。该制度应有助于使具有创新意识和潜在市场前景的造型设计方案转化为产品，进而使H企业的产品在不断变化的消费需求和竞争日趋激烈的市场环境中具有并保持可持续创新的能力和市场竞争力。

## 9.1　限定性要素分析

产品造型设计是企业产品设计开发过程中的重要组成部分。在当今日益激烈的市场竞争条件下，产品造型设计早已不再仅是功能与形式的协调问题，而逐渐成为企业树立产品

---

① 本案例研究参照作者于2005年在国内某家电生产企业的调查数据。

形象、营造品牌价值、取得竞争优势的重要战略手段。因此，造型设计评价活动越来越成为企业经营管理中至关重要的环节。由于企业中大量随机、主观的评价与决策所造成的经济损失，使得评价制度的建立和完善被提上了议事日程。

越来越多的企业家逐渐认识到，产品造型设计不是简单地给产品穿上“美丽的大褂”而已。产品的形态、色彩、质感、细节处理等造型要素是企业品牌形象的集中体现，其背后是企业的战略方向和经营思想，并涉及研发、技术、配套、制造以及市场需求、潮流动态、竞争环境、企业文化、社会思潮、法律法规等多项内容。显然，产品造型设计不仅是设计师群体的工作，也同样需要工程师、市场营销人员、财务管理人员以及生产技术、模具加工等领域专家甚至消费者的参与；更需要决策者根据企业总体战略对造型设计方案进行方向性地把握。如此看来，产品造型设计评价所涉及的专业领域和相关人员都是极为广泛而复杂的，这一切无疑给设计评价工作增加了大量的不确定因素和限定性条件。

如何科学、有效地在如此复杂的背景下作出造型设计方案的评价和决策是企业管理者的目标，也同样成为我们研究的目标。运用“目标系统”的思想方法，我们首先将上述的各种不确定因素和限定性条件纳入到外部因素的考察中，分别对应为评价主体、评价客体与评价环境，并对其逐项进行分析、归纳和总结（表 9–1），在此基础上，探讨构建产品造型设计评价体系的具体内容。

H 企业设计评价体系限定性要素描述　　表 9–1

| 外部因素 | 对应内容 |
|---|---|
| 评价主体 | H 企业的性格特征、战略思想以及目标人群定位分析 |
| 评价客体 | H 企业主要产品特征分析 |
| 评价环境 | H 企业的发展历程、阶段与竞争环境分析 |

### 9.1.1　H 企业的发展历程、阶段与竞争环境分析

H 企业是国内一家知名的家电制造商，其历史可以追溯到 20 世纪 60 年代。从一家单一产品制造厂起步，H 企业在 20 世纪 90 年代，通过并购与合资的形式不断拓展产品的种类和经营规模，先后涉足家电、通信、信息、商业、房地产、智能商用设备等领域，到 2005 年底已经发展成为年销售收入达 200 多亿元，每年的平均增长速度保持在 20%以上，在国内颇具影响力的大型高新技术企业集团。

与国内各大家电生产企业一样，在以“价格战”为主要手段的市场竞争中，H 企业也面临着来自企业内部机制和外部环境的巨大压力。如何发展和巩固产品在中、高端家电消费市场中的地位，全面提升品牌形象，获取可持续的竞争力是企业现阶段面临的主要问题。值得注意的是，H 企业拥有技术研发上的传统优势，这在一向急功近利的国内企业界是难得一见的。中国加入 WTO 以来，拥有先进技术和综合实力的国外企业纷纷涌入，分抢国内家电消费市场的巨大蛋糕。以 2004 年为分水岭，中外家电企业基本结束

了第一轮以争夺销售渠道为主的艰苦较量，H企业由于在技术研发上的长期投入而获得的相对竞争优势不断显现，并取得了较为稳定的市场地位。而以技术创新为核心的在全球范围内展开的第二轮较量即将开始，中国企业将面临更为严峻的考验。笔者了解到，H企业未来的发展策略将是保持和巩固其技术创新优势，面向高端市场，拒绝“价格战”层面的恶性竞争，并积极拓展海外市场，目标是到2010年成为一个在国际范围内有竞争力的民族品牌。

从企业内环境看，H企业已经摆脱了只重规模扩展的发展期，进入了企业的成熟期，并正处于新的战略转型阶段。持重、稳健而雄心勃勃是对H企业现阶段状态的最佳描述。从“技术型”企业向“品牌型”企业的转换过程中，具备综合创新潜能的工业设计机制的健全和完善具有重大意义。

从企业外环境看，国内低端家用电器市场的竞争日益恶化，利润之低已经使大部分生产企业苦不堪言，疲于维持。转向国际市场的家电厂商，也是采用低价倾销的策略。表面上看，是出口创汇数字的增长，实质上是巨大资源和人力的消耗以及微少的利润空间。长此以往，损失的不仅是国内企业界的经济利益，更是中国企业的品牌声誉和长期的市场机会。H企业凭借技术优势，在一向被进口品牌所统治的中、高端家电市场占据了一席之地，并有希望继续自己的稳健步伐，迈向国际家电市场。不过，市场竞争是全方位的，技术优势要想成功地、长期地转变为竞争优势，还需要借助设计研发的市场转化；制造、配套、营销能力的保证；以及当今消费品市场最重要的制胜法宝——品牌号召力的培育。实际上，家电生产企业从来都不仅是在卖技术或者是卖产品，而是在经营品牌。尽管任何品牌的背后都是不断的技术创新和产品质量的保证，但如何使这一切努力成就一系列成功的商品，造就一个卓越的品牌，才是企业追求的目标所在。

随着市场竞争的加剧，以及国内产业制造技术的日益成熟与同质化，工业设计越来越成为市场竞争的重要手段。H企业是国内最早建立工业设计部门的企业之一，最近又将各事业部的设计力量集中起来，成立了工业设计中心。但由于设计管理机制，尤其是设计评价体系的不健全，未能充分发挥工业设计所应起到的巨大作用。使得产品形象零乱，缺乏鲜明的品牌特征。实际上，在当下这个转型阶段，通过设计创新，尤其是系统实施产品形象识别“PI”战略，对于提升H企业的品牌价值具有特别重要的意义。一个成熟的企业不再需要过分标新立异的产品形态去吸引消费者疲惫的注意力，那样只会干扰人们对企业已经建立起的形象认知，弱化自身的品牌效力。企业应适时挖掘那些根植于消费者与企业员工内心的，符合企业性格特征的形象要素语言，将其梳理、总结、归纳、整合，并编制为“PI”手册，作为企业产品造型设计评价的基本标准，最终使得企业推出的产品具有鲜明的形象特征，达到强化、推广企业形象、提升品牌号召力的目的。

总之，对H企业的发展历程、阶段与竞争环境分析的目的，旨在了解处于面向国际化转型阶段的大型高新技术企业，在产品设计评价中所应关注的要点和采取的策略方向（表9-2）。

H 企业的评价环境分析　　表 9-2

| 企业内环境 | 企业外环境 | 设计评价策略分析 |
| --- | --- | --- |
| · 大型高新技术企业；<br>· 进入转型期；<br>· 重视技术创新；<br>· 工业设计机制尚待完善 | · 国内低端家用电器市场的竞争日益恶化；<br>· 中、高端市场面临国际品牌的挑战；<br>· 全球化的步伐加快；<br>· 电子垃圾问题；<br>· 国际化的环保标准与贸易保护主义 | · 适合区域市场与国际市场的产品形象语言；<br>· 对提升品牌的贡献；<br>· 对中、高端家电产品特征的理解；<br>· 技术创新的成果是否顺利转化为商品；<br>· 和谐社会角度的创新设计研究；<br>· 绿色设计理念的应用；<br>· 国际化法律、法规的考量 |

### 9.1.2 H 企业主要产品特征分析

H 企业走的是多元化发展道路，其产品种类众多。但以电视机为主的黑色家电是其传统的优势产品，至今仍然保持着国内领先地位。尽管以空调为主的白色家电以及通信电子类产品增长势头迅猛，但电视机，特别是高端平板电视和液晶电视还是企业的核心产品。H 企业每年推出大约 300 多款产品和相应技术，其中电视产品占了 100 多款。

电视机产品本身具有几个主要的特征环节：技术、设计、制造和营销。其中当今彩电领域的核心技术——数字视频处理器是影响产品成本的关键要素；设计则是将诸多技术成果转化为市场所需之经济提供物的重要环节；制造是将这一切构想付诸现实的手段；营销则是连接商品提供者与需求者双方的桥梁。以上几个特征环节对一般产品来说是普遍存在的，并相互依托。对任何环节的忽视或能力上的不足，都会连带其他环节以至产品线整体的实力，最终影响到企业的生存。不得不看到的是，H 企业在强调技术创新的过程中忽略了一个关键的问题：在企业总体战略中缺失了工业设计战略应有的位置。在市场竞争日益激烈的今天，技术研发与工业设计都是企业发展不可缺失的推动力。显然，H 企业众多产品的造型设计缺乏明确的特征，形象要素零乱，无助于企业品牌形象的推广和提升。从电视机领域看，各大品牌企业在最近几年都相继推出过以造型设计作为主要市场号召力的产品。在电脑以及其他家用电子产品方面，几大企业更是不遗余力，把工业设计作为建立品牌特征的战略手段使用。与之相比 H 企业在这方面处于弱势，普通消费者在提到 H 企业品牌时往往难以具体到一个能够脱口而出的、清晰的产品视觉印象。

对于中、高端电视机来说，产品造型在设计评价中占了相当大的权重。这自然与产品的特征密切相关。然而，产品的特征在一定程度上是消费者赋予的。人们为什么使用、在什么环境下使用以及如何使用一个产品，便决定了该产品的基本特征。在信息高度发达的今天，电视机是人们获取资讯、娱乐家人、放松身心所不可缺少的物品。良好的性能质量、清晰稳定的画面以及与家居陈设相匹配的造型都是消费者选择电视机产品的重要参照指标。在市场中的选购行为就是消费者用钞票对电视机产品的评价过程。从大量的市场调查中可以看出，在中、高端电视机消费中，人们对品牌的关注度是极高的。品牌是产品综合品质的体现，是企业赢得竞争优势的保证，但品牌需要长期精心地培育，需要卓越的技术、设计、制造和营销推广的支撑才能为企业带来收获。而在消费市场的评价中，技术指标在一定程度上是隐性的；显示效果对于非业内人士的普通百姓来说几乎相差无几；而电视机的外观设计，作为家居环境的重要一员，自然成为了消费者选择的重要指标。

因此，基于对电视机产品本身特征的分析，可以部分地获取造型设计评价中的策略方向（表9-3）。

H 企业的评价客体分析　　　　表 9-3

| 中、高端电视机产品特征 | 设计评价策略分析 |
| --- | --- |
| · 大屏幕、平面化、超薄型等几大趋势；<br>· 背投、等离子、液晶三大技术方向；<br>· 家居环境的一个重要组成部分；<br>· 设计评价的几个主要因素：画面质量、造型、价格、辐射强度、节能等；<br>· 核心技术是制约成本的关键 | · 产品的使用环境以及家居相关产品的流行趋势等；<br>· 探索创新性的使用方式（娱乐方式、交流方式、信息获取方式等）；<br>· 先进的技术发展动向所提供的可能性；<br>· 批量化生产、工艺、成本的考量；<br>· 各种产品要素在评价中所占的权重 |

### 9.1.3 H 企业的战略思想以及市场定位分析

H 企业是以技术起家的，给人的印象是作风稳健、注重诚信、理性经营，即使在极端浮躁的消费社会市场环境中，也从不故弄玄虚或者煽情炒作。其追求的目标就是以技术为先导，通过技术创新来提高人们的生活质量和品位，坚信“未来家电行业的竞争不是价格、渠道，而是核心技术”。“技术为本，创新是魂”是 H 企业的口号和发展理念，由此勾画出了企业务实的基本性格特征。这种特征是长期积淀的结果，它渗透到企业的“言行举止”之间，形成一种企业文化。

H 企业的发展战略确定为：高科技、高质量、高水平服务，创国际名牌。在这样的战略方针下，H 企业把目光集中到全球性的中、高端家电市场，在一定程度上舍弃了低端市场的规模效益。这是 H 企业独特的经营理念：对高端产品敏感的消费人群对品牌才是敏感的。虽然企业对低端市场的舍弃会最终影响总体规模，但“宁缺毋滥”是我们的原则。言语间似乎多了一些知识分子的执拗和清高；少了商业经营上的灵机和趋利。不过，这就是企业的性格。像人一样，作为设计评价的一方主体，企业的选择不可能超越其利益所指以及性格特征。

既然面对的是中、高端市场，H 企业便锁定了最忠实、最重要的目标消费人群：一是理性而崇尚科技的消费者（科技、教育、产业界的白领阶层）；二是平实而又有所追求的广大中（或者中上）等收入阶层。这部分人群的品位、爱好、所思、所想、所作、所为以及由此形成消费需求，是左右产品设计评价的重要因素。

此外，H 企业一向以绿色环保的产品作为主要推广概念，并在一定程度上树立起了品牌的绿色形象。在自然资源日益匮乏，电子污染日益严重的今天，国家不断出台相应政策、法规，提倡节约型社会以及人与自然和谐的社会理念。在如此背景下，企业文化中的“绿色意识”必然会更为顺畅地融入到设计评价的思想和相应制度之中（表 9-4）。

H企业的评价主体分析 表9-4

| H企业的评价主体特征 | 设计评价策略分析 |
| --- | --- |
| · 技术起家的企业；<br>· 对工业设计缺乏足够的重视；<br>· 以绿色环保为旗帜的家电企业；<br>· 持重、稳健、诚信、理性的企业性格；<br>· 国内中、高收入的白领消费人群；<br>· 国外的中产阶级家庭；<br>· 企业内外的环保主义者 | · 技术创新的成果是否顺利转化为商品；<br>· 绿色设计理念的推广与应用；<br>· 符合企业性格特征的产品形象；<br>· 满足目标人群的品位、爱好及由此形成消费需求；<br>· 大规模定制的考量；<br>· 中长期的工业设计规划与概念储备 |

### 9.1.4 小结

上述外部因素的分析旨在全面把握构建设计评价体系的复杂前提条件。简单说是在询问一系列问题：即谁？在什么环境、条件下？评价什么样的对象？下一个章节是在充分消化了这些限定性因素后，实事求“适”地为H企业确立评价的标准体系；提出评价组织特征的建议；并综合阐述评价所应遵循的程序和方法。

## 9.2 H企业的产品造型设计评价体系

### 9.2.1 评价标准的确立

在上述分析中，我们从不同角度获取了设计评价的策略方向，尽管有些内容重叠或语义相关，但由此明确了企业设计评价的具体目标以及主要评价指标的内容。

从理论上讲，商品设计评价的终极标准是以“共赢观”为衡量尺度所建立的，因为这符合各交换主体可持续的共同利益。对于企业来说，共赢不是虚幻的说教，也并非遥不可及的理想化目标。本着实事求“适”的原则，企业可以探讨多条实现共赢的途径。其中，依靠工业设计手段，塑造一个对消费者、企业自身、社会和自然环境负责任的品牌形象就是重要的途径之一。因此，我们可以将H企业的产品造型设计评价总目标设定为“塑造品牌形象”，在此基础上，结合商品设计评价标准体系的内容框架与上述设计评价策略分析的结果，确定各层级的评价内容，建立起造型设计评价的“目标树”（图9-1）。该“目标树”还可以根据产品的复杂程度设置更多的评价项目，并继续细分下去，直至满足企业设计评价的具体要求。

上述“目标树”应该涵盖了H企业造型设计评价的主要层级目标，是设计评价标准体系制定的基础。具体的、操作性的评价标准是实现目标的手段和制度保证，需要融合企业“内部标准”和“外部标准”，使之尽可能全面和准确。但是，过多的评价项目或设置过于繁琐的标准会给具体的评价工作带来负担，以致增加设计管理的成本，影响企业的正常运作。从经验上看，对于H企业的电视机产品线来说，适度的标准数量应该在6～10项之间。在这样的规模下，评价组织既可以较为充分地探讨各个关键性的要素指标，又不至于花费太多的时间和精力，使得评审会议冗长乏味，缺乏效率。因此，对于“目标树”中的评价项目要结合实际进行精简、转化。下面是经过整合的H企业产品造型设计评价标准及其具体内容（表9-5）。

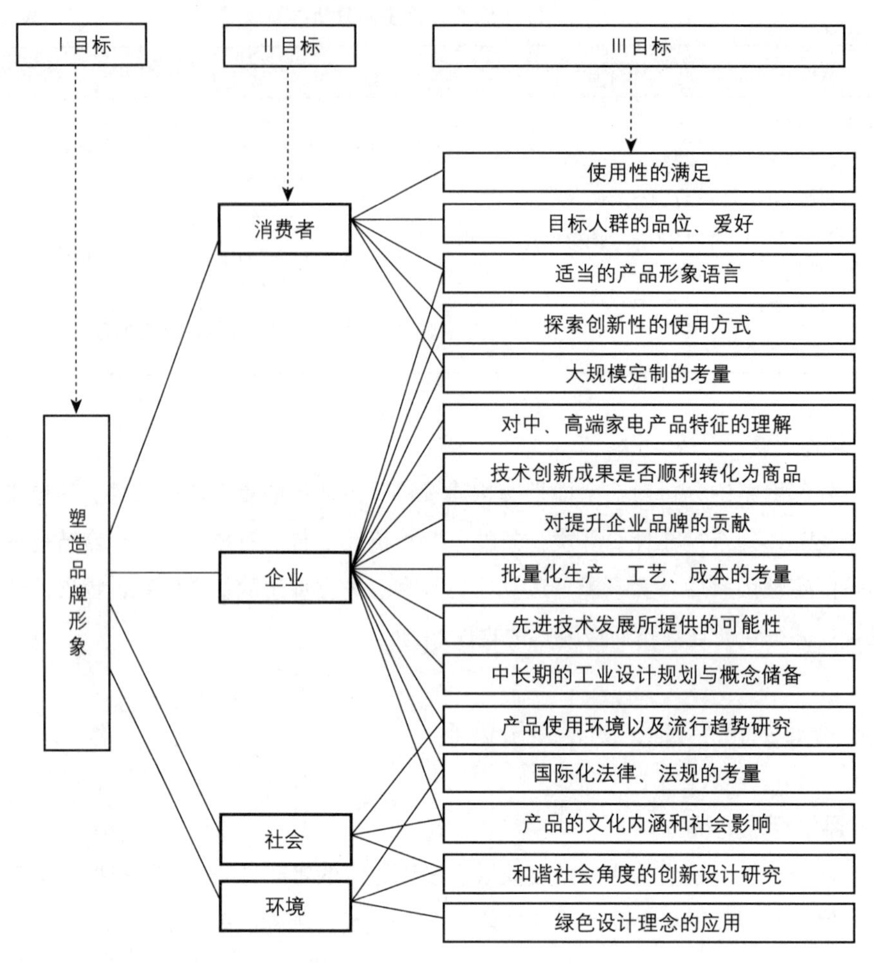


图 9–1　H 企业产品造型设计评价目标树

**H 企业产品造型设计评价标准内容**　　**表 9–5**

| 序号 | 评价标准 | 内容描述 |
|---|---|---|
| F1 | 产品功能实现程度 | 使用、操作、安装、维修、运输等基本功能的保证 |
| F2 | 创新程度 | 新技术、工艺或材料的应用、新的使用方式、产品造型的独创性、可辨认性 |
| F3 | 产品定位的实现性 | 满足目标消费人群需求的程度 |
| F4 | 产品形象的识别性（PI） | 可辨认的产品形象要素，"家族感"与继承性 |
| F5 | 产品造型的可接受性 | 关于美学、情感、文化上的综合评价 |
| F6 | 工艺的可实现性 | 技术角度的评价，在现有设备、技术、工艺水平条件下的实现程度 |
| F7 | 成本的可接受性 | 财务角度的评价，成本与价值的权衡（损益分析） |
| F8 | 社会效益影响程度 | 是否会产生良好或不良的社会影响 |
| F9 | 绿色设计理念的应用程度 | 使用可降解材料、可回收、节能、低辐射等 |

在设计评价的具体操作中，各评价标准项的权值系数的确定是非常重要的。本标准中给出的权值系数是采用了“判别表法”，将各评价指标的重要性一一比较，计算分值而确定。在比较中，以4分为基准，同等重要各给2分；一项比另一项重要则给3分和1分；其中一项比另一项重要得多则给4分和0分（表9-6）。实际上，在每个企业中，甚至于在某个企业不同的发展阶段中，评价标准的权值系数可能是不同的。专家对该企业的了解程度及设计管理的经验在权值系数的确定中将起到决定性的作用。定量的方法通常是帮助我们分析和整理评价的数据结果，而定性的评价特征也是必须的（参见附录B）。

**H企业产品造型设计评价标准加权系数表**　　**表9-6**

| 标准 | F1 | F2 | F3 | F4 | F5 | F6 | F7 | F8 | F9 | 总分 | 权数 |
|---|---|---|---|---|---|---|---|---|---|---|---|
| F1 | | 3 | 2 | 3 | 3 | 3 | 3 | 3 | 3 | 23 | 0.16 |
| F2 | 1 | | 1 | 2 | 2 | 1 | 1 | 2 | 2 | 12 | 0.075 |
| F3 | 2 | 3 | | 3 | 3 | 2 | 2 | 2 | 2 | 21 | 0.15 |
| F4 | 1 | 2 | 1 | | 2 | 2 | 2 | 2 | 2 | 14 | 0.10 |
| F5 | 1 | 2 | 1 | 2 | | 2 | 1 | 0 | 0 | 9 | 0.06 |
| F6 | 1 | 3 | 2 | 2 | 2 | | 2 | 0 | 0 | 12 | 0.075 |
| F7 | 1 | 3 | 2 | 2 | 3 | 2 | | 2 | 2 | 17 | 0.12 |
| F8 | 1 | 2 | 2 | 2 | 4 | 4 | 2 | | 2 | 19 | 0.13 |
| F9 | 1 | 2 | 2 | 2 | 4 | 4 | 2 | 2 | | 19 | 0.13 |
| | | | | | | | | | | 144 | 1 |

设计评价标准的特征是具有程度性的划分。造型设计评价不是简单对错、好坏、美丑的分辨，而是诸多评价因素在程度上的斟酌和权衡。我们采用五个等级的划分，将评价标准依照其实现程度分为优（5）、良（4）、中（3）、中下（2）、差（1）不同的程度分值，以便获取量化的评价结果（表9-7）。值得反复提醒的是，造型设计评价标准是动态的，即使同一企业在短时期内，也有可能因突发情况改变设计策略，从而相应调整评价标准的内容、程度分值和各项目的权值系数。同时，广泛存在的企业内部和外部的“隐性标准”①也是影响标准执行的重要因素。解决这一冲突则需要企业对造型设计评价制度的长期关注和评价经验的不断积累。另外，这种量化的方法并不广泛适用于各阶段的评价任务。尤其在前期造型设计评审中，一些方案在得分上的微小差距，很可能是由于一些偶然的和不可控的因素造成，不足以说明方案的优劣。

设计评价是一个持续的过程。尽管严格地执行上述标准需要等到项目后期的决策评审，但在之前的概念设计、深入设计以及结构、工艺设计阶段，按照该标准体系提供的指标框架，时时进行不同形式的、阶段性评估是十分必要的工作。

① 参见本书4.1.2章节的论述。

H 企业产品造型设计评价标准体系　　表 9-7

| 评价标准 | 权值 | 优（5） | 良（4） | 中（3） | 中下（2） | 差（1） |
|---|---|---|---|---|---|---|
| F1 产品功能实现程度 | 0.16 | 很出色！值得努力达到 | 比我预想的好一些 | 基本满足功能要求 | 比我预想的差一些 | 太差了，不能忍受 |
| F2 创新程度 | 0.075 | 很新颖，完全超乎想象 | 有特色，一般人也能认出来 | 比较一般 | 行家细看才能认出来 | 太一般了 |
| F3 产品定位的实现性 | 0.15 | 完全达到定位要求 | 几乎完全达到定位要求 | 基本达到定位要求 | 没有达到定位要求 | 完全偏离定位要求 |
| F4 产品形象的识别性（PI） | 0.10 | 完美的“家族感” | 能够有“家族感”的识别特征 | 有些痕迹 | 几乎没有识别性 | 完全没有识别性 |
| F5 产品造型的可接受性 | 0.06 | 极有魅力，值得努力达到 | 不错，能够吸引我 | 还凑合，不算太讨厌 | 我不喜欢 | 非常不喜欢，甚至厌恶 |
| F6 工艺的可实现性 | 0.075 | 工艺极为合理 | 工艺合理 | 工艺有难度，但考虑到其他因素可以让步 | 工艺不太合理，除非必要，不要选择 | 工艺太不合理，根本不能接受 |
| F7 成本的可接受性 | 0.12 | 成本太合适了 | 成本合适 | 成本偏高，但考虑到其他因素可以让步 | 成本较高，除非必要，不要选择 | 成本太高，根本不能接受 |
| F8 社会效益影响程度 | 0.13 | 为企业带来良好的社会效益 | 有一定正面影响 | 没有影响 | 有一定负面影响 | 极为不良的社会影响 |
| F9 绿色设计理念的应用程度 | 0.13 | 充分应用绿色设计理念 | 局部应用绿色设计理念 | 没有明显的应用 | 对环境有负面影响 | 严重背离绿色设计理念 |

### 9.2.2 评价组织的构建

评价组织就是一个由企业内部不同职能部门的人员和企业外部的专家以及消费者代表等组成的评审委员会；是制定评价标准、管理评价活动的执行机构；是设计评价制度构建与评价实施的重要组成部分。企业对设计评价的重视程度往往集中反映在评价组织机制的构建和组织工作的效率上。在对 H 企业的调研中发现，设计评价组织没有明确和健全的组织结构，评价执行过程较为混乱、随机，并缺乏系统的设计管理思路和应有的工作效率，因而未能充分发挥“有效沟通”的组织职能。

在 H 企业现有的组织框架下，工业设计中心隶属于企业研究发展中心（R&D Center），与众多的技术、实验以及情报研究机构共同形成企业的研发力量。“技术委员会”以及“专家委员会”成为核心的产品开发管理部门（图 9-2）。从组织结构图可以看出，各种技术研究机构占据了重要的地位，反映了企业技术专家的特征和个性，也明显符合企业一贯的

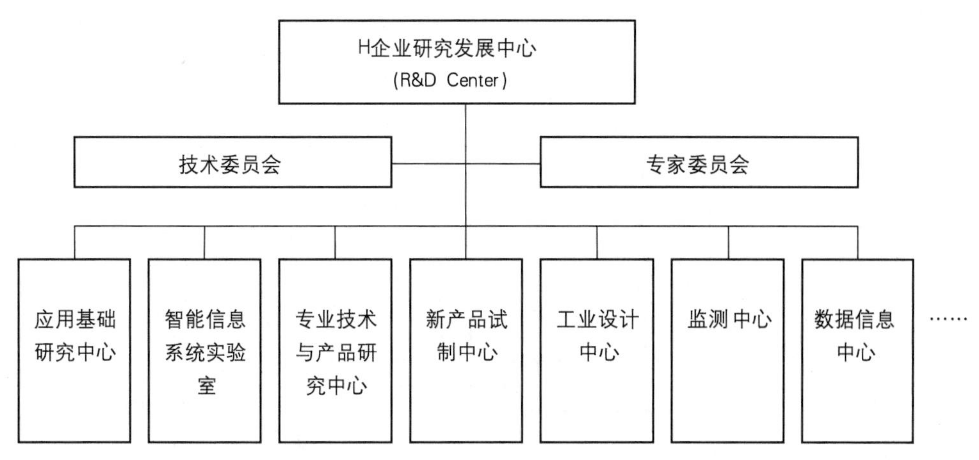


图 9-2　H 企业现行的产品研发组织结构

战略风格。从企业访谈中获知，工业设计机构只是按照各产品事业部的要求完成单纯的造型设计任务，并未有效地介入到企业中长期设计战略的研究和制定中去。可见，工业设计的作用远未得到充分的重视。而造型设计评价也仅停留在就造型论造型的程度。因此，组建一个“适合”的设计评价组织是帮助 H 企业健全设计评价制度，促进设计战略有效实施的必要前提。

如同本文第 7 章所阐述的，“适合”的评价组织应具备几个基本特征，即相对固定的组织结构、核心成员与动态参与人员。所谓固定的组织结构是指一个相对稳定的职能构成框架。首先，任何评价组织都需要一位负责人或称为协调人，在 H 企业的评价组织中，营销主管、项目经理或设计主管应是合适的人选；核心成员由企业领导、设计、营销、技术、生产、财务部门的主管组成；动态参与人员是指根据项目进程的不同阶段，适当调整参与设计评价人员的专业领域和数量比例。在 H 企业中，以下几类人员应该在设计进程的不同阶段参与到评价组织中来，即决策人员、营销人员、设计人员、技术人员、生产人员、财务人员、用户代表以及其他企业内外的专家、顾问等（图 9–3）。

尽管不同的评价组织成员重点参与某些评价阶段，但并不表示在其他阶段，该专业领域成员不到场参与评审，而只是参与程度的不同。为了进一步说明该问题，笔者根据 H 企业的具体情况以及评价成员应该的参与程度，并综合了企业设计部门的意见，提出在产品造型设计评价的不同阶段，[①]各部门成员参与评审的人数建议（表 9–8）。

可以看出，设计人员与营销人员的参与人数并居第一，是企业设计评价组织中最为重要的成员。首先，设计人员是产品造型设计的主要执行者，因而必须全程参与设计评价活动，尤其是前期的设计策略研究和初期的概念方案设计评价，因为这一阶段直接决定着后期深入设计的方向；对于电视机这种家用电器产品，营销人员的判断力和对市场流行趋势的经验具有至关重要的作用，因而除了中期的工程设计环节外，营销人员应广泛介入到设计评价的各个环节中，并占有相当重要的地位；企业决策层的参与人数居于第三的位置，主要

① 根据“H 企业改进版的设计流程”（图 9–5），产品设计可以分为前期、初期、中期和后期四个主要阶段。

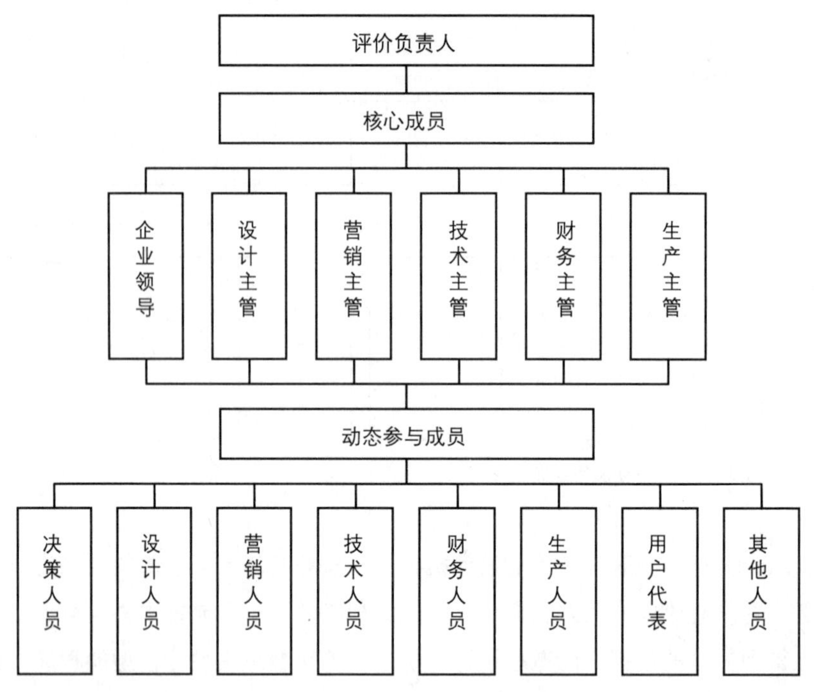


图 9–3　H 企业设计评价组织结构

**评价组织成员不同阶段参与人数建议** **表 9–8**

| 评价组织成员 | 前期 | 初期 | 中期 | 后期 | 人次总计 | 排名 |
|---|---|---|---|---|---|---|
| 决策人员 | 2 人 | 1 人 | 1 人 | 2 人以上 | 6 人以上 | 第三 |
| 营销人员 | 3 人 | 5 人 | 1 人 | 3 人以上 | 12 人以上 | 第一 |
| 设计人员 | 3 人 | 5 人 | 2 人 | 2 人以上 | 12 人以上 | 第一 |
| 技术人员 | 1 人 | 1 人 | 3 人 | 1 人 | 6 人 | 第四 |
| 生产人员 | | 1 人 | 1 人 | 2 – 3 人 | 4 – 5 人 | 第五 |
| 用户代表 | 若干人 | | 3 人 | 若干人 | 若干人 | |
| 财务人员 | 1 人 | | 2 人 | 1 人 | 4 人 | 第六 |
| 其他相关人员 | 2 人 | | | 1 – 2 人 | 3 – 4 人 | 第七 |

参与前期的策略制定以及后期的决策性评价，重点是在各个评价阶段中，对企业总体设计战略的方向性把握；技术人员是设计方案的最终实现者，因而关注造型设计的可实现性和工艺技术的难度，在中期的结构、材料、工艺设计评价中具有绝对的话语权。实际上，由于H企业所拥有的技术传统和优势，还有大量技术人员从事前期的电子、信息等领域的技术研发，在本表中并未体现；通常认为，生产人员是在工程设计以及后期的设计决策阶段中才参与到设计评价中。而事实上，概念设计阶段就会涉及生产可行性和装配效率的问题，因此，生产人员应尽早介入到设计评价中；财务人员的职责是根据财务计划评估设计项目的综合成本和预期收益，需要与其他专业人员密切配合才能准确地掌握相关数据，并提供积极的评价意见。主要参与前期的财务计划制定以及中后期对计划执行状况的评价；用户

代表的人数根据采用的评价方法而定，一般来说，在前期设计策略研究以及后期的设计决策评价中会涉及相当数量的用户研究或测评数据。此外，在某个设计评价阶段也可以邀请用户代表参与评价，但注意参与的方式和技巧，以免泄露企业的研发机密；其他相关人员主要指与该设计项目有关的企业内外的专家、顾问等，是希望从企业通常忽略的视角来综合评价产品设计方案的社会、文化、环境价值。这类人员通常不参与设计方案细节的讨论和遴选，而是对企业的设计发展策略提供参考建议。

总之，一定的组织结构以及人员安排都是为了充分行使评价组织的核心职能，并最终服务于企业"塑造品牌形象"的造型设计评价目标。

### 9.2.3　评价的程序和方法

程序和方法本是密切相关的两部分内容。以下内容是综合了国际、国内一些企业的经验，提出H企业造型设计评价的程序和方法。

1. 产品造型设计评价类型

在以上外部因素的分析中发现，企业在塑造品牌形象的目标下，既要满足电视机消费市场的现实性需求，又要努力探索和转化新的技术手段、创新使用方式，并研究潜在的市场需求。因此，H企业的产品造型设计评价工作应该有两种类型：其一是适用于战略性和前景性产品开发项目的造型设计方案评价，其关注的要点是未来3～5年的市场发展趋势。在H企业以往的研发经验中，这类产品项目并不少见，但缺乏对造型设计评价的规范和研究；其二是适用于现实产品开发项目的造型设计方案评价。这类项目在企业中广泛存在，其关注的焦点是现实条件下的可实现性和流行趋势。以上两种类型的造型设计项目是设计评价面对的主要内容，相应地，我们会提出两套评价程序与方法的方案（表9-9）。

**产品造型设计评价类型**　　　　**表9-9**

| "战略性"产品的造型设计方案评价 | "现实性"产品的造型设计方案评价 |
| --- | --- |
| 发掘潜在的市场需求；<br>关注未来3～5年的发展趋势 | 满足现实性需求；<br>关注现实条件下的可实现性 |

2. 设计流程与评价

首先，笔者对H企业原有的设计流程（图9-4）进行分析和必要的调整，细化了评价程序中的具体内容。

该流程反映了设计开发的基本步骤，但缺乏对每个设计阶段进一步的详细解释和必要评价环节的设定，因此，设计人员不会从中获得足够明确的信息、理念的共识和应有的激励，执行过程将不可避免地会出现大量问题。从企业访谈中了解到，情况的确如此。归纳起来有三个主要问题：

第一，由市场部门提出的产品开发计划，大多出于对销售现状的分析与当下的市场需

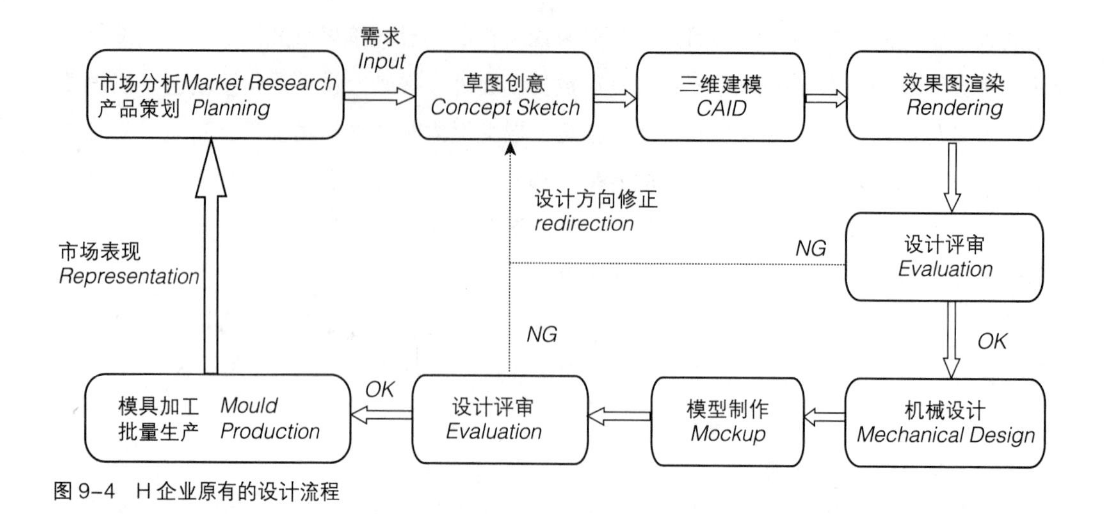


图 9-4　H 企业原有的设计流程

求。在瞬息万变的消费市场上，缺乏设计师参与的前期市场研究以及设计策略与创新计划的综合评价环节，难免造成前期分析的不到位或设计定位的不准确，导致整个产品项目的低效或失败；

第二，概念设计环节的管理不严格，并缺乏“PI”手册作为造型设计评价参考。在明确的设计定位前提下，如果对产品形象没有相应的规范，同样会导致造型设计方向的随意和盲目，无助于企业品牌形象的塑造和推广；

第三，由于设计评价组织及其管理机制和前期设计策略、定位中存在的问题，导致设计评价过程不严谨，甚至流于形式，评审结果经常性的变更等，严重影响了设计的效率和效果。

基于上述分析，笔者围绕产品造型设计的特点，提出了改进版的设计流程（图 9-5）。该流程完整地描述了“战略性”产品的造型设计评价步骤；“现实性”产品的造型设计评价步骤则可以省略前期的策略研究，从概念方案设计阶段直接开始。

3．“战略性”产品项目的造型设计方案评价

“战略性”产品开发项目是指那些对企业发展具有重大影响、并带有一定前瞻性的项目。对于这类项目通常企业有较强的主导意志和明确的目标，需要充分的先期策划和预测性研究。如最早的数字电视和网络电视等可以归入此类。在 H 企业以往的经验中，此类产品开发项目的策划从来没有涉及造型设计方面，加上企业不具备规范化的“PI”手册，使得造型设计方案的评价与遴选缺少必要的可以控制的依据。因而，加强前期的预测性评价研究是程序改进的首要步骤。

（1）前期预测性评价

该阶段是对设计流程中的“设计策略研究”和“产品计划制定”环节的评价，同时修正并确立了今后设计评价的基本方向、依据和指标。

在“设计策略研究”中，其主要任务是完成企业整体战略的设计策略转化，即将企业

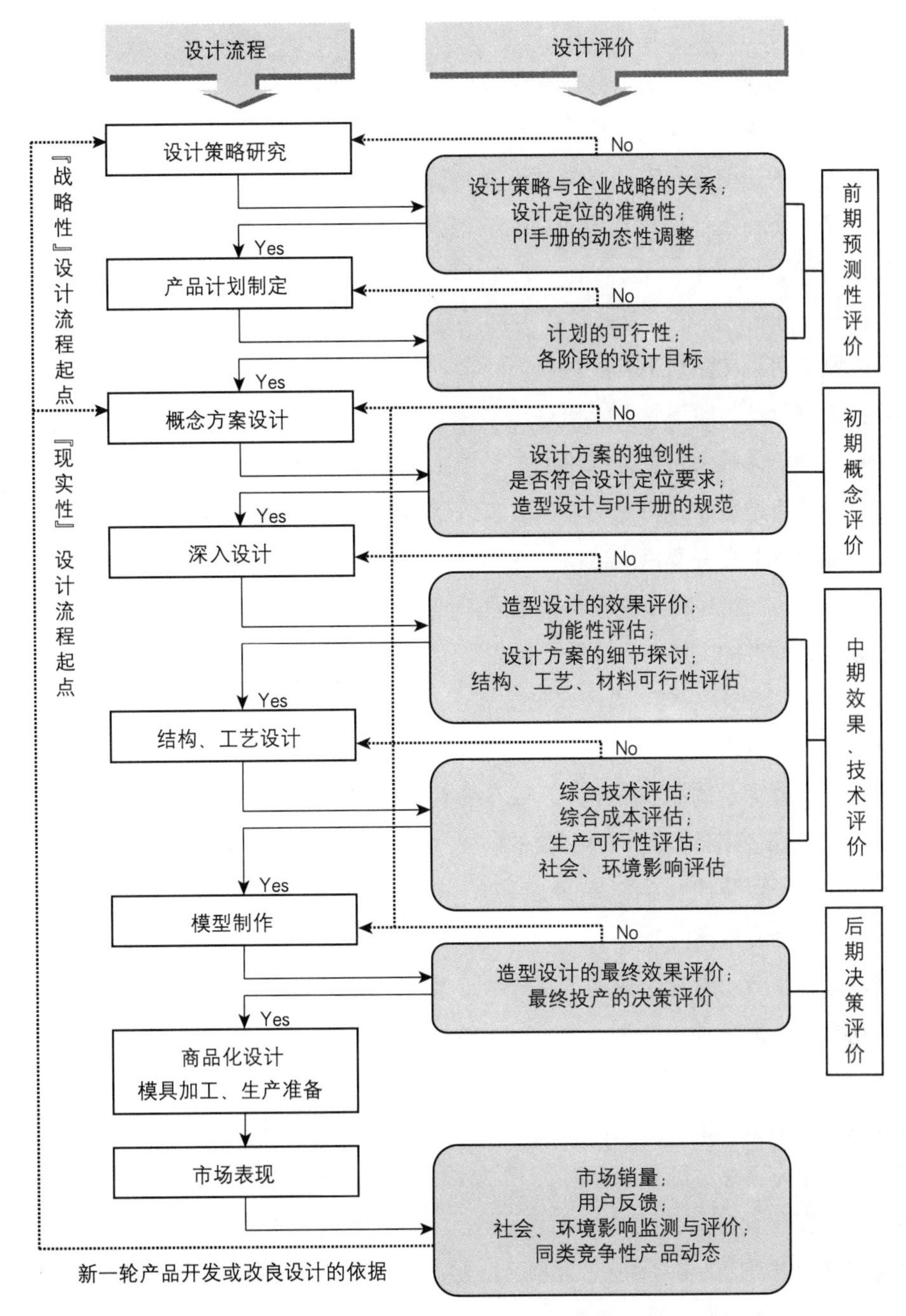


图 9-5　H 企业改进版的设计流程

抽象的、长期的战略目标，落实到设计在面对产品、用户和市场关系中所应采取的，阶段性的具体手段、方式上；其次是对目标用户群体的定位研究；"PI"手册的制定以及根据外因变化而进行的动态性调整。具体内容可以细化为以下几方面：

①阶段性设计策略的描述；

②目标用户群体的确定；

③目标用户群体审美价值观及对相关产品造型偏好的测评和研究；

④竞争产品的造型设计对比研究；

⑤与产品相关的造型变化规律研究；

⑥企业产品形象识别研究，并制定或调整“PI”手册；

⑦与造型设计相关的新型环保材料和技术的研究；

⑧几种可能的造型概念设计方向讨论。

在多数情况下，上述研究成果应将文字辅以视觉化的图标和形象加以表现，以便于各方面人员的理解。

“产品计划制定”是将设计策略研究成果具体化为项目任务书的形式，以便于造型设计的执行。具体可以包括以下几项内容：

①产品造型设计的阶段性目标描述；

②目标用户群体的需求特征描述；

③本产品项目造型设计特点描述（形态、色彩、材质、表面处理等）；

④本产品项目的主要卖点描述；

⑤对于成本、售价等经济性指标的描述；

⑥设计项目的时间安排、人员配置等内容。

上述内容应以简明的文字或图表形式表达（如使用“甘特图”方式），以便于对计划执行情况的监督和管理。

对前期预测性评价的重视程度，反映了企业对设计重要性的认识程度。设计人员参与到该阶段中，是保证项目成功十分必要的前提条件。总之，该阶段应为后面的评价工作做好策略上、标准上以及技术上的充分准备。

（2）初期概念设计评价

初期概念设计评价是在企业的大政方针、策略方向以及产品计划都已明确后，具体探讨、评估造型设计的各种创意风格的阶段。该阶段是产生全新创意的唯一机会，其过程管理的主导思想是“放开手脚”，营造一个宽松的环境，让设计人员充分展开想象力去探索各种可能的造型语言。该阶段的评审应以设计的独创性和是否符合设计定位要求为主要评价内容，要注重方案总体的“感染力”，不应过早地拘泥于细节处理和技术可行性等问题。评价观点应当以建设性和鼓励性为主，而不是限制性和否定性的。“概念方案设计”评价的目的是在设计语言上寻找“共识”，是设计相关人员与管理者的必要沟通，而不是简单“评选”出一两款可用的方案。这一阶段需要从以下角度思考创意方案的价值：

①这样的造型风格有足够的独创性吗？能被有效识别吗？

②这样的造型风格符合目标用户的喜好吗？

③这样的造型对产品的功能性有影响吗？

④这样的造型风格符合H企业的“PI”手册规范吗？

⑤该风格特征能不能被抽取出来并扩展到其他产品上？对“PI”手册的充实和调整。

⑥这样的造型风格容易实施吗？成本核算吗？

⑦这样的造型风格容易被模仿吗？

由于该环节所涉及的评价内容大多是感性的和经验性的，要求评价组织成员更多地通过交流方式来理解设计的意图和内涵，并产生成熟的观点；法庭般的或过于正式的评审会，甚至使用“量化”的评价方法，在该阶段是不适合的。其评价方法的核心要努力营造一种自由放松的形式来达到充分沟通、平等讨论、集思广益、相互激发的效果。同时，表现方式并不一定要标准化，设计人员可以用自己擅长的手段表达创意。该环节评价组织的人员不必过多，但一定要有决策者、设计主管、主要设计人员和市场人员。根据需要，概念设计的评审可以重复几次，直至找到较为理想的造型风格发展方向为止。

（3）中期效果、技术评价

中期效果、技术评价是确立的造型风格在具体产品上的实施。造型设计必须要考虑实施该风格的各种具体因素，如：功能、成本、结构、工艺等，但应以保证原初创意为原则。该阶段对应设计流程中的“深入设计”和“结构、工艺设计”两个环节。

在“深入设计”环节中，前期概念设计被细化和延伸，并发展出几个不同系列的方案组。评审时应提交3–4个系列的方案组，每个方案组有不超过3个局部变体方案作为补充。该阶段的设计方案应以严格比例的、标准化的电脑效果图表达；在正式评审会上，评价组织成员以投票的方式评选设计方案，评价方法可采用有限人员否决有效制，即不设赞成票，只设否决票，没有被否决的方案组可进入下一轮。否决票投向的应是方案组而不是具体的变体方案。在评价组织中，拥有否决权的人应是产品经理、设计主管、销售经理。在条件允许的情况下，也可以组织部分用户代表参与方案的评价，其结果可以作为决策的参考。一般情况下，应保证有两组方案进入下一轮评审。该阶段评审可以从以下角度考虑设计方案的价值：

①设计方案是初期概念风格的延续和深化吗？

②设计方案符合目标用户的需要吗？

③设计方案的总体效果以及造型接受程度如何？

④设计方案细节的完善程度？

⑤附件设计（如遥控器）是否完善？

⑥设计方案功能的可实现性如何？

⑦结构、工艺与材料的可实现性如何？

“结构、工艺设计”环节是对评选出的两组设计方案进行详尽的工程设计。因而，工程技术人员的高度参与是明显特征。每个方案组集中一个最优方案进行工程深化设计，应保证设计后的方案没有明显的工艺技术问题，并符合大批量生产的要求。方案提交方式应采用三维数据模型图和标准化的效果图。该环节评价的主要任务是对结构、工艺的合理性以及成本预算和生产配套方面的重新审视和修正，以全面检测设计方案的可实现性。此外，该阶段还应对设计方案的社会、环境影响进行彻底评估，避免可能发生的、不利于企业可持续发展的潜在危害。在产品效果与技术工艺、制造成本以及社会、环境效益相互冲突时，评价组织应面向企业的长远利益，提出明确的改进意见。评审方法可采用评价组织成员赞成票有效制。因为经过以上轮次的遴选后，提交方案都具备一定的风格特点。赞成票有效制就是在其中发现最符合评价标准的若干设计方案，没有被提名的将被淘汰。该环节设计方案的价值可以从以下几点考虑：

①该方案是否保持了前一轮确定的设计风格特征？

②该方案的工艺性是否达到可以接受的水平？是否有改进的余地？

③该方案的成本是否达到可以接受的水平？是否有改进的余地？

④该方案是否完全符合批量化生产的要求？

⑤该方案的所有细节设计是否周到完善？

⑥该方案对社会、环境是否会有不良影响？

（4）后期决策评价

选出的方案再经修改后全部制成全尺寸模型，并进一步确定工艺、技术等细节问题。在决策评价中，应提交评价组织不超过3款真实效果的方案模型，并保证提交的方案不存在任何较大的技术性问题。尽管设计方案已经历了几轮次的反复评价，但为了慎重起见，在后期评审时，还要严格地按照评价标准制定出评审表（表9–10），评价者根据评审表中的各项指标，给每个方案模型打分，再经统计和加权系数的计算，以及评价者的综合印象排序，得到最终的评价结果。

如前所述，评价组织只是企业的参议机构，评价的结果并非就是决策结果，最终的生

**H企业产品造型设计评审表** **表9–10**

| 项目名称： | | | | 编号： |
|---|---|---|---|---|
| 部门： | | 姓名： | | 时间： |
| 评价指标 | 权值 | 方案一 | 方案二 | 方案三 |
| 产品功能实现程度 | 0.16 | | | |
| 创新程度 | 0.075 | | | |
| 产品定位的实现性 | 0.15 | | | |
| 产品形象的识别性 | 0.10 | | | |
| 产品造型可接受性 | 0.06 | | | |
| 工艺的可实现性 | 0.075 | | | |
| 成本的可接受性 | 0.12 | | | |
| 社会效益影响程度 | 0.13 | | | |
| 绿色理念的应用程度 | 0.13 | | | |
| 总分计算： | | | | |
| 方案综合印象排序 | | 第一： | 第二： | 第三： |
| 排序理由以及建议： | | | | |

产决定还应由决策者个人根据具体情况作出。因为任何对未来的预测都是有风险的，作为企业的负责人，理应成为风险的承担者。

通常来说，当产品转入生产准备阶段时，设计部门的工作就大功告成了。但产品设计评价活动并未就此止步。设计评价组织必须要时刻关注该产品的市场表现、用户反馈、监测与评估产品的社会、环境影响，以及随时观察同类竞争性产品的动态，为新一轮产品开发或现有产品改良设计提供评价的依据和设计策略上的指导。

上述“战略性”产品造型设计评价方案遵循着实事求“适”的原则，是从宏观到细节、从抽象到具体，逐步深化的评价和决策过程。前一步程序的有效性成为下一步程序实施的前提和保证。因此，整个程序和方法的有效性取决于始终如一的目标和有条不紊的管理。如果在设计评价过程中不断地改变初始条件，如策略方向、计划安排、目标用户、造型风格等因素，则无法保证企业设计策略的有效执行。所以说，任何设计评价制度的运行都要求企业有坚定不移的设计指导思想和较为长远的战略眼光。

4.“现实性”产品项目的造型设计方案评价

所谓“现实性”产品项目是面对企业短期目标的，满足市场当下需求的设计开发任务。由于此类项目面对的是稍纵即逝的市场机会，要求一种更为简化、快速的设计评价程序和方法。以下将综合设计评价程序的一些核心要素，提出“现实性”产品造型设计评价的程序和方法建议。

（1）产品设计定位

“现实性”产品设计项目可以适当省略前期的策略研究过程。但即使是短期的市场目标，一个明确的产品设计定位是不能缺少的。为了节省时间，设计定位可以在项目启动前，由设计人员与评价组织的主要成员通过一两次会议讨论取得一致的观点，最后以项目任务书的形式确定下来。由于该类开发项目的提案往往直接出自市场的现实性需要，因此，营销人员在评价设计方案时具有更多的话语权与影响力。对目前市场趋势的分析以及对业绩较好的同类产品进行研究是会议的重要内容，由此评价组织成员共同策划出新品开发的总体定位方向。会议讨论的形式是为了保证设计人员和评审人员在项目启动前达成必要的共识。

（2）初期设计方案评价

不同于“战略性”产品设计的初期概念方案评价，本阶段要求设计人员更多地从现实需求和明确的市场定位出发，并以标准绘制的电脑效果图表达。设计方案应当按照设计定位的要求分成几组，每个方案组以最多三款局部变体方案组成。这种要求的目的是迫使设计人员按照定位要求进行有目的地创意，而不是随心所欲地设计。前期设计方案评审应以设计是否具有一定独创性、是否符合开发定位为原则，工艺技术问题则在其次。评审方法采用有限人员1票否决有效制，即不设赞成票，只设否决票，没有被评审人否决的方案即可进入下一轮。拥有否决权的人员为产品经理、设计主管、销售经理。

（3）中期设计方案评价

以下内容与“战略性”产品设计流程大多相同。即根据初期设计方案评审结果进行深入设计开发，重点从结构、工艺、成本等角度进行重新审视和修改。本阶段的设计活动应在工程技术人员的高度参与下完成。每个方案组集中一个最优方案进行深化设计，应保证设计后的方案没有明显的工艺技术问题，并符合大批量生产的要求。表达方式依然可以采用三维数据模型图和标准化的效果图。评审方式采用评价组织成员赞成票有效制。本阶段方案评审应提出明确的设计修改意见。

（4）后期决策评价

选出的方案再经修改后全部制成全尺寸模型，并进一步确定工艺、技术等细节问题。在决策评价中，应提交不超过 3 款真实效果的方案模型，并保证提交的方案不存在任何较大的技术性问题。本阶段的评价可以根据开发时间计划和现实情况，采用或省略正式的评审表打分方式，按照评价组织成员根据评价标准的综合评估、考察，得到最终的评价结果。该评价结果提供给决策者进行最终生产决断。

无论哪一类产品设计项目，对于“后商品化阶段”的市场表现、用户反馈、社会、环境影响及同类竞争性产品动态等重要信息，都应是设计评价组织必须要持续关注的问题，因为这关系到下一轮新产品设计的策略方向以及企业长期的设计战略修订。

## 9.3 小结

本章内容是将理论付诸实践的尝试。尽管是局部性的应用，但系统地运用了工业设计评价理论所阐述的思想方法，即通过构建“目标系统”，对 H 企业中评价主体、评价客体以及评价环境等“外部因素”进行详细考察和分析，明确了造型设计评价的层级目标（目标树），从而确立评价标准的内容、程度分值和加权系数；提出评价组织的人员结构和阶段性职能；并从“战略性”和“现实性”两类不同设计项目出发，提出了相应的评价程序和方法（图 9–6）。

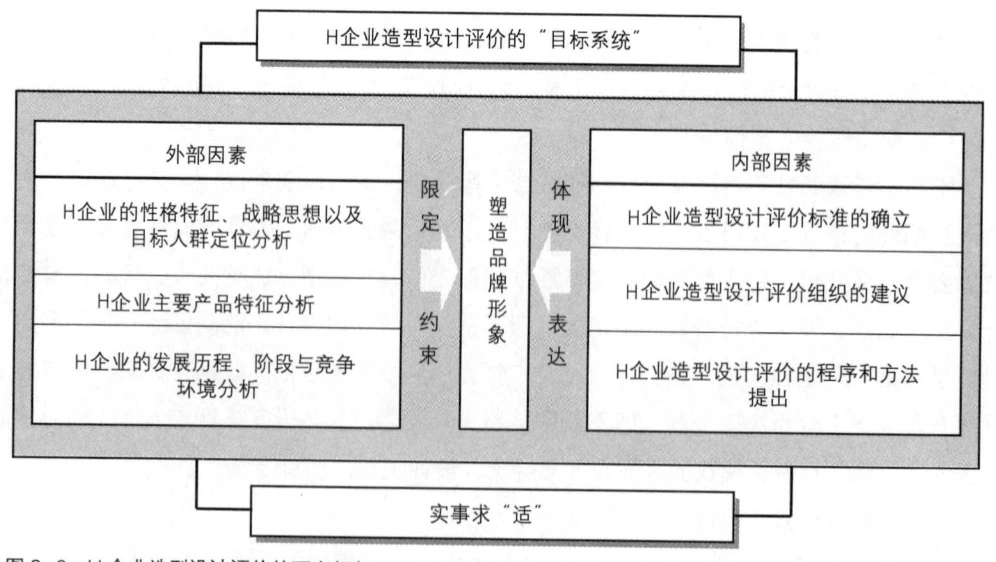


图 9–6　H 企业造型设计评价的研究框架

由于产品造型设计的特点，在该评价体系中，较少地运用了量化公式法；适当地使用了实验评价法；主要采用了听取专家意见后进行统计分析的综合评价法。上述各种方法与程序过程究竟应当如何综合、选择，并没有统一标准。正如前文一再强调的，各种制度手段都有其自身特征和适用范围，必须要根据现实情况，实事求“适”的进行选择和重构。

# 第10章　结　　论

本书始终围绕开篇提出的两个问题展开讨论。即：什么是“好设计”和“好商品”？以及企业如何评价并创造一个“好”的“商品设计”？以下将简单概述主要观点作为结论。

## 10.1　“共赢”——商品视域中的工业设计评价观

### 1. 为什么是“商品设计”

对于设计理论研究者来说，“商品”是过于司空见惯而不屑提及的尴尬话题。在现实中，商品总是与商人、炒作、欺骗与牟利等概念相连，多少沾染了一些“铜臭”气味，远不如美学、文化等课题的研究更具魅力，更优雅。然而，在当今的商品经济社会中，工业设计与商品有着千丝万缕的联系。任何形式的“商品”都是设计活动的结果，与其说我们是在设计产品，不如说是在设计商品。因此，“商品设计”是工业设计评价理论研究的基本出发点。

### 2. “好设计”与“好商品”

从作者的观点看，工业设计评价就是对“商品设计”价值的判定。设计本是人类有目的的创造性行为，设计的价值就体现在这种创造性活动的合目的性、合规律性上。由于缺乏明确的目标和具体的限定，一个公认的评价标准不存在，对“好设计”的理解也自然是见仁见智的事了。而在“商品设计”的语境中，设计的目的指向商品价值的充分实现，设计的价值事实上已经凝结在商品的价值之中了。一个充满“创造性”的或“美”的设计作品，如果没有获得应有的市场效果以及消费者的青睐（“好商品”的基本标准），只能是“好造型”、“好想法”，而不能成为“好设计”。在某种程度上，商品价值与设计价值有着内在的一致性。所谓“好设计”就是充分实现了商品价值的设计，也就是“好商品”或干脆称为好的“商品设计”。

那么，什么是商品的价值呢？从经济学与社会学研究的观点看，商品继承了用品的“使用价值”，并具有“交换价值”，同时兼有转译物品社会关系的“符号价值”。对于今天的消费市场来说，单纯的“使用价值”已经无法适应大众对“意义消费”需求，企业必须更多地关注消费者的文化、情感、偏好和愿景等内在诉求，通过挖掘其中隐含的“符号价值”以期全面提升商品的价值。

3. 价值冲突与协调

实际上，“商品价值”只是个缩略语，更为精确地表述应为“商品对人的价值”。没有人类主体的参与，商品的价值便无法真正体现。

人类主体不是一个空洞、抽象的概念，而是包括个体、群体、社会和整个人类的多个层次、多重利益、多维价值观的“人”的描述。本文中，将个体对应为“消费人”、群体对应为“企业人”、社会对应为“社会人”，以及将人类对应为代表共同利益的“生态人”。显然，由于人们站的角度不同，利益冲突是不可避免的。在一个健全的社会里，由于人们终极目标的一致性和相互依存性，在一定程度上会缓解冲突的发生，但总体上看，主体间的矛盾与冲突是必然的，认同与协调是相对的。

4. “事理”分析

在“设计事理学”思想方法的审视下，“交换”与“商品”的关系等同于“事”和“物”的关系，如果我们把商品看作是“物”的系统，那么交换就是其所处的“事”的背景，一个更大的系统。“物”的形式取决于“事”的限定，“物”的意义在于满足“事”的目的。所以，认识商品必须将其置于交换的关系场之中，考察在特定的交换条件限制下，不同人类主体的目的、动机、愿望和需求。对商品交换中的规律的认识和把握即是对“事理”的认识。

为了便于分析，我们将商品交换之“事”的解剖为几个部分：“交换主体”、“交换客体”与“交换条件”。简单地说，“交换主体”就是人类主体，包括上述代表不同利益目标的“消费人”、“企业人”、“社会人”和“生态人”；“交换客体”是用于交换的“物质的”或“非物质的”商品；“交换条件”泛指各种文化、制度、技术、自然环境等因素所构成的各种限制条件。不同交换主体的需求各不相同，对商品价值的判断存在着很大差异，所以，人们在一定条件下，通过交换商品来让渡效用和价值，实现社会资源的再分配，并借助商品的符号来确立自身在社会中的恰当位置。理想的交换被经济学家们称为“帕累托改善”，即在商品交换中，主体间因为需求的差异化导致彼此间的相互满足，因此可以称为利益“共赢”。

从商品之“物”到交换之“事”，再到“共赢”之“理”。正确认识商品交换的“事理”规律，可以更深地了解人类主体间的利益关系，进而可以利用设计手段有效化解主体间的冲突。

5. “商品设计”的视域

在广义设计概念的界定下，所有商品都可以认定是设计活动的结果，但反过来，并非所有的设计作品或劳动产品都能够转化为商品。准确地说，“商品设计”一定是为了“他者”的设计；从现代意义上看，“商品设计”指的是企业指向商品的产品或服务的设计。

从工业设计的角度看，商品只是人为事物“生命周期”的一个阶段。商品之前是存在于生产过程中的产品; 之后是存在于消费过程中的用品和废品。而"商品"的独特之处在于,它是人类主体进行价值交换的"亲历者",是连接产品、用品和废品之间的纽带,是这个"物生"链条中不可缺少的、最为关键的环节。在商品经济社会中,产品必须通过市场交易这个环节——成为商品才能转化为大众意义上的用品,否则,产品永远只是没有实现价值的物品;同时,任何商品也必然经过使用的过程才能最终实现其价值,再经由废弃或回收来完成其"生命"的循环。所以,本文所讨论的"商品设计"本质上是包含了生产、交换、使用和废弃所有环节的设计和思考;"商品设计"也不仅是"物"的设计,而是一个围绕以上各种事件关系的系统设计。

6. "共赢"与设计角色的转换

在商品经济的发展进程中,设计始终处于从属的地位,被政治、经济、社会、文化和流行趋势的浪潮所裹胁,并屈从于强势的利益集团。在后现代的"大批判"以及近年的反思中,设计正在以"积极"的态度发出自己的声音,不断寻求在社会生活中扮演更为重要的角色。

但只有辩证地看待设计角色的转变及其在现代社会中的地位,才能面对复杂的社会现实,从而建立正确、务实的设计观。一方面,设计不可能脱离具体的商业目标,理想化地谈论"手段"的存在和意义;另一方面,作为价值主体的设计者,本身具有"主体意识",负有相应的社会责任和义务。他既是消费者,也是企业的一员、社会的一员,更是人类的一份子。因此,设计者必须要摆正自身的位置,兼顾服务于经济发展、企业盈利目标和应有的社会、环境责任感,从一个被动的"手段"角色转变为积极的"协调者"。但同时我们也不应指望设计者能成为"社会正义"的代言人,因为在大的利益前提下,评价主体的价值冲突有其必然性。只有真正完善工业设计评价体系,依靠制度才是有效解决设计评价问题,实现"共赢"目标的核心保证。

总之,透过对"商品设计"的思考我们察觉到由交换联结起来的人类主体的利益关系,以及设计者在协调利益冲突,趋向利益"共赢"中的作用。因而,"共赢观"是工业设计评价的终极标准。

## 10.2 工业设计评价的"目标系统"

1. 实事求"适"的评价原则

设计创新的过程就是先对"事"的要素进行分析、理解,从而确定设计的目标,即"实事"的过程;而后寻求解决问题的答案,即"求适"的过程。"事"作为一个适应性系统,是评价"物"合理性的标准。只有在具体的"事"里,人们才可以判定"物"是否符合特定人群的特殊目的、是否适应环境、条件的限制以及人的生活方式、认知逻辑的要求。工业设计评价就是本着实事求"适"的原则,来考察"商品"(无论"物质的"或"非物质的")

于生产、交换、消费之“事”中的合理性和适应性。

同样，构建工业设计评价体系本身也是一种创造性的“设计”过程，其特殊之处在于，它所创造的是制度成果。在工业设计评价中，“实事”就是探究影响系统存在、运行的各种条件，从而明确具体的评价目标；“求适”则是在限制中寻求或建构制度体系的要素内容。

此外，实事求“适”是我们客观、辩证、务实地认识“共赢观”的重要原则。“共赢”不是绝对的“公平”，它是建立在社会整体语境下的互利原则，代表着一种趋势和发展方向，并非是衡量一切的教条和量化尺度；“共赢”也是有条件的、现实性的评价目标。在不同时代、不同国家、不同企业、不同地域、不同环境下，对“共赢”可能有着不同的诠释；“共赢观”是“有限理性”下的评价思想。一味寻找绝对而唯一“共赢”的结果是不智的，也是不现实的。

2. 工业设计评价范畴和内容的界定

工业设计评价明确地指向设计决策行为，属于“设计管理”领域的重要内容。“设计管理”的目标是通过对设计效果和过程效率的维护和控制，追求设计活动的综合“品质”。基于企业战略目标制定的创新计划是“设计管理”的基础文件，而设计评价则是以系统的方法，对创新计划的全过程进行监控、评估，以确保管理最终目标的达成。

从“历时性”角度考察，工业设计评价的范畴包括“前商品阶段”、“商品阶段”和“后商品阶段”完整的“生命历程”；从“共时性”角度考察，商品设计评价的内容涉及企业的设计战略、设计团队以及设计项目的评价。其中，对设计项目进程和结果的评价能够有效反映出企业设计策略的正确性以及设计团队的绩效水平。

3. 工业设计评价的“目标系统”

“目标系统”是“设计事理学”的核心理论方法，它包括三个主要成分：“目标”、“内部因素”和“外部因素”。“目标”是决定系统存在的基本前提，是任何人为之“事”发生的理由和目的；“内部因素”是人们为了达到系统目标所选择或创造的一切可能性手段和要素的总和，是系统功能性所依赖的具体内容；“外部因素”是系统所处的一切外在环境、条件以及行为主体的目的、需求、观念等对具体“目标”给予限定和约束的要素总和。

在工业设计评价的“目标系统”中，基于“共赢观”的设计价值的有效判定是终极的系统“目标”。抽象的“共赢”目标在企业的设计评价实务中有着非常具体和现实的层级化解释，如不同的阶段目标以及不同的专业目标等；“内部因素”是保证设计评价顺利进行的基本制度工具，即评价标准、程序、组织和方法等；“外部因素”是对系统中各种因变量的归纳和整合，其内容是通过明确评价活动中的价值关系确定的，涉及评价主体、客体与环境条件等。

4. “实事”——“外部因素”研究

在“目标系统”的模型中，“外部因素”是影响系统发展方向的重要内容，它的变化意味着系统目标以及实现手段的改变，因而对评价主体的复杂性、客体的多样性以及环境变换性的深入考察成为商品设计评价体系研究的关键。这个过程被称为“实事”研究。

(1) 对主体复杂性的探讨集中在对普遍存在的需求和行为复杂性的研究上。作为主体基本原型的“消费人”，由于生理与心理需要的并存以及有限支付能力的限制，造成消费需求的层次化和差异化；而在追逐“广义效用”的前提下，由于理性与“非理性”的思维模式，主体满足需求的行为以及对自身行为结果的预期都具有极大的不确定性，造成了设计评价中的复杂性剧增。由此看来，明确目标消费人群的定位范围，并积极开展“生活形态”研究，发掘其“显在”与“潜在”的欲望和需求是设计方向及其评价标准确立的重要基础。

(2) 评价客体就是我们每天面对的丰富多彩的商品，可简单划分为“技术驱动型”和“顾客驱动型”两种。实际上，很少有商品属于分类的极端，而多分布在中间区域。简单来说，“技术驱动型”商品 (Technology-driven Products) 的主要特征是依靠其技术性能获得交换地位的产品。其评价的重点主要关注如性能稳定性、使用安全性和维修性等技术指标要素；“顾客驱动型”商品 (User-driven Products) 则是更多地以其外在形式和人机交互界面赢得利润的产品。显然，其评价的重点集中在使用性、维修性、造型设计的美学特征、差异化等因素上。以上分类只是一种面对设计问题的思考方式，切不可僵化、固定地看待这种差异。

(3) 评价环境是指工业设计评价所处的具体背景以及各种限制性条件，包括企业“外环境”与“内环境”。企业存在于社会中，企业的经营活动和生存发展的努力无不依赖于社会母体所给予的机会和空间，同时也受到社会环境、条件的限制和约束。因此，对社会、政治、经济、文化大背景下的相关政策、法规、行业标准、潮流趋势、生活方式、消费偏好等“外环境”因素进行考察和分析是研究的重要内容；所谓“内环境”是由企业发展阶段、规模、经营风格、企业文化等特征融合形成了企业制度氛围，它与“外环境”共同构成了影响企业设计策略制定以及相应设计评价制度建构的评价环境。

总之，评价主体、评价客体和评价环境相互影响、制约，共同构成完整意义的“外部因素”，并对评价制度的构建产生影响。

### 5. “求适”——“内部因素”构建

在工业设计评价的“目标系统”中，“求适”意味着寻求“适度”的评价标准、“适用”的评价程序、“适合”的评价组织以及“适当”评价方法。

(1) 评价标准是基于设计目标所建立的，衡量“商品设计”价值的准则或尺度。无论是企业“内部”还是“外部”、“显形”还是“隐性”，“模糊”还是“具体”的标准都是对设计目标的一种表达和维护。尽管具体的标准形式不同，但一个完善的评价标准体系应该是综合了感性和理性的因素；全面体现着不同主体的利益目标；具有层次化的标准结构；以及随着时间、地域、环境、条件的改变而不断变化的动态标准体系。

笔者在充分研究不同国家、地区、行业组织以及企业的设计评价标准后，并结合可持续的“商品设计观”，提出了工业设计评价标准的体系框架。企业可以在“外部因素”的充分考察和研究的基础上，制定切实可行的、层次化的评价目标，并将其纳入到该框架中，以获得“适度”的评价标准内容。

（2）所谓评价程序就是处理事情的先后次序，是在评价标准确立后，按照一定的步骤，有计划地实施评价的过程。首先，评价的程序是与设计程序交织在一起的过程；其次，无论处于哪一环节的评价活动都应遵循一定的计划和科学的步骤执行，即明确评价问题、确定评价标准、组建评价组织、选择评价方法、实施评价活动、处理评价观点和数据、作出判断、评价结果输出、评价信息反馈；最后，具体评价程序的制定很大程度上依赖评价方法的选用，不同的方法可能会有完全不同的实施步骤。

（3）设计评价组织是一个专门从事设计评价的机构或委员会，由各种不同专业和职能的人，按照一定的结构方式组成。一般来说，设计评价组织的人员由企业领导层、策划、营销、设计、技术、生产、财务人员、用户代表以及其他企业内外的专家、顾问等组成。一个适用性较强的评价组织结构应该包括三个层次：组织负责人、核心成员和动态参与者。在大部分情况下，设计评价组织是临时性的，针对某一个具体项目或议程随时组建，而且在项目进程的不同阶段组织的人员构成也有所变化。

评价组织往往不是决策机构，而是决策者的“参议”机构。“有效沟通”是评价组织最为核心的职能。不同企业评价组织的构成有着明显的差异。对于“技术驱动型”产品，工程技术人员拥有相对权威的评价地位；而“顾客驱动型”的产品，市场营销人员的意见会更有影响力；对于以创新设计为企业特征的企业来说，设计人员则拥有更广阔的空间去表达观念和自由创造。

（4）方法是人们为达到目的而采用手段的总和。设计评价方法广泛借鉴相关学科的成熟方法，但归纳起来无外乎定量、定性两种思路。定量方法强调运用数学公式，通过计算获取量化的评价数据，从而得到客观、准确的评价结果。适合技术指标、材料性能、经济指标等因素（准确性和难度系数）的评价。定性方法则是强调主观感受和直觉，面对那些无法量化的因素，如对设计美感、文化、使用性上（艺术表现力）以及竞争环境等。应该注意的是，在实际的评价活动中，定量与定性多是融合在一起的，很难截然分开。

设计评价方法可具体分为“公式评价法”、“实验评价法”和“综合评价法”三大类。所谓“公式评价法”主要属于定量的思路，是利用某种公式，通过统计或计算求出指数，得到客观的、量化的判断。尽管该方法也力求将感性因素诉诸更为精确的数据表达，但在实际应用中还缺乏足够的说服力；“实验评价法”是通过材料测试、使用测试以及商品试销等手段进行实效性评估，兼具定量与定性的成分。这种方法通常是在项目进程的后期进行，所得到的评价参数更具“信度”，但所花费的时间和资金成本较高；“综合评价法”则是根据评价组织成员的经验、感受并结合量化的手段进行综合判断的方法。这种方法更多地依赖于专家意见，可能会导致结果的不确定性。

可见，没有一种普遍适用的评价方法供所有企业在遴选设计方案时选用。工业设计评价是个综合性的课题，所运用的方法必须根据现实需要，“适当”地融合定量与定性、理性与感性、经验与直觉的因素。研究评价方法的本质目的就在于整合既有方法、创造新方法。

## 10.3 留下的思考

在本课题研究之初，作者曾计划将研究成果全面地应用于某个企业，为其建立一套“量体裁衣”的设计评价体系，一方面可以检验研究结论的正确性和完整性，另一方面使企业从制度化的设计评价体系中获益。但随着研究工作的不断深入和广泛的企业调查，作者逐渐修正了这个略显“天真”的想法，改为对某企业“产品造型设计评价体系”的应用研究。主要原因有两个：首先，具体企业的设计评价体系研究和应用是个不折不扣的系统管理工程，涉及企业中长期的战略发展方向、设计策略的制定、设计团队的管理和绩效评估、设计项目的管理和监控机制等复杂工作，需要企业领导层的充分重视和鼎力协助方可实施。缺乏相应准备的局部“试用”往往无法反映设计评价体系的真实效果，反而会造成对深入研究方向的误导甚至影响企业对设计评价体系的正确认识；其次，全面的设计评价体系的应用以及结果的反馈需要相当长的周期。一般来说，一个技术相对成熟的家电产品从计划、调研、设计、量产、投放市场到顾客满意度测量与反馈等一系列工作需要至少一年多的时间，加之复杂多变的市场因素与评价制度体系在企业中的转换，所消耗的时间必定是漫长的。

因此，本书主要集中于工业设计评价体系的理论探讨，以及对研究成果尝试性的、初步的应用。至于运用该制度体系进行具体的产品设计评价实践，以及在实践中对评价体系的合理性、适应性进行评价和检验则有待作者的后续研究。可以预期，该领域的研究成果必然对企业的设计创新活动乃至企业可持续发展战略的制定起到积极的推动作用。

# 附录A　企业设计评价调研提纲

由于设计评价活动在不同类型企业中的差异性以及实施过程中的弹性，本调研没有采用统一规格的调研表，而是根据采访提纲进行深入访谈。

## A.1　调研目的

通过调查企业设计评价（包括设计策略评价与设计方案遴选）的整体过程、使用方法、相应标准、评价机构或人员的组成等信息以及典型“成功”与“失败”的产品设计案例，以充分了解企业设计评价、管理的具体实践经验以及相应的制度体系构成现状；探寻不同企业设计评价活动的规律性线索，从而为形成系统的商品设计评价理论提供依据。

## A.2　调研对象

本调研将选择在行业中具有影响力的部分企业，对其中的设计师、设计部门的主管、营销部人员以及负责设计工作的企业领导进行设计评价的专项访谈。

本调研涉及两大类设计企业，即从事产品设计、生产的企业和提供设计服务的企业（设计公司）。前一类企业的调研主要集中在珠三角地区、山东青岛和北京（包括：康佳、TCL、华为、万家乐、华宝、美的、海尔、海信、联想等）；对设计公司的调研除了珠三角外还包括了上海地区，选取范围从小型设计事务所到国内规模较大的专业设计公司以及新兴的设计管理公司（包括：集美、朗迪、极致、嘉兰图、设计指南、通用泛亚、泛思、索尼上海以及桥中设计管理等）。以下内容主要针对前一类企业制定。

## A.3　调研主要内容

### A.3.1　关于评价程序

1. 企业的产品设计程序与设计评价的关系？有几个主要的评价阶段？

2. 企业不同类型产品（如设备类或消费电子类产品）设计评价程序的差异？（有无差异、

主要差异在哪、为什么？）

3. 能否具体描述一下设计评价活动的详细过程？

4. 有无设计程序或设计评价流程图？（可否拍照或拷贝？）

### A.3.2 关于评价标准

1. 企业有无相应的评价标准？（定性或定量的标准）

2. 标准是如何制定的？（经验积累、根据设计战略目标、借鉴等）

3. 标准是否是动态的？（项目类型不同、开发阶段不同等）

4. 能否提供评价标准的文件资料？（如果不涉密）

### A.3.3 关于评价组织机构

1. 评价设计策略的主要参与者？

2. 评价设计方案的主要参与者？（企业领导、技术、设计、营销、产品经理、消费者代表、全体员工、其他人员）

3. 不同类型产品或产品设计的不同阶段，评价参与者的比例、权重？

4. 企业的最高领导在什么时候参与评价？（初期、中期、后期）

5. 能否提供评审纪要文件样本？（如果不涉密）

### A.3.4 关于评价方法

1. 在不同设计阶段采取的评价方法是什么？（领导为主、专家投票、集体讨论、员工投票、公式法、消费者测评、试销等）

2. 如何实施这些方法（自己组建的评价组织实施、委托专业调研机构或两者结合）

### A.3.5 相关案例

1. 企业最成功的产品设计案例？（图片资料、收益情况以及原因分析）

2. 有没有所谓“失败”的产品设计案例？（回顾其评价过程可能存在的问题：是设计策略、定位还是具体的造型设计？是技术、质量还是功能？或其他原因）可否提供相应的图片资料？

非常感谢企业的合作！

# 附录B　H企业造型设计评价标准“权值”调查表

首先感谢您能抽出宝贵时间填写这份冗长的调查表！本次调查是为了获得产品造型设计评价标准的“权值”分析数据，希望您能从企业设计管理实务的角度出发，在确定的评价标准内容范围内，给予客观、准确的回答。

本调查获取的所有信息都将用于“设计评价标准”的学术研究。再次感谢您的支持与合作！（清华大学美术学院工业设计系）

---

您的姓名：__________

您的单位：__________

您的职务：__________

问卷编号：

造型设计评价标准的主要内容：

| 序号 | 评价标准 | 内容描述 |
| --- | --- | --- |
| F1 | 产品功能实现程度 | 使用、操作、安装、维修、运输等基本功能的保证 |
| F2 | 创新程度 | 新技术、工艺或材料的应用、新的使用方式、产品造型的独创性、可辨认性 |
| F3 | 产品定位的实现性 | 满足目标消费人群需求的程度 |
| F4 | 产品形象的识别性（PI） | 可辨认的产品形象要素；“家族感”与继承性 |
| F5 | 产品造型的可接受性 | 关于美学、情感、文化上的综合评价 |
| F6 | 工艺的可实现性 | 技术角度的评价，在现有设备、技术、工艺水平条件下的实现程度 |
| F7 | 成本的可接受性 | 财务角度的评价，成本与价值的权衡（损益分析） |
| F8 | 社会效益影响程度 | 是否会产生良好或不良的社会影响 |
| F9 | 绿色设计理念应用程度 | 使用可降解材料、可回收、节能、低辐射等 |

下表将各评价标准内容逐项对比、排列。请您根据各项标准的重要程度进行选择。如果您认为某项内容的重要程度较高，就在靠近该项位置的圆圈内打勾或以其他方式做记号。比如在下列问题中，如果您认为 F6 与 F4 同等重要，则选择：

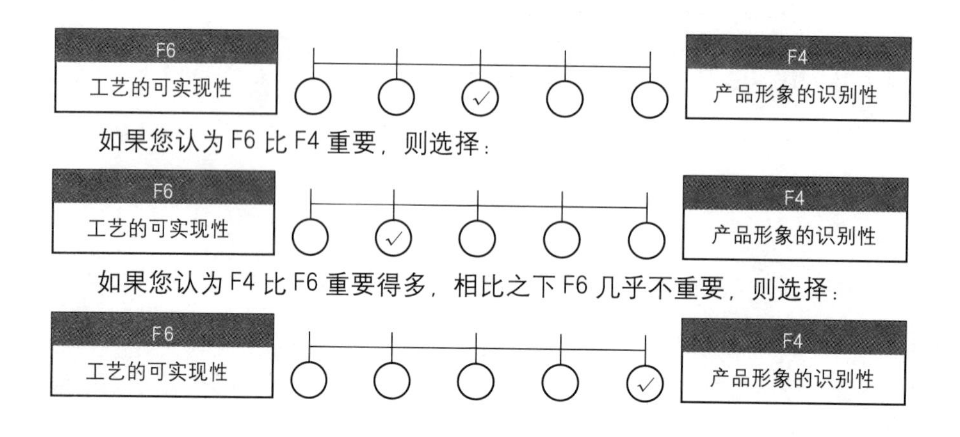


---

H 企业造型设计评价标准“权值”调查表：

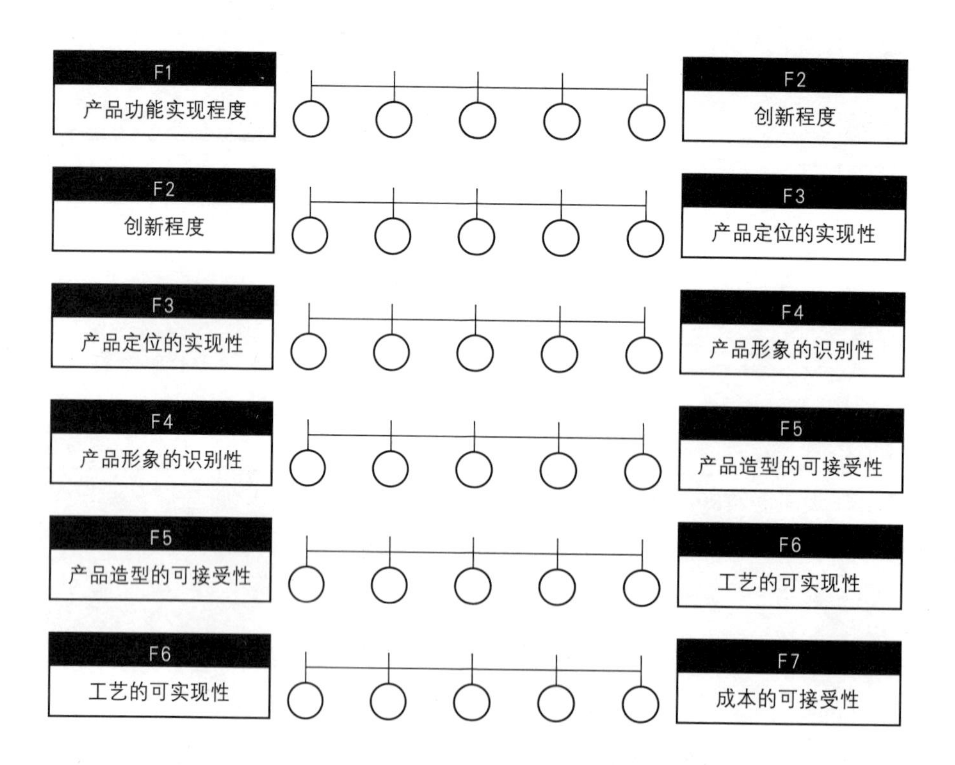

|  | | | | | |  |
|---|---|---|---|---|---|---|
| F3 产品定位的实现性 | ○ | ○ | ○ | ○ | ○ | F1 产品功能实现程度 |
| F4 产品功能实现程度 | ○ | ○ | ○ | ○ | ○ | F2 创新程度 |
| F5 产品造型的可接受性 | ○ | ○ | ○ | ○ | ○ | F3 产品定位的实现性 |
| F6 工艺的可实现性 | ○ | ○ | ○ | ○ | ○ | F4 产品形象的识别性 |
| F7 成本的可接受性 | ○ | ○ | ○ | ○ | ○ | F5 产品造型的可接受性 |
| F8 社会效益影响程度 | ○ | ○ | ○ | ○ | ○ | F6 工艺的可实现性 |
| F9 绿色设计理念应用程度 | ○ | ○ | ○ | ○ | ○ | F7 成本的可接受性 |
| F1 产品功能实现程度 | ○ | ○ | ○ | ○ | ○ | F9 绿色设计理念应用程度 |

⋮

（由于篇幅原因，此处省略了调查表的部分内容）

⋮

非常感谢您填写该调查表。若您需要调查的最终统计结果或者对设计评价研究的相关问题有什么建议和指教，请随时与我联系。再次感谢您的参与！

# 参考文献

[1] "阿莱西的发展历史", http://www.alessi.com/azienda/storia.jsp.

[2] [美] B·约瑟夫·派恩:《大规模定制——企业竞争的新前沿》, 操云甫等译, 北京: 中国人民大学出版社, 2000 年版.

[3] [美] B·约瑟夫·派恩、詹姆斯·H·吉尔摩:《体验经济》, 夏业良、鲁炜等译, 北京: 机械工业出版社, 2002 年版.

[4] 包林:《时尚的生产与消费》,《装饰》, 2002 年第 11 期, 第 10—11 页.

[5] [英] 彼得·多默:《1945 年以来的设计》, 梁梅译, 成都: 四川人民出版社, 1998 年版.

[6] 边守仁:《产品创新设计——工业设计专案的解构与重建》, 北京: 北京理工大学出版社, 2002 年版.

[7] [法] 布罗代尔:《15 至 18 世纪的物质文明、经济和资本主义——第二卷, 形形色色的交换》, 施康强译, 北京: 三联书店, 1993 年版.

[8] 辞海编辑委员会编:《辞海》, 上海: 上海辞书出版社, 1980 年版.

[9] 蔡军:《设计战略研究》,《装饰》, 总第 108 期, 第 8-9 页.

[10] 陈汗青、万仞:《设计与法规》, 北京: 化学工业出版社, 2004 年版.

[11] 陈晓剑、梁梁:《系统评价方法及应用》, 北京: 中国科学技术大学出版社, 1993 年版.

[12] 陈向明:《质的研究方法与社会科学研究》, 北京: 教育科学出版社, 2000 年版.

[13] Donald A. Norman (1998), *The Design of Everyday Things*, MIT Press.

[14] "德国'IF'工业设计奖中国区评价标准", http://www.ifdesign.de/awards_china.

[15] [德] 迪特里希·德尔纳:《失败的逻辑》, 王志刚译, 上海科技教育出版社, 1999 年版.

[16] 邓成连:《设计管理——产品设计之组织、沟通与运作》, 台北: 亚太图书出版社, 1999 年版.

[17] 邓成连:《设计策略——产品设计之管理工具与竞争利器》, 台北: 亚太图书出版社, 1999 年版.

[18] [荷] E·舒尔曼:《技术文明与人类未来》, 北京: 东方出版社, 1995 年版.

[19] [美] F·普洛格、D·G·贝茨:《文化演进与人类行为》, 吴爱明、邓勇译, 沈阳: 辽宁人民出版社, 1988 年版.

[20] [美] 菲利普·科特勒:《营销管理——分析、计算和控制》, 梅汝和等译, 上海: 海人民出版社, 1994 年版.

[21] [美] 冯·贝塔朗菲著:《一般系统论——基础、发展和应用》, 林康义等译, 北京: 清华大学出版社,

1987 年版.

[22] 冯平:《评价论》, 北京: 东方出版学, 1995 年版.

[23] 方朝晖:《重建价值主体》, 北京: 中央广播大学出版社, 1993 年版.

[24] [美] Gavriel Salvendy:《人机交互——以用户为中心的设计和评估》, 董建明、傅利民译, 北京: 清华大学出版社, 2003 年版.

[25] 汉语大字典编辑委员会编:《汉语大词典》, 武汉: 湖北辞书出版社, 2001 年版.

[26] 汉语大词典编委会编:《汉语大词典简编》, 上海: 汉语大词典出版社, 1999 年版.

[27] 胡飞:《巧适事物——从"金"探究中国古代设计思维方式》, 清华大学博士论文, 2005 年.

[28] 胡正明主编:《市场营销学》, 济南: 山东人民出版社, 2002 年版.

[29] [美] 赫伯特 · A · 西蒙:《关于人为事物的科学》, 杨砾译, 北京: 解放军出版社, 1985 年版, 第 115 页.

[30] 黄崇彬:"日本感性工学发展近况与其在远隔控制接口设计上应用的可能性", http://www.product.tuad.ac.jp/robin/ Research/kein.htm.

[31] 黄文宗:《企业识别系统中文标准字意象研究》, 台湾交通大学应用艺术研究所硕士论文, 2005 年.

[32] 黄纯颖主编:《设计方法学》, 北京: 机械工业出版社, 1992 年版.

[33] Hawken, P, Lovins, A, Lovins, L.H:《自然资本论——关于下一次工业革命》, 上海科学普及出版社, 2001 年版.

[34] [美] Jonathan Cagan, Craig M. Vogel:《创造突破性产品－从产品策略到项目定案的创新》, 辛向阳、潘龙译, 北京: 机械工业出版社, 2003 年版.

[35] 简召全编著:《设计评价》, 北京: 中国科学技术出版社, 1994 年版.

[36] 江畅:《现代西方价值理论研究》, 西安: 陕西师范大学出版社, 1992 年版.

[37] 荆冰彬:《面向市场的商品化产品设计研究》, 西安理工大学硕士论文, 1999 年.

[38] [德] 恩斯特 · 卡西尔:《人论》, 上海; 上海译文出版社, 1985 年版.

[39] [美] 卡尔 · T · 犹里齐、斯蒂芬 · D · 埃平格著:《产品设计与开发》, 杨德林主译, 大连: 东北财经大学出版社, 2001 年版.

[40] [美] 克利福德 · 格尔茨:《文化的解释》, 韩莉译, 南京: 译林出版社, 1999 年版.

[41] "康佳集团简介", http://www.konka.com/about/about_corp.jsp.

[42] 邝贤锋编译:《包装设计的评价方法》,《中国包装工业》, 2004 年 10 期, 第 26–28 页.

[43] [美] 罗伯特 · J · 托马斯:《新产品成功的故事》, 北京: 中国人民大学出版社, 2002 年版.

[44] 李彬彬:《设计效果心理评价》, 北京: 中国轻工业出版社, 2005 年版.

[45] 李乐山:《工业设计思想基础》, 北京: 中国建筑工业出版社, 2001 年版.

[46] 李月恩:《产品设计 VTs 分析方法的应用》, 2005 International Conference on Industrial Design & the 10th China Industrial Design Annual Meeting.2005.China Machine Press. Pan Yunhe.Wuhan: P126 ~ 131.

[47] 李砚祖:《艺术设计概论》, 武汉: 湖北美术出版社, 2002 年版.

[48] [爱尔兰]理查德 · 坎蒂隆:《商业性质概论》, 余永定、徐寿冠译, 北京: 商务印书馆, 1986 年版.

[49] [美] 林德布洛姆:《政治与市场: 世界的政治——经济制度》, 王逸舟译, 上海: 上海人民出版社、上海三联出版社, 1995 年版.

[50] 林铭煌:《设计师与市场之间的梦工厂》,《设计》(台湾), 2005 年第 2 期, 第 28—33 页.

[51] 柳冠中:《苹果集: 设计文化论》, 哈尔滨: 黑龙江科学技术出版社, 1995 年版.

[52] 柳冠中:《工业设计学概论》, 哈尔滨: 黑龙江科学技术出版社, 1997 年版.

[53] 柳冠中:《设计"设计学"——"人为事物"的科学》,《美术观察》, 2000 年第 2 期, 第 52—57 页.

[54] 柳冠中:《设计的美学特征及评价方法》,《美术观察》, 1996 年 5 月刊, 第 44—46 页.

[55] 刘炳瑛、薛文涛主编:《商品经济手册》, 北京: 北京日报出版社, 1989 年版.

[56] 刘国余:《设计管理》, 上海: 上海交通大学出版社, 2003 年版.

[57] 刘吉昆:《产品价值分析》, 哈尔滨: 黑龙江科技出版社, 1997 年版.

[58] 刘瑞芬:《以人为本——设计程序与管理研究》, 北京: 清华大学博士论文, 2005 年.

[59] 刘蔚华主编:《方法论辞典》, 南宁: 广西人民出版社, 1988 年版.

[60] 刘新:《"好设计"与"好商品"——对设计评价的思考》,《设计》, 2005 年第 2 期, 第 19 至 21 页.

[61] 刘新:《制造"物"的繁荣——论企业产品开发的观念》,《装饰》, 2005 年第 4 期, 第 46 至 47 页.

[62] 刘新,《中国设计与"中国风格"》, 装饰杂志, 2007 年第 12 期.

[63] 刘新,《关于设计评价标准的思考》,《工业设计与创意产业——中国科协年会工业设计分会论文选集》, 北京: 机械工业出版社, 2007 年版, 第 79 页.

[64] 刘新、余森林,《可持续设计的发展与中国现状》, D2B2: Tsinghua International Design Management Symposium, 2009 清华国际设计管理大会论文集收录, 2009 年版, 第 143 页.

[65] 罗红光:《不等价交换——围绕财富的劳动与消费》, 杭州: 浙江人民出版社, 2000 年版.

[66] MBA 必修核心课程编译组编译:《新产品开发》, 北京: 中国国际广播出版社, 1999 年版.

[67] 毛泽东:《毛泽东选集》(第 3 卷), 北京: 人民出版社, 1966 年版.

[68] [英] 米歇尔 · 克林斯编著:《阿莱西》, 李德庚译, 北京: 中国轻工业出版社, 2002 年版.

[69] "美的工业设计有限公司简介", http://www.mddesign.com.cn/index.asp.

[70] "美国 IDEA 优秀工业设计奖评选标准", http://www.idsa.org/idea2006/guidelines.html.

[71] 美国信息研究所编:《知识经济——21 世纪的信息本质》, 王亦楠译, 南昌: 江西教育出版社, 1999 年版.

[72] (战国) 墨翟:《墨子》, 长春: 时代文艺出版社, 2000 年版.

[73] 马俊峰:《中国人民大学博士文库——评价活动论》, 北京: 中国人民大学出版社, 1994 年版.

[74] [法] 马克 · 第亚尼,《非物质社会——后工业世界的设计、文化与技术》, 藤守尧译, 成都: 四川人民出版社, 1998 年版.

[75] [德] 马克思、恩格斯:《马克思恩格斯选集》(第 1 卷), 中共中央马克思恩格斯列宁斯大林著作编译局编译, 北京: 人民出版社, 1995 年版.

[76] [德] 马克思:《资本论》, 中共中央马克思恩格斯列宁斯大林著作编译局译, 北京: 人民出版社, 1975 年版.

[77] [荷] 曼德维尔:《蜜蜂的寓言》, 肖聿译, 北京: 中国社会科学出版社, 2002 年版.

[78] Nigel Cross (1984), *Development in Design Methodology*, John Wiley & Sons Ltd.

[79] 丘宏昌、林能白:《以需求理论为基础所建立之服务品质分类》,《管理学报》, 第十八卷第二期, 第 231—253 页.

[80] "日本 'G—Mark' 优秀设计奖评选标准", http://www.g-mark.org/english/whats/judge.html.

[81] 商务印书馆编辑部:《辞源》, 北京: 商务印书馆, 1983 年版.

[82] 邵宏、严善錞主编:《岁月铭记——中国现代设计之路学术研讨会论文集》, 长沙: 湖南科学技术出版社, 2004 年版.

[83] 盛洪:《经济学精神》, 成都: 四川文艺出版社, 2003 年版.

[84] 孙伟平:《价值定义略论》,《湖南师范大学社会科学学报》, 1997 年第 4 期, 第 13 页.

[85] 孙平、王谊:《产品创新》, 成都: 西南财经大学出版社, 1998 年版.

[86] 孙耀君主编:《管理学名著选读》, 中国对外翻译出版公司, 1988 年版.

[87] 宋刚:《交换经济论》, 北京: 中国审计出版社, 2000 年版.

[88] 宋刚:《如何做营销主管》, 北京: 首都经济贸易大学出版社, 1998 年版.

[89] [明] 宋应星:《天工开物译注》, 潘吉星译注, 上海: 上海古籍出版社, 1993 年版.

[90] [美] 斯蒂芬 · 罗宾斯、大卫 · 德森佐 :《管理学原理》, 毛蕴诗主译, 大连 : 东北财经大学出版社, 2004 年版.

[91] [荷] 斯丹法诺 · 马扎诺:《飞利浦设计思想——设计创造价值》, 蔡军、宋熠、徐海生译, 北京: 北京理工大学出版社, 2002 年版.

[92] [法] 让 · 波德里亚:《消费社会》, 刘成富、全志钢译, 南京: 南京大学出版社, 2000 年版.

[93] [法] 尚 · 布西亚:《物体系》, 林志明译, 上海: 上海人民出版社, 2001 年版.

[94] 沈杰:《从设计评价标准的发展看工业设计的发展》,《江南大学学报——自然科学版》, 2002 年 9 月, 第 1 卷第 3 期, 第 304—306 页.

[95] 设计管理协会 (DMI) 编:《设计管理欧美经典案例》, 黄蔚等编译, 北京: 北京理工大学出版社, 2004 年版, 第 6 页.

[96] [美] 唐纳德 · A · 诺曼:《设计心理学》, 梅琼译, 北京: 中信出版社, 2003 年版.

[97] 唐林涛:《设计事理学理论、方法与实践》, 清华大学博士论文, 2004 年.

[98] Oakley. M (1990), *Design Management: A Handbook of Issues and Methods*, Blackwell, Oxford.

[99] [美] Peter G. Rowe:《设计思考》, 王昭仁译, 台北: 建筑情报季刊出版社, 1999 年版.

[100] 潘天群:《博弈生存——社会现象的博弈论解读》, 北京: 中央编译出版社, 2004 年版.

[101] Victor. Papanek (1985), *Design for the real world*, Academy Chicago Publishers.

[102] 熊秉元:《大家都站着》, 北京: 社会科学文献出版社, 2002 年版.

[103] (汉) 许慎:《说文解字》, 北京: 中华书局, 1963 年版.

[104] 许平:《造物之门》, 西安: 陕西人民美术出版社, 1998 年版.

[105] 许平:《设计管理与设计商务教育》, 北京服装学院学报《饰》, 2002 年总第 19 期, 第 4—7 页.

[106] 叶航, "批判与重构——现代经济学效用范式反思", http://web.cenet.org.cn/web/cuiyuming.

[107] 余俊主编:《现代设计方法及应用》, 北京: 中国标准出版社, 2002 年版.

[108] 于光远：《学习杂说》，北京：时事出版社，1955 年版.

[109] 尹定邦：《设计学概论》，长沙：湖南科学技术出版社，2000 年版.

[110] 尹定邦、陈汗青、邵宏著：《设计的营销与管理》，长沙：湖南科学技术出版社，2003 年版.

[111] 杨砾、徐立：《人类理性与设计科学——人类设计技能探索》，沈阳：辽宁人民出版社，1987 年版，第 31—32 页.

[112] UK Design Council, "Design Atlas", http://www.Design inbusiness.org.

[113] 吴承明：《试论交换经济史》，《中国经济史研究》，1987 年第 1 期，第 1—11 页.

[114] 汪丁丁：《永远徘徊》，北京：社会科学文献出版社，2000 年版.

[115] 汪丁丁、叶航著：《理性的追问：关于经济学理性主义的对话》，桂林：广西师范大学出版社，2003 年版.

[116] 王作成编著：《六西格玛效果评价与测量》，北京：中国人民大学出版社，2004 年版.

[117] 王宁：《消费社会学》，北京：社会科学文献出版社，2001 年版.

[118] 王明旨：《产品设计》，杭州：中国美术学院出版社，1999 年版.

[119] [英] 威廉 · 荷加斯：《美的分析》，杨成寅译，北京：人民美术出版社，1984 年版.

[120] 张辅元：《商品史话》，沈阳：辽宁人民出版社，1988 年版.

[121] 张立群：《设计管理的探索》，《设计》，2004 年总第 150 期，第 6—9 页.

[122] 张乃人主编：《设计辞典》，北京：北京理工大学出版社，2002 年版.

[123] 张华夏：《论价值主体与价值冲突》，《中山大学学报——社会科学版》，1998 年第三期，第 2—8 页.

[124] 张维迎：《经济学——理性选择的科学》，《读书》，2000 年第 6 期，第 64—67 页.

[125] 赵丽艳、顾基发：《东西方评价方法论对比研究》，《管理科学学报》，2000 年第 3 卷第 1 期，第 87—93 页.

[126] 朱吉虹：《论圆形思维指导下的设计批评》，湖南大学硕士论文，2003 年版.

[127] 朱红文：《工业 · 技术与设计——设计文化与设计哲学》，郑州：河南美术出版社，2000 年版.

[128] 朱新明、李亦菲：《架设人与计算机的桥梁－西蒙的认知与管理心理学》，武汉：湖北教育出版社，1999 年版.

[129] 中国大百科全书出版社编辑部编：《中国大百科全书——经济卷》，北京：中国大百科全书出版社，1988 年版.